スバラシクよくわかると評判の

合格! 数学III

改訂6
revision

馬場敬之
けい し

マセマ出版社

◆ はじめに ◆

　みなさん，こんにちは。数学の**馬場敬之（ばばけいし）**です。これから，**数学 III** の講義を始めます。数学 III は，高校数学の中でも**最も思考力，応用力が試される**分野が目白押しなんだね。

　ここで，これから勉強する数学 III の**主要テーマ**をまず下に示しておこう。

- ・複素数平面，式と曲線，数列の極限，関数の極限，
- ・微分法とその応用，積分法とその応用

　理系の受験では「**この数学 III を制する者は受験を制する！**」と言われる位，数学 III は重要な科目でもあるんだよ。この数学 III を基本から標準入試問題レベルまでスバラシク親切に解説するため，毎日検討を重ねてこの「**合格！数学 III 改訂 6**」を書き上げたんだね。

　この本では，**基本から応用へ**，単純な解法パターンから複雑な解法パターンへと段階を踏みながら，**体系立った分かりやすい解説**で，無理なくスムーズに実力アップが図れるようにしている。また，例題や演習問題は**選りすぐりの良問**ばかりなので，繰り返し解くことにより本物の実力が養えるはずだ。さらに他の参考書にない**オリジナルな解法や決め技**など，豊富な図解とグラフ，それに引き込み線などを使って，丁寧に解説している。

　今は難解に思える数学 III でも，本書で体系立ててきちんと勉強していけば，誰でも**短期間に合格できる**だけの実践力を身につけることが出来るんだね。

　本書の利用法として，まず本書の「**流し読み**」から入ってみるといい。よく分からないところがあってもかまわないから，全体を通し読みしてみることだ。これで，数学 III の全貌がスムーズに頭の中に入ってくるはずだ。その後は，各章の解説文を「**精読**」してシッカリ理解することだね。そして，自信がついたら，今度は精選された "**例題**" や "**演習問題**" を「**自力で解き**」，さらに納得がいくまで「**繰り返し解いて**」，マスターしていけばいいんだよ。この「**反復練習**」により，本物の数学的な思考力が養えて，これまで難攻不落に思えた本格的な数学 III の受験問題も，面白いように解けるようになるんだよ。頑張ろうね！

以上，本書の利用方法をもう一度ここにまとめておこう。

（Ⅰ）まず，流し読みする。

（Ⅱ）解説文を精読する。

（Ⅲ）問題を自力で解く。

（Ⅳ）繰り返し自力で解く。

この4つのステップに従えば，数学Ⅲの基本から本格的な応用まで完璧にマスターできるはずだ。

この「合格！数学Ⅲ 改訂6」は，教科書はこなせるけれど受験問題はまだ難しいという，**偏差値50前後の人達を対象**にしている。そして，この「合格！数学Ⅲ 改訂6」をマスターすれば，**偏差値を65位にまでアップさせる**ことを想定して，作っているんだね。つまりこれで，難関大を除くほとんどの**主要な国公立大，有名私立大にも合格できる**ということだ。どう？やる気が湧いてきたでしょう。

さらに，マセマでは，**数学アレルギーレベルから東大・京大レベルまで**，キミ達の実力を無理なくステップアップさせる**完璧なシステム（マセマのサクセスロード）**が整っているので，やる気さえあれば，この後，「**実力アップ**」シリーズやさらにその上の演習書までこなして，偏差値を70台にまで伸ばすことだって可能なんだね。どう？さらにやる気が出てきたでしょう。

マセマの参考書は非常に読みやすく分かりやすく書かれているけれど，その本質は，大学数学の分野で「**東大生が一番読んでいる参考書！**」として知られている程，**その内容は本格的**なものなんだよ。

（「キャンパス・ゼミ」シリーズ販売実績は，2021, 2022年度大学生協東京事業連合会調べによる。）

そして，「**本書がある限り，理系をあきらめる必要はまったくない！**」キミの多くの先輩たちが学んだ，この定評と実績のあるマセマの参考書で，今度はキミ自身の夢を実現させてほしいものだ。それが，ボク達マセマのスタッフの心からの願いなんだ。「**キミの夢は必ず叶うよ！**」

マセマ代表　馬場 敬之

この改訂6では，関数の極限の応用問題をより教育的な問題に差し替えました。

① 複素数平面

▶ 複素数平面の基本

（絶対値・共役複素数など）

▶ 極形式とド・モアブルの定理

▶ 複素数平面の図形への応用

（回転と相似の合成変換など）

講義 ① 複素数平面

これから "**複素数平面**" の講義に入ろう。複素数 $a+bi$ (a, b：実数) については既に数学 II で教えたね。ここで，複素数の実部 a と虚部 b をそれぞれ x 座標，y 座標のように考えると，複素数 $a+bi$ が，点 $A(a, b)$ やベクトル $\overrightarrow{OA}=(a, b)$ と同じ構造をもっていることがわかる。これから解説する "**複素数平面**" では，複素数を使ったさまざまな図形問題を中心に教えていこう。また，わかりやすく教えるから，期待してくれ。

それでは，"**複素数平面**" の主要なテーマを下に列挙しておくね。

・ 複素数平面の基本　（極形式，ド・モアブルの定理など）
・ 複素数平面と図形　（円・直線，回転と相似の合成変換など）

§1. 複素数は，複素数平面上の点を表す！

● 複素数って，平面上の点？

複素数 $\alpha=a+bi$ (a, b：実数，$i=\sqrt{-1}$) の a を**実部**，b を**虚部**というんだったね。この α を，xy 座標平面上の点 $A(a, b)$ に対応させて考えると，複素数はすべてこの平面上の点として表せる。

このように，複素数 $\alpha=a+bi$ を座標平面上の点 $A(a, b)$ で表すとき，この平面のことを**複素数平面**，また x 軸，y 軸のことをそれぞれ**実軸**，**虚軸**と呼ぶ。そして，複素数 α を表す点 A を，$A(\alpha)$ や $A(a+bi)$ と表したりするけれど，複素数 α そのものを "**点 α**" と呼んでもいいんだね。また，点 α の y 座標は，b (または bi) で表す。そして，原点 0 と点 α との距離を複素数 α の**絶対値**といい，$|\alpha|=\sqrt{a^2+b^2}$ で表す。

図 1　複素数平面上の点 α

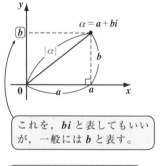

これを，bi と表してもいいが，一般には b と表す。

これは三平方の定理だね。

● 重要公式 $|\alpha|^2 = \alpha \cdot \overline{\alpha}$ を覚えよう！

複素数 $\alpha = a + bi$ の共役複素数 $\overline{\alpha} = a - bi$ は，α と実軸に関して対称な点になるね。また，$-\alpha$ は，点 α を原点に関して対称移動した点となるので，当然点 $-\overline{\alpha}$ は $\overline{\alpha}$ を原点に関して対称移動したものだ。

さらに，$\alpha \cdot \overline{\alpha} = (a + bi)(a - bi) = a^2 - b^2 \underset{-1}{\underline{i^2}} = \underline{a^2 + b^2}$ より，重要公式 $|\alpha|^2 = \alpha \cdot \overline{\alpha}$ も導かれるんだね。　　$\boxed{(\sqrt{a^2+b^2})^2 = |\alpha|^2}$

α と $\overline{\alpha}$，絶対値

$\boxed{\alpha, \overline{\alpha}, -\alpha, -\overline{\alpha} \text{ は原点からの距離がすべて等しい！}}$

(1) $|\alpha| = |\overline{\alpha}| = |-\alpha| = |-\overline{\alpha}|$

(2) $|\alpha|^2 = \alpha\overline{\alpha}$

$\boxed{\text{複素数の絶対値の 2 乗は，この公式で展開する！}}$

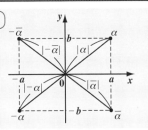

次の例題を解いてごらん。公式 $|\alpha|^2 = \alpha \cdot \overline{\alpha}$ を使うよ。

◆例題 1 ◆

2 次方程式 $x^2 + ax + 4a = 0$（a：実数定数）が，絶対値が 4 に等しい虚数解をもつように a の値を定めよ。　　　　　　　　　　　　　　（東北学院大）

解答

実数係数の 2 次方程式 $\underset{1}{\boxed{1}}x^2 + \underset{a}{\boxed{a}}x + \underset{c}{\boxed{4a}} = 0$
が虚数解 α を解にもつとき，その共役複素数 $\overline{\alpha}$ も解である。

$\boxed{\alpha \cdot \beta = \dfrac{c}{a} \quad (\text{解と係数の関係})}$

よって，解と係数の関係より

$\boxed{"一般に実数係数の n 次方程式が，虚数解 \alpha をもつとき，その共役複素数 \overline{\alpha} も解である。"（これは重要定理だ。覚えておいてくれ！）}$

$\boxed{\text{このとき，} \dfrac{D}{4} = 4 - 16 < 0 \text{ だね。}}$

$\underline{\alpha \cdot \overline{\alpha} = 4a}$ ，$|\alpha|^2 = 4a$ …………①　　$\boxed{|\alpha|^2 = \alpha\overline{\alpha} \text{ を使った！}}$

ここで，$|\alpha| = 4$ より，$|\alpha|^2 = 4^2 = 16$ ………②

①，②より，$4a = 16$ ∴ $a = 4$ ……………………………………（答）

● 共役複素数と絶対値の性質を押さえよう！

2つの複素数 α, β について，共役複素数と絶対値の性質をまとめて書いておくよ。これらは，式の変形にかかせない大事な公式なんだね。

共役複素数と絶対値の性質

（Ⅰ）共役複素数の性質

(1) $\overline{\alpha+\beta}=\overline{\alpha}+\overline{\beta}$　　　**(2)** $\overline{\alpha-\beta}=\overline{\alpha}-\overline{\beta}$

(3) $\overline{\alpha\cdot\beta}=\overline{\alpha}\cdot\overline{\beta}$　　　**(4)** $\overline{\left(\dfrac{\alpha}{\beta}\right)}=\dfrac{\overline{\alpha}}{\overline{\beta}}$　$(\beta\neq0)$

（Ⅱ）絶対値の性質

(1) $|\alpha\cdot\beta|=|\alpha|\cdot|\beta|$　　**(2)** $\left|\dfrac{\alpha}{\beta}\right|=\dfrac{|\alpha|}{|\beta|}$

> 絶対値の和・差については
> $|\alpha+\beta|\leqq|\alpha|+|\beta|$
> $|\alpha-\beta|\geqq|\alpha|-|\beta|$
> となる。

たとえば，これらの性質を使うと，次のような変形ができるんだね。

$|\alpha|^2=\alpha\cdot\overline{\alpha}$ だね！

$0+1\cdot i=0-i=-i$

(1) $|z-i|^2=(z-i)\overline{(z-i)}=(z-i)(\overline{z}-\overline{i})$

$-(-1)$

$=(z-i)(\overline{z}+i)=z\overline{z}+iz-i\overline{z}\overline{-i^2}=z\overline{z}+iz-i\overline{z}+1$

(2) $\left|\dfrac{3-4i}{1+\sqrt{3}\,i}\right|=\dfrac{|3-4i|}{|1+\sqrt{3}\,i|}=\dfrac{\sqrt{3^2+(-4)^2}}{\sqrt{1^2+(\sqrt{3})^2}}=\dfrac{5}{2}$　　要領覚えた？

$|\alpha|=\sqrt{(\text{実部})^2+(\text{虚部})^2}$

さらに，α の実数条件と，純虚数条件も入れておくよ。

（ⅰ）複素数 α が実数のとき	（ⅱ）複素数 α が純虚数のとき
$\alpha=\overline{\alpha}$	$\alpha+\overline{\alpha}=0$　$(\alpha\neq0)$
$(\because)\ \alpha=a+0i$ とおける	$(\because)\ \alpha=0+bi$ とおける　$(b\neq0)$
$\overline{\alpha}=a-0i$ より	$\overline{\alpha}=0-bi$ より
$\alpha=\overline{\alpha}$	$\alpha+\overline{\alpha}=0$ だね。

◆例題2◆

$z + \dfrac{1}{z}$ が実数となるような，複素数 z の条件を求めよ。

解答

$z + \dfrac{1}{z}$ が実数となるための条件は，$z + \dfrac{1}{z} = \overline{\left(z + \dfrac{1}{z} \right)}$ ← 実数条件：$\alpha = \overline{\alpha}$

$\overline{z} + \overline{\left(\dfrac{1}{z} \right)} = \overline{z} + \dfrac{\overline{1}}{\overline{z}}$　$\overline{1 + 0i} = 1 - 0i = 1$

よって，$z + \dfrac{1}{z} = \overline{z} + \dfrac{1}{\overline{z}}$　$(z \neq 0)$

この両辺に $z\overline{z}$ をかけて，

$z^2\overline{z} + \overline{z} = z\overline{z}^2 + z$　　$(z^2\overline{z} - z\overline{z}^2) - (z - \overline{z}) = 0$

共通因数 $z - \overline{z}$ をくくり出す。　$|z|^2$

$z\overline{z}(z - \overline{z}) - (z - \overline{z}) = 0$　　$(\underline{z\overline{z}} - 1)(z - \overline{z}) = 0$

$(|z|^2 - 1)(z - \overline{z}) = 0$　$\therefore |z|^2 = 1$ または $z = \overline{z}$

$|z| = 1$ となる　　　　　　　z の実数条件

以上より，求める z の条件は，

　$|z| = 1$，または 0 以外の実数。 ……………………………………(答)

● **極形式で，複素数の幅がグッと広がる！**

　どのような複素数 z も $z = r(\cos\theta + i\sin\theta)$ の形で表せるんだよ。これを**複素数の極形式**という。

複素数の極形式

$z = a + bi$ のとき，
これを極形式で表すと，

$z = r(\cos\theta + i\sin\theta)$

$\begin{pmatrix} r = \sqrt{a^2 + b^2} : \textbf{絶対値} \\ \theta : \textbf{偏角} \end{pmatrix}$

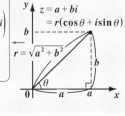

$z = a + bi$

$$= \underbrace{\sqrt{a^2 + b^2}}_{r} \left(\underbrace{\dfrac{a}{\sqrt{a^2 + b^2}}}_{\cos\theta} + \underbrace{\dfrac{b}{\sqrt{a^2 + b^2}}}_{\sin\theta} i \right)$$

これをムリやりくくり出して r とおく。

$= r(\cos\theta + i\sin\theta)$

極形式をいくつか実際に作ってみると，

角度の単位
180° = π

$$(1)\ \ 1+\sqrt{3}\,i = \overset{\sqrt{1^2+(\sqrt{3})^2}}{\textcircled{2}}\left(\overset{\cos\frac{\pi}{3}}{\boxed{\frac{1}{2}}}+\overset{\sin\frac{\pi}{3}}{\boxed{\frac{\sqrt{3}}{2}}}i\right) = 2\left(\cos\frac{\pi}{3}+i\sin\frac{\pi}{3}\right)$$

$$(2)\ \ 3i = 0+3i = \overset{\sqrt{0^2+3^2}}{\textcircled{3}}\left(\overset{\cos\frac{\pi}{2}}{\boxed{0}}+\overset{\sin\frac{\pi}{2}}{\boxed{1}}\cdot i\right) = 3\left(\cos\frac{\pi}{2}+i\sin\frac{\pi}{2}\right)$$

原点からの距離　　　　実軸の正の向きと動径 0z のなす角

ここで，絶対値 r は一意に定まるけれど，偏角 θ は，$0 \leqq \theta < 2\pi$ や，$-\pi \leqq \theta < \pi$ などのように範囲を指定して示す場合の他に，一般角で表示する場合もある。たとえば，(1) の偏角 θ を，$\theta = \dfrac{\pi}{3}+2n\pi\,(n:整数)$ としてもいいんだよ。さらに，r と θ を

これは，アーギュメント z と読む。

絶対値 $r = |z|$，偏角 $\theta = \arg z$ と表したりするよ。

次に，極形式で表された **2** つの複素数 $z_1,\ z_2$ の**積**と**商**の公式を示そう。

極形式表示の複素数の積と商

$$\begin{cases} z_1 = r_1(\cos\theta_1 + i\sin\theta_1) \\ z_2 = r_2(\cos\theta_2 + i\sin\theta_2)\ \text{のとき,} \end{cases}$$

$$(1)\ \ z_1 \cdot z_2 = r_1 r_2\{\cos(\theta_1+\theta_2)+i\sin(\theta_1+\theta_2)\}$$

複素数同士の "かけ算" では，偏角は "たし算" になる。

$$(2)\ \ \frac{z_1}{z_2} = \frac{r_1}{r_2}\{\cos(\theta_1-\theta_2)+i\sin(\theta_1-\theta_2)\}$$

複素数同士の "わり算" では，偏角は "引き算" になる。

実際に (1) を計算してみると

三角関数の加法定理だ！

$$z_1 \cdot z_2 = r_1(\cos\theta_1 + i\sin\theta_1)\cdot r_2(\cos\theta_2 + i\sin\theta_2)$$

$$= r_1 r_2(\cos\theta_1 + i\sin\theta_1)(\cos\theta_2 + i\sin\theta_2)$$

-1

$$= r_1 r_2(\underline{\cos\theta_1\cos\theta_2} + \underline{i\cos\theta_1\sin\theta_2} + \underline{i\sin\theta_1\cos\theta_2} + \boxed{i^2}\sin\theta_1\sin\theta_2)$$

$$= r_1 r_2\{(\underline{\cos\theta_1\cos\theta_2 - \sin\theta_1\sin\theta_2}) + \underline{i(\sin\theta_1\cos\theta_2 + \cos\theta_1\sin\theta_2)}\}$$

$$= r_1 r_2\{\underline{\cos(\theta_1+\theta_2)} + \underline{i\sin(\theta_1+\theta_2)}\}\quad \text{となって，公式通りだね。}$$

さらに，この積の公式から，

$(\cos\theta + i\sin\theta)^2 = (\cos\theta + i\sin\theta)\cdot(\cos\theta + i\sin\theta)$
$$= \cos(\theta + \theta) + i\sin(\theta + \theta) = \cos 2\theta + i\sin 2\theta$$

同様に，$(\cos\theta + i\sin\theta)^3 = \cos 3\theta + i\sin 3\theta$，……と表せる。これから，次の**ド・モアブルの定理**が導けるんだね。

ド・モアブルの定理

$$(\cos\theta + i\sin\theta)^n = \cos n\theta + i\sin n\theta$$
$$(n：整数)$$

> これは，n が 0 や負の整数でも成り立つんだよ。

それでは，このド・モアブルの定理の応用問題として，$z^n = \alpha$ の形の方程式を 1 つ解いてみよう。 ← $-8i$ の 3 乗根を求める！ ← α の n 乗根を求める

$z^3 = -8i$ ……① をみたす複素数 z をすべて求めてみるよ。

$z = r(\cos\theta + i\sin\theta)$ とおくと，

①の左辺 $= z^3 = r^3(\cos\theta + i\sin\theta)^3 = r^3(\cos 3\theta + i\sin 3\theta)$ ← ド・モアブルだ！

$$\overset{\cos 270° \quad \sin 270°}{}$$

①の右辺 $= -8i = 8\{\boxed{0} + \boxed{(-1)}i\} = 8(\cos 270° + i\sin 270°)$

> 今回，偏角を "°" で表した。

$\boxed{0 + (-8)i}$ とみて，$\sqrt{0^2 + (-8)^2} = \underline{8}$ だね。

以上より①は，$r^3(\cos 3\theta + i\sin 3\theta) = 8(\cos 270° + i\sin 270°)$

よって，この両辺の絶対値と偏角を比較して

$\begin{cases} r^3 = 8 \\ 3\theta = 270° + 360°n \ (n = 0, 1, 2) \end{cases}$ ← 3 乗根だからこの 3 つで十分 $\therefore r = 2$ $\boxed{n=0}$ $\boxed{n=1}$ $\boxed{n=2}$

$\therefore \theta = 90°, 210°, 330°$

以上より，求める z は，

$z_1 = 2(\cos 90° + i\sin 90°) = 2i$

$$\overset{-\frac{\sqrt{3}}{2} \quad -\frac{1}{2}}{}$$

$z_2 = 2(\boxed{\cos 210°} + i\boxed{\sin 210°}) = -\sqrt{3} - i$

$$\overset{\frac{\sqrt{3}}{2} \quad -\frac{1}{2}}{}$$

$z_3 = 2(\boxed{\cos 330°} + i\boxed{\sin 330°}) = \sqrt{3} - i$

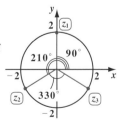

> 方程式 $z^n = \alpha$ の解 z (α の n **乗根**) は，必ず原点を中心とする同一円周上を n 等分するように，等間隔にキレイに並ぶんだよ。

● 複素数のかけ算は回転になる？

2つの複素数 α と β が図2のように与えられたとき，これらの**和**と**差**をそれぞれ γ, δ とおくと，

> これは，図形的には，α と $-\beta$ の和と考えるといいよ。

（ⅰ）$\gamma = \alpha + \beta$　　　（ⅱ）$\delta = \alpha - \beta$

このγは，図2に示すように，0α と 0β を2辺にもつ平行四辺形の対角線の頂点の位置に，また，δ は，0α と $0(-\beta)$ を2辺とする平行四辺形の頂点の位置にくるんだね。

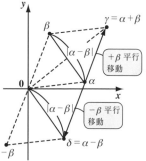

図2 複素数の和・差

これって，α, β, γ, δ をそれぞれ $\overrightarrow{OA}$, $\overrightarrow{OB}$, $\overrightarrow{OC}$, $\overrightarrow{OD}$ と考えると，ベクトルの和と差のときとまったく同じになるんだね。

[（ⅰ）$\overrightarrow{OC} = \overrightarrow{OA} + \overrightarrow{OB}$　　　（ⅱ）$\overrightarrow{OD} = \overrightarrow{OA} - \overrightarrow{OB}$ と同じだ。]

ただ，複素数の場合，複素数は点を表すので，点 $\gamma(=\alpha+\beta)$ は点 α を β だけ，また点 $\delta(=\alpha-\beta)$ は点 α を $-\beta$ だけ平行移動したものと考えてもいいよ。さらに，絶対値 $|\alpha-\beta|$ は，2点 α, β 間の距離 を表しているのも大丈夫だね。

（これも，$|\overrightarrow{OA} - \overrightarrow{OB}| = |\overrightarrow{BA}| = AB$ と同じだ！）

以上，"**たし算**" と "**引き算**" については，平面ベクトルとまったく同じように考えていいんだね。でも，複素数の "**かけ算**" や "**割り算**" になると，回転や拡大(縮小)といった面白い性質が出てくるんだね。

原点のまわりの回転と相似変換

（ⅰ）$\dfrac{w}{z} = r(\cos\theta + i\sin\theta)$　$(z \neq 0)$

（ⅱ）点 w は点 z を原点のまわりに θ だけ回転して，r 倍に拡大（または縮小）したものである。

これを**相似変換**と呼ぶ。

（ⅲ）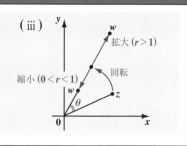

$z = r_0(\cos\theta_0 + i\sin\theta_0)$, $\alpha = r(\cos\theta + i\sin\theta)$ とおき，α と z の積を w とおくと，$w = \alpha z$ ……① となるね。これを変形してまとめると，

$$w = \alpha z = r(\cos\theta + i\sin\theta) \cdot r_0(\cos\theta_0 + i\sin\theta_0)$$
$$= \underline{r \cdot r_0}\{\cos(\underline{\theta + \theta_0}) + i\sin(\underline{\theta + \theta_0})\}$$

(z の絶対値 r_0 を r 倍する)　(z の偏角 θ_0 に θ を加える)

となるね。

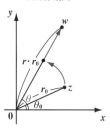

図3 回転と相似の合成変換

これは，z の偏角 θ_0 に θ を加え，z の絶対値 r_0 を r 倍したものが点 w と言っているわけだから，図3のように，点 z を原点のまわりに θ だけ回転して，r 倍に相似変換したものが点 w になるんだ。

一般には，①を書きかえて

$\dfrac{w}{z} = \alpha$，すなわち，公式で示したように，$\dfrac{w}{z} = r(\cos\theta + i\sin\theta)$ の形で覚えておくといいよ。この (ⅰ) 公式，(ⅱ) 文章，(ⅲ) 図の3つが，自由に頭の中で連動できるようになると，さまざまな問題が，面白いほど解けるようになるんだよ。

エッ，割算も知りたいって？いいよ。z を α で割ったものを v とおくと，

$$v = \frac{z}{\alpha}\ \text{より，}\ \frac{v}{z} = \frac{1}{\alpha} = \frac{1}{r \cdot (\cos\theta + i\sin\theta)} = \frac{1}{r} \cdot (\cos\theta + i\sin\theta)^{-1}$$
$$= \frac{1}{r} \cdot \{\cos(-\theta) + i\sin(-\theta)\}$$

(ド・モアブルを使った！)

よって，点 v は，点 z を原点 0 のまわりに $-\theta$ だけ回転して，$\dfrac{1}{r}$ 倍に拡大または縮小（相似変換）したものだね。ここで，角度は，(ⅰ) 反時計回りが ⊕，(ⅱ) 時計回りが ⊖ の符号をもつことにも気をつけてくれ。

この回転と相似の合成変換が，複素数平面のメインテーマの1つだからヨ～ク勉強して，シッカリマスターしてくれ！

15

絶対値と複素数の実数条件

$z = \dfrac{1 + \alpha i}{1 - \alpha i}$ $(\alpha \neq -i, \ i = \sqrt{-1})$ とおく。

(1) α が実数のとき, $|z| = 1$ であることを示せ。

(2) $|z| = 1$ ならば, α は実数であることを示せ。　　　（東京女子大）

ヒント! (1) α が実数のとき, $|1 + \alpha i| = \sqrt{1 + \alpha^2}$, $|1 - \alpha i| = \sqrt{1 + (-\alpha)^2}$ から, $|z| = 1$ が導けるね。(2) $|z| = 1$ のとき, $|z|^2 = 1$, $z \cdot \bar{z} = 1$ と変形して解いていけばいいんだよ。頑張れ!

解答 & 解説

| ココがポイント |

(1) α が実数のとき,

公式 $\left| \dfrac{\alpha}{\beta} \right| = \dfrac{|\alpha|}{|\beta|}$ を使った!

$$|z| = \left| \dfrac{1 + \alpha i}{1 - \alpha i} \right| = \dfrac{|1 + \alpha i|}{|1 - \alpha i|}$$

$$= \dfrac{\sqrt{1 + \alpha^2}}{\sqrt{1 + (-\alpha)^2}} = \dfrac{\sqrt{1 + \alpha^2}}{\sqrt{1 + \alpha^2}} = 1 \quad \cdots\cdots\cdots (終)$$

$\Leftarrow |a + bi| = \sqrt{a^2 + b^2}$
$\quad = \sqrt{(実部)^2 + (虚部)^2}$

(2) $|z| = 1$ のとき, この両辺を 2 乗して,

$$|z|^2 = 1, \quad z \cdot \bar{z} = 1$$

よって, $\dfrac{1 + \alpha i}{1 - \alpha i} \cdot \overline{\left(\dfrac{1 + \alpha i}{1 - \alpha i} \right)} = 1$

公式
$\overline{\alpha + \beta} = \bar{\alpha} + \bar{\beta}$
$\overline{\alpha - \beta} = \bar{\alpha} - \bar{\beta}$
$\overline{\alpha \cdot \beta} = \bar{\alpha} \cdot \bar{\beta}$
$\overline{\left(\dfrac{\alpha}{\beta} \right)} = \dfrac{\bar{\alpha}}{\bar{\beta}}$ を使った!

$$\dfrac{1 + \alpha i}{1 - \alpha i} \times \dfrac{1 - \bar{\alpha} i}{1 + \bar{\alpha} i} = 1$$

$\Leftarrow \overline{\left(\dfrac{1 + \alpha i}{1 - \alpha i} \right)} = \dfrac{\overline{1 + \alpha i}}{\overline{1 - \alpha i}}$

$= \dfrac{\overline{1} + \overline{\alpha} \cdot \overline{i}}{\overline{1} - \overline{\alpha} \cdot \overline{i}}$

$= \dfrac{1 - \bar{\alpha} \cdot i}{1 + \bar{\alpha} \cdot i}$

この両辺に $(1 - \alpha i)(1 + \bar{\alpha} i)$ をかけて

$$(1 + \alpha i)(1 - \bar{\alpha} i) = (1 - \alpha i)(1 + \bar{\alpha} i)$$

ここで,
$\bar{1} = \overline{1 + 0i} = 1 - 0i = 1$
$\bar{i} = \overline{0 + 1 \cdot i} = 0 - 1 \cdot i = -i$

$$1 - \bar{\alpha} i + \alpha i - \alpha \bar{\alpha} i^2 = 1 + \bar{\alpha} i - \alpha i - \alpha \bar{\alpha} i^2$$

（$i^2 = -1$）

$$2\alpha i = 2\bar{\alpha} i \quad \therefore \alpha = \bar{\alpha}$$

一般に a, b が実数のとき $\bar{a} = a$, $\overline{bi} = -bi$ となる。

以上より, これは α の実数条件だね。

$|z| = 1$ ならば, α は実数である。 $\cdots\cdots\cdots\cdots (終)$

i の3乗根と平行移動

| 演習問題 2 | 難易度 ★ | CHECK 1 | CHECK 2 | CHECK 3 |

方程式 $z^3 - 3z^2 + 3z - 1 - i = 0$ をみたす複素数 z をすべて求めよ。

(東京慈恵医大)

ヒント！　一見難しそうだけど，方程式をまとめて，$(z-1)^3 = i$ の形になること
に気付けば，後は早いね。$z-1 = w$ とおき，$w = r(\cos\theta + i\sin\theta)$ とおいて解こう。

解答&解説

ココがポイント

$z^3 - 3z^2 + 3z - 1 - i = 0$ ……①

①を変形して，まとめると，$(z-1)^3 = i$ ……②

ここで，$z - 1 = w \ [z = w + 1]$ とおくと，②は

$w^3 = i$ ……③

⇦ i の3乗根の問題だね。

ここで，$w = r(\cos\theta + i\sin\theta)$ とおくと，

③の左辺 $= r^3(\cos\theta + i\sin\theta)^3$

└─ ド・モアブルを使った！

$= r^3(\cos 3\theta + i\sin 3\theta)$

$\overset{\sqrt{0^2+1^2}}{} \quad \overset{\cos 90°}{} \overset{\sin 90°}{}$

③の右辺 $= i = 0 + 1\cdot i = \boxed{1}(\boxed{0} + \boxed{1}\cdot i)$

$= 1\cdot(\cos 90° + i\sin 90°)$

よって，③は，

$\boxed{r^3}(\cos\boxed{3\theta} + i\sin\boxed{3\theta}) = \boxed{1}\cdot(\cos\boxed{90°} + i\sin\boxed{90°})$

よって，$\begin{cases} r^3 = 1 & \boxed{3乗根だからこの3つで十分} \\ 3\theta = 90° + 360°n & (n = 0,\ 1,\ 2) \end{cases}$

$\therefore r = 1,\ \theta = 30°,\ 150°,\ 270°$

⇦ $\theta = 30° + 120°n$ より，
$n = 3,\ 4,\ 5,\ 6,\ \cdots$ とおいても同じ角度が繰り返し出てくるだけで無意味なんだね。

ここで，$z = w + 1$ に注意して，求める解 z は，

$z_1 = 1\cdot(\boxed{\cos 30°}^{\frac{\sqrt{3}}{2}} + i\boxed{\sin 30°}^{\frac{1}{2}}) + 1 = \dfrac{2 + \sqrt{3}}{2} + \dfrac{1}{2}i,$

$z_2 = 1\cdot(\boxed{\cos 150°}^{-\frac{\sqrt{3}}{2}} + i\boxed{\sin 150°}^{\frac{1}{2}}) + 1 = \dfrac{2 - \sqrt{3}}{2} + \dfrac{1}{2}i,$

(z は w を1だけ平行移動したもの)

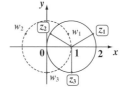

$z_3 = 1\cdot(\boxed{\cos 270°}^{0} + i\boxed{\sin 270°}^{-1}) + 1 = 1 - i$ ……(答)

ド・モアブルの定理と因数定理

n を正の整数，a を実数とし，i を虚数単位とする。実数 x に対して，$(x+ai)^n = P(x) + Q(x)i$ とおく。ただし，$P(x)$，$Q(x)$ は実数である。このとき，x の整式 $P(x)$ を $x-a$ で割った余りが，$(\sqrt{2}\,a)^n\cos 45°n$ であることを示せ。　　　　　　　　　　　　　　　（大阪市立大）

ヒント！　剰余の定理から，整式 $P(x)$ を $x-a$ で割った余りは，$P(a)$ となるね。また，与えられた式にも，$x=a$ を代入して $(a+ai)^n = P(a) + Q(a)i$ となるので，左辺をさらに変形できる。

解答＆解説

$(x+ai)^n = \underbrace{P(x)}_{x\text{ の整式 (実部)}} + \underbrace{Q(x)}_{x\text{ の整式 (虚部)}}i$ ……①　とおく。

剰余の定理より，整式 $P(x)$ を $x-a$ で割った余りは，$P(a)$ である。

よって，①の両辺の x に a を代入して，

$(a+ai)^n = \underbrace{P(a)}_{実部} + \underbrace{Q(a)}_{虚部}i$ ……②

②の左辺を変形して，　　a^n をくくり出す

$(a+ai)^n = \{a(1+i)\}^n = a^n(1+i)^n$

$= a^n\left\{\underset{\sqrt{1^2+1^2}}{\sqrt{2}}\left(\underset{\cos 45°}{\left(\frac{1}{\sqrt{2}}\right)} + \underset{\sin 45°}{\left(\frac{1}{\sqrt{2}}\right)}i\right)\right\}^n$　　極形式にもち込む

$= a^n(\sqrt{2})^n \cdot (\cos 45° + i\sin 45°)^n$

$= (\sqrt{2}\,a)^n \cdot (\cos 45°n + i\sin 45°n)$　　ド・モアブルの定理だ

$= \underbrace{(\sqrt{2}\,a)^n\cos 45°n}_{実部 P(a)} + \underbrace{i(\sqrt{2}\,a)^n\sin 45°n}_{虚部 Q(a)}$

以上より，整式 $P(x)$ を $x-a$ で割った余り $P(a)$ は

$P(a) = (\sqrt{2}\,a)^n\cos 45°n$　である。　………………（終）

ココがポイント

⇦ 左辺を展開して，実部と虚部にまとめたものが，右辺なんだよ。

⇦ $1+1\cdot i$ を極形式で表すと，$\sqrt{2}\,(\cos 45° + i\sin 45°)$ だね。後は，これを n 乗するのに，ド・モアブルの定理を使えば，実部と虚部にスッキリ分かれるね。これの a^n 倍を，②の右辺 $= P(a) + Q(a)i$ と比較すればいいんだね。

原点のまわりの回転と正三角形

α, β が, $\alpha^2 + \beta^2 = \alpha\beta$, $|\alpha - \beta| = 3$ をみたす。

(1) $\dfrac{\beta}{\alpha}$ を求めよ。　　　　(2) α の絶対値を求めよ。

(3) 原点 0 と 2 点 α, β でできる三角形の面積を求めよ。　　（早稲田大）

ヒント! (1) $\alpha \neq 0$ より $\alpha^2 + \beta^2 = \alpha\beta$ の両辺を α^2 で割ればいい。(2) は, $|\alpha - \beta| = 3$ を利用する。(3) は回転の問題になるよ。頑張ってくれ。

解答 & 解説

$\alpha^2 + \beta^2 = \alpha\beta$ ……①,　$|\alpha - \beta| = 3$ ……②　とおく。

(1) $\alpha \neq 0$ より, ①の両辺を α^2 で割って,

> $x^2 - x + 1 = 0$ とみるといいよ。

$$1 + \left(\frac{\beta}{\alpha}\right)^2 = \frac{\beta}{\alpha} \qquad \left(\frac{\beta}{\alpha}\right)^2 - \frac{\beta}{\alpha} + 1 = 0$$

$$\therefore \frac{\beta}{\alpha} = \frac{1 \pm \sqrt{(-1)^2 - 4 \cdot 1 \cdot 1}}{2} = \frac{1 \pm \sqrt{3}\,i}{2} \cdots ③ \text{（答）}$$

(2) ③より, $\beta = \dfrac{1 \pm \sqrt{3}\,i}{2}\alpha$　これを②に代入して,

$$\left|\alpha - \frac{1 \pm \sqrt{3}\,i}{2}\alpha\right| = 3, \quad \left|\frac{1}{2} \mp \frac{\sqrt{3}}{2}i\right||\alpha| = 3$$

$$\sqrt{\left(\frac{1}{2}\right)^2 + \left(\mp\frac{\sqrt{3}}{2}\right)^2} = \sqrt{\frac{1}{4} + \frac{3}{4}} = \sqrt{1} = 1$$

$$\therefore |\alpha| = 3 \quad\cdots\cdots\cdots\cdots\cdots\cdots\cdots\cdots\cdots\text{（答）}$$

(3) ③より,

> $r = 1$ だから拡大・縮小はないね。

> $\theta = \pm 60°$ だから α を原点のまわりに $\pm 60°$ 回転する。

$$\frac{\beta}{\alpha} = \boxed{\frac{1}{2}} + \boxed{\left(\pm\frac{\sqrt{3}}{2}\right)}i = \boxed{1}\{\cos(\boxed{\pm 60°}) + i\sin(\boxed{\pm 60°})\}$$

$\underbrace{\cos(\pm 60°)}\quad \underbrace{\sin(\pm 60°)}$

よって, 点 β は, 点 α を原点のまわりに $60°$ または $-60°$ だけ回転したものなので, $\triangle 0\alpha\beta$ は, 1 辺の長さが $|\alpha| = 3$ の正三角形である。よって,

この正三角形の面積 $S = \dfrac{\sqrt{3}}{4} \cdot 3^2 = \dfrac{9\sqrt{3}}{4}$ ……（答）

ココがポイント

$\Leftarrow \alpha = 0$ と仮定すると①より $\beta^2 = 0$, $\beta = 0$
よって, ②より
$|0 - 0| = 0 \neq 3$ となって矛盾。$\therefore \alpha \neq 0$

> これは, 背理法だ!

$\Leftarrow \left|\alpha - \dfrac{1 \pm \sqrt{3}\,i}{2}\alpha\right|$
$= \left|\left(1 - \dfrac{1 \pm \sqrt{3}\,i}{2}\right)\alpha\right|$
$= \left|\left(\dfrac{1}{2} \mp \dfrac{\sqrt{3}}{2}i\right)\alpha\right|$

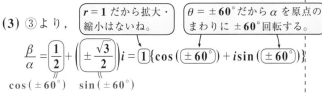

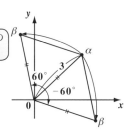

$\Leftarrow$ 1 辺の長さが a の正三角形の面積 S は
$$S = \frac{\sqrt{3}}{4}a^2$$

§2. 複素数平面は図形問題を解くスバラシイ鍵だ！

● 複素数平面と平面ベクトルはよく似てる！

複素数同士のたし算や引き算，それに実数倍の計算は，複素数の実部と虚部を，成分表示された平面ベクトルの x 成分と y 成分に対応させると，まったく同様になるんだね。このことから，平面ベクトルで出てきた**内分点・外分点**の公式が複素数平面でも，そのまま使えるんだよ。

■ 内分点・外分点の公式

(I) 点 γ が 2 点 α，β を結ぶ線分を $m:n$ の

比に内分するとき，$\gamma = \dfrac{n\alpha + m\beta}{m + n}$

$\left(\begin{array}{l} 点 \gamma が 2 点 \alpha，\beta を結ぶ線分を t:1-t \\ の比に内分するとき，\gamma = (1-t)\alpha + t\beta \end{array}\right)$

特に，点 γ が，2 点 α，β を結ぶ線分の

中点のとき，$\gamma = \dfrac{\alpha + \beta}{2}$

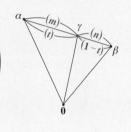

(II) 3 点 α，β，γ でできる△$\alpha\beta\gamma$ の**重心**を

δ とおくと，$\delta = \dfrac{1}{3}(\alpha + \beta + \gamma)$

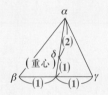

(III) 点 γ が，2 点 α，β を結ぶ線分

を $m:n$ に外分するとき，

$\gamma = \dfrac{-n\alpha + m\beta}{m - n}$

(i) $m > n$ のとき　(ii) $m < n$ のとき

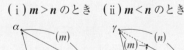

α, β, γ, δ を，それぞれ $\overrightarrow{\mathrm{OA}}$, $\overrightarrow{\mathrm{OB}}$, $\overrightarrow{\mathrm{OP}}$, $\overrightarrow{\mathrm{OG}}$ に置き換えると，公式の意味はすべて明らかなはずだ。

それじゃ，例題を 1 つ。2 点 $\alpha = 3 + 2i$，$\beta = 1 - 4i$ を結ぶ線分を $3:1$ に外分する点 (複素数) γ を求めてみよう。公式通りにやって，

$\gamma = \dfrac{-1 \cdot \alpha + 3 \cdot \beta}{3 - 1} = \dfrac{-(3 + 2i) + 3(1 - 4i)}{2} = \dfrac{-14i}{2} = -7i$ となるんだね。

● 円の方程式もベクトルとソックリ！

複素数 z を使った中心 α，半径 r の円の方程式を次に示すよ。

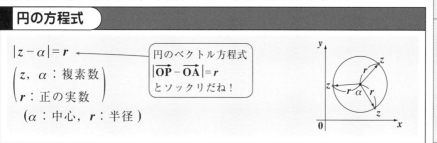

円の方程式

$|z - \alpha| = r$ ← 円のベクトル方程式 $|\overrightarrow{\mathrm{OP}} - \overrightarrow{\mathrm{OA}}| = r$ とソックリだね！

(z, α：複素数)

r：正の実数

(α：中心，r：半径)

$|z - \alpha|$ は，2 点 z，α 間の距離を表すんだね。この距離が一定の r ということは，動点 z が中心 α からの距離を r に保ちながら動くので，動点 z は，中心 α，半径 r の円を描くことになるね。これは，円のベクトル方程式 $|\overrightarrow{\mathrm{OP}} - \overrightarrow{\mathrm{OA}}| = r$ とソックリだね。ただ複素数の円の方程式では，$|z - \alpha| = r$ の両辺を 2 乗して，次のように式を変形できる。

$|z - \alpha|^2 = r^2$

$(z - \alpha)(\overline{z - \alpha}) = r^2$

$(z - \alpha)(\overline{z} - \overline{\alpha}) = r^2$

$z\overline{z} - \overline{\alpha}z - \alpha\overline{z} + \boxed{\alpha\overline{\alpha} - r^2} = 0$

$\qquad\qquad |\alpha|^2 - r^2 = k$ (定数)

$z\overline{z} - \overline{\alpha}z - \alpha\overline{z} + k = 0$

これを逆にたどって，
方程式 $z\overline{z} - \overline{\alpha}z - \alpha\overline{z} + k = 0$
を変形して，円の方程式 $|z - \alpha| = r$
に持ち込む訓練を繰り返しやっておいてくれ。スゴク力がつくよ。

◆例題3◆

z は複素数で，$\dfrac{z-2i}{iz}$ が実数となるように変化する。このとき，z の描く図形を求めよ。

解答

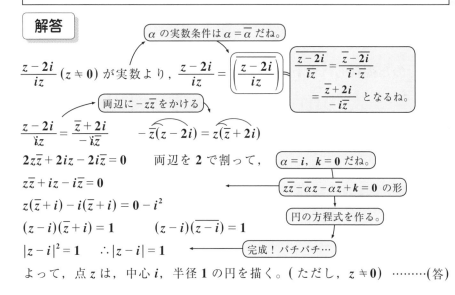

α の実数条件は $\alpha = \overline{\alpha}$ だね。

$\dfrac{z-2i}{iz}$ $(z \neq 0)$ が実数より，$\dfrac{z-2i}{iz} = \overline{\left(\dfrac{z-2i}{iz}\right)}$

$\overline{\left(\dfrac{z-2i}{iz}\right)} = \dfrac{\overline{z-2i}}{\overline{iz}} = \dfrac{\overline{z}-\overline{2i}}{\overline{i}\cdot\overline{z}} = \dfrac{\overline{z}+2i}{-i\overline{z}}$ となるね。

両辺に $-z\overline{z}$ をかける

$\dfrac{z-2i}{iz} = \dfrac{\overline{z}+2i}{-i\overline{z}}$ $-\overline{z}(z-2i) = z(\overline{z}+2i)$

$2z\overline{z} + 2iz - 2i\overline{z} = 0$ 両辺を 2 で割って，

$\alpha = i,\ k = 0$ だね。

$z\overline{z} + iz - i\overline{z} = 0$

$z\overline{z} - \overline{\alpha}z - \alpha\overline{z} + k = 0$ の形

$z(\overline{z}+i) - i(\overline{z}+i) = 0 - i^2$

円の方程式を作る。

$(z-i)(\overline{z}+i) = 1$ $(z-i)(\overline{z-i}) = 1$

$|z-i|^2 = 1$ $\therefore |z-i| = 1$

完成！パチパチ…

よって，点 z は，中心 i，半径 1 の円を描く。(ただし，$z \neq 0$) ………(答)

次に，**垂直二等分線**と**アポロニウスの円**の方程式を下に示そう。

垂直二等分線とアポロニウスの円の方程式

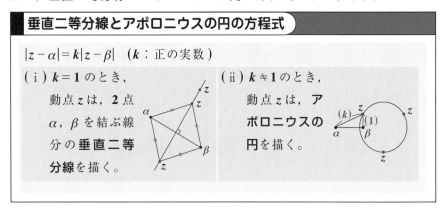

$|z-\alpha| = k|z-\beta|$ （k：正の実数）

(i) $k = 1$ のとき，

動点 z は，2 点 α，β を結ぶ線分の**垂直二等分線**を描く。

(ii) $k \neq 1$ のとき，

動点 z は，**アポロニウスの円**を描く。

22

(i) $k=1$ のとき，$|z-\alpha|=|z-\beta|$ となって，点 z は，2 点 α，β から等距離を保ちながら動くので，z は 2 点 α，β を結ぶ線分の垂直二等分線を描くんだね。

(ii) $k \neq 1$ のとき，$|z-\alpha|=k|z-\beta|$ から，$|z-\alpha|:|z-\beta|=k:1$ すなわち，点 z は，2 点 α，β からの距離の比を $k:1$ に保ちながら動くので，線分 $\alpha\beta$ を $k:1$ に内分する点と，外分する点を直径の両端にもつアポロニウスの円を描くことになるんだね。

◆例題 4 ◆

複素数 z が，$|z-3|=2|z|$ をみたすとき，z はどのような図形を描くか。

(東京学芸大)

解答

$|z-3|=2|z|$ ……①

①の両辺を 2 乗して

$|z-3|^2=4|z|^2$

$(z-3)\overline{(z-3)}=4z\overline{z}$

$(z-3)(\overline{z}-3)=4z\overline{z}$　　$z\overline{z}-3z-3\overline{z}+9=4z\overline{z}$

$3z\overline{z}+3z+3\overline{z}=9$　　$z\overline{z}+z+\overline{z}=3$

$z(\overline{z}+1)+(\overline{z}+1)=3+1$　　$(z+1)(\overline{z}+1)=4$

$(z+1)\overline{(z+1)}=4$　　$|z+1|^2=4$　　∴ $|z+1|=2$

> これから，
> $|z-0|:|z-3|=1:2$　よって，
> 2 点 0，3 を両端点とする線分を
> { (i) 1 : 2 に内分する点 1 と
> { (ii) 1 : 2 に外分する点 -3
> を直径の両端にもつアポロニウスの円が描かれるんだよ。

> 答えは見えてるんだ！

> これから円の式にもち込む

よって，点 z は，中心 -1，半径 2 の円を描く。 ……………………………(答)

(別解)

$z=x+yi$ とおくと，①より，$|(x-3)+yi|=2|x+yi|$

$\sqrt{(x-3)^2+y^2}=2\sqrt{x^2+y^2}$　　両辺を 2 乗して，　中心 $(-1, 0)$，半径 2 の円

$(x-3)^2+y^2=4(x^2+y^2)$　　$3x^2+6x+3y^2=9$

$(x^2+2x+1)+y^2=3+1$，$(x+1)^2+y^2=4$　となって，同じ結果が導ける。

● 回転と相似の合成変換に再チャレンジだ！

回転と相似の合成変換は，複素数平面の中で最も出題頻度の高い分野なんだよ。エッ，力が入るって？(笑) そんなに力まなくても大丈夫。今回は，原点以外の点のまわりの回転と相似の合成変換の公式を書いておくから，(i) 公式，(ii) 文章，(iii) 図を関連させながら覚えてくれ。

回転と相似の合成変換

(i) $\dfrac{w-\alpha}{z-\alpha} = r(\cos\theta + i\sin\theta)$ $(z \neq \alpha)$

(ii) 点 w は，点 z を点 α のまわりに θ だけ回転して，さらに r 倍に拡大 (または縮小) したものである。

(iii)

拡大 $(r > 1)$
縮小 $(0 < r < 1)$
θ 回転

これは，$\alpha = 0$ のとき，前回やった原点のまわりの回転と相似の合成変換になるんだね。この公式は，$\alpha \neq 0$ のときでも成り立つと言っているわけだけど，これは，次のように考えるといい。α，z，w を表す点を A，P，Q とおくと，複素数の引き算はベクトルと同様に考えることができるので，$w - \alpha = \overrightarrow{OQ} - \overrightarrow{OA} = \overrightarrow{AQ}$，$z - \alpha = \overrightarrow{OP} - \overrightarrow{OA} = \overrightarrow{AP}$ となるわけだね。よって，

$$\dfrac{\overset{\overrightarrow{AQ}}{\boxed{w-\alpha}}}{\underset{\overrightarrow{AP}}{\boxed{z-\alpha}}} = r(\cos\theta + i\sin\theta)$$ は $\overrightarrow{AP}$ を θ だけ回転して，r 倍に相似変換した

ものが $\overrightarrow{AQ}$ になると言っているわけだから，点 A(点 α) のまわりの回転と相似の合成変換になるんだね。納得いった？

ここで，この公式の具体例をさらに言っておくよ。

実数条件 $\dfrac{w-\alpha}{z-\alpha} = \overline{\left(\dfrac{w-\alpha}{z-\alpha}\right)}$

(i) $\dfrac{w-\alpha}{z-\alpha} = $ 実数のとき，$\sin\theta = 0$ より，$\theta = 0°$，$180°$，すなわち

∠$z\alpha w = 0°$，$180°$ となるので，3 点 α，z，w は同一直線上に並ぶね。

純虚数条件 $\dfrac{w-\alpha}{z-\alpha}+\overline{\left(\dfrac{w-\alpha}{z-\alpha}\right)}=0$

(ⅱ) $\dfrac{w-\alpha}{z-\alpha}=$ 純虚数のとき，$\cos\theta=0$ より，$\theta=90°$，$270°$，すなわち

$\angle z\alpha w=90°$，$270°$ となるので，$\alpha z\perp\alpha w$（垂直）になる。

◆例題 5◆

複素数平面上の 3 点 $A(\alpha)$，$B(i)$，$C(\sqrt{3}+2i)$ を頂点とする三角形において，$\angle ABC=60°$，$\angle BCA=30°$ である。このとき，α の値を求めよ。

(神奈川工大)

解答

$\beta=i$，$\gamma=\sqrt{3}+2i$ とおく。

右図より，点 α は，点 γ を点 β のまわ

角度は，反時計まわりが $\oplus$，時計まわりが $\ominus$

りに $\pm60°$ だけ回転して，$\dfrac{1}{2}$ 倍に縮小

したものである。 α は，2 通りあるね！

よって，

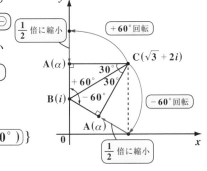

$$\underset{\sqrt{3}+2i}{\overset{i}{\underbrace{\dfrac{\alpha-\underset{i}{\boxed{\beta}}}{\gamma-\boxed{\beta}}}}}=\dfrac{1}{2}\{\overset{\frac{1}{2}}{\boxed{\cos(\pm60°)}}+i\,\overset{\pm\frac{\sqrt3}{2}}{\boxed{\sin(\pm60°)}}\}$$

$$\alpha=\dfrac{1}{2}\left(\overbrace{\dfrac{1}{2}\pm\dfrac{\sqrt3}{2}i}\right)\overbrace{(\sqrt3+i)}+i=\dfrac{1}{2}\left(\dfrac{\sqrt3}{2}+\dfrac{1}{2}i\pm\dfrac{3}{2}i\pm\dfrac{\sqrt3}{2}\overset{(-1)}{\underset{\parallel}{i^2}}\right)+i$$

$$=\dfrac{1}{2}\left\{\left(\dfrac{\sqrt3}{2}\mp\dfrac{\sqrt3}{2}\right)+\left(\dfrac{1}{2}\pm\dfrac{3}{2}\right)i\right\}+i=2i,\ \dfrac{\sqrt3}{2}+\dfrac{1}{2}i\quad\cdots\cdots\cdots\cdots(答)$$

$$\underbrace{\dfrac{1}{2}\left\{\left(\dfrac{\sqrt3}{2}-\dfrac{\sqrt3}{2}\right)+\left(\dfrac{1}{2}+\dfrac{3}{2}\right)i\right\}+i}\qquad\underbrace{\dfrac{1}{2}\left\{\left(\dfrac{\sqrt3}{2}+\dfrac{\sqrt3}{2}\right)+\left(\dfrac{1}{2}-\dfrac{3}{2}\right)i\right\}+i}$$

どう？回転と相似の合成変換にも慣れた？ウン，いいね。それじゃさらに演習問題で，キミの腕に磨きをかけてくれ！

演習問題 5　難易度 ★　CHECK1　CHECK2　CHECK3

複素数 z が，中心 $-1+i$，半径 1 の円を描くとき，$w = -\dfrac{z+i}{z-i}$ …① はどのような図形を描くか。

ヒント！ z は，円の方程式 $|z-(-1+i)|=1$ をみたすので，①を変形して，$z=(w\text{の式})$ の形にして，これを円の方程式に代入すれば，w の方程式になるんだね。

解答&解説

z は，中心 $-1+i$，半径 1 の円上の点より，

$|z+1-i|=1$ ……②　をみたす。

次に，$w = -\dfrac{z+i}{z-i}$ …① を変形して，

$w(z-i) = -z-i$ 　　$(w+1)z = iw-i$

$z = \dfrac{i(w-1)}{w+1}$ ……①´

①´を②に代入して z を消去すると，

$\left| \dfrac{i(w-1)}{w+1} + 1 - i \right| = 1$

$\dfrac{|iw-i+(1-i)(w+1)|}{|w+1|} = 1$ ← 両辺に $|w+1|$ をかける。

$|w+1-2i| = |w+1|$

$|w-(-1+2i)| = |w-(-1)|$ ……③
　　　　$\underbrace{}_{\alpha}$ 　　　　$\underbrace{}_{\beta}$

よって，③より，点 w は 2 点 $-1+2i$ と -1 を結ぶ線分の垂直二等分線（$\underline{y=1}$）を描く。……………(答)

$w = x+yi$ とおくと，③より
$\sqrt{(x+1)^2+(y-2)^2} = \sqrt{(x+1)^2+y^2}$ 　両辺を 2 乗して，
$(x+1)^2+(y-2)^2 = (x+1)^2+y^2$
$y^2-4y+4 = y^2$ 　∴ $y=1$

ココがポイント

⇦ 中心 $\alpha = -1+i$，半径 $r=1$ の円より，$|z-\alpha|=r$ $|z-(-1+i)|=1$ だね。

⇦ $z=(w\text{の式})$ …①´ を求めて，①´を②に代入すれば，w の方程式が出来る！

⇦ 左辺の分子の | | 内
$= iw - i + w + 1 - iw - i$
$= w + 1 - 2i$

⇦ $|w-\alpha|=|w-\beta|$ のとき，点 w は，線分 $\alpha\beta$ の垂直二等分線を描く。

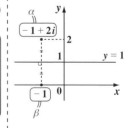

26

円の方程式と平行移動

演習問題 6 　　難易度 ★　　CHECK 1　　CHECK 2　　CHECK 3

複素数 z が，$|z|^2 - (1+i)z - (1-i)\overline{z} = -1$ を満たすとき，
$w = z + (1+\sqrt{3})i$ とおく。w の偏角 $\theta\,(0° \leqq \theta < 360°)$ の最小値を求めよ。
ただし，i は虚数単位，$\overline{z}$ は z の共役複素数である。

(福島県立医科大)

ヒント！ $1 - i = \alpha$ とおくと，与方程式は，$z\overline{z} - \overline{\alpha}z - \alpha\overline{z} + 1 = 0$ となるから，これをまとめると円になるね。これを虚軸方向に $(1+\sqrt{3})i$ だけ平行移動したものが w の表す図形になるよ。図を描いてごらん。

解答 & 解説

与方程式を変形して，

$z\overline{z} - (1+i)z - (1-i)\overline{z} = -1$ 　　　$\underset{\parallel}{1 - i^2} = 1 + 1 = 2$

$\{\overline{z} - (1+i)\}z - (1-i)\{\overline{z} - (1+i)\} = -1 + \boxed{(1-i)(1+i)}$

$\{z - (1-i)\}\{\overline{z} - (\underset{\parallel}{\boxed{1+i}})\} = 1$ 　　$\overline{(1-i)}$

$\{z - (1-i)\}\{\overline{z} - (\overline{1-i})\} = 1$

$\{z - (1-i)\}\{\overline{z - (1-i)}\} = 1$

$|z - (1-i)|^2 = 1$

$\therefore |z - (1-i)| = 1$

よって，点 z は，中心 $1-i$，半径 1 の円を描く。

ここで，$w = z + (1+\sqrt{3})i$ より，　[y 軸方向に $1+\sqrt{3}$ 平行移動]

点 w は，z の描く図形を虚軸方向に $(1+\sqrt{3})i$ だけ平行移動したものである。　[$1 - i + (1+\sqrt{3})i$]

よって，点 w は，右図に示すように，中心 $1+\sqrt{3}\,i$，半径 1 の円を描く。

ゆえに，点 w が，右図の w_1 の位置にきたとき，複素数 w の偏角は最小になる。

以上より，複素数 w の偏角の最小値は，$30°$ である。
　　　　　　　　　　　　　　　　　　　　……（答）

ココがポイント

⇦ この式を変形して円の方程式にもち込む。

⇦ 円の方程式
　$|z - \alpha| = r$ の形にもち込めた！

図

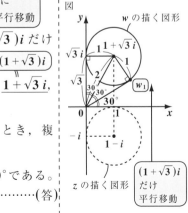

27

2点間の距離と最小値

α, β を 0 でない複素数とし，$\alpha' = \dfrac{\alpha}{|\alpha|^2}$，$\beta' = \dfrac{\beta}{|\beta|^2}$ とする。

(1) $|\alpha' - \beta'|$ を $|\alpha|$，$|\beta|$，$|\alpha - \beta|$ を用いて表せ。

(2) α，β が $|\alpha - \beta| = 1$，$|\alpha| = 2$ をみたしながら動くとき，

　　$|\alpha' - \beta'|$ の最小値を求めよ。 (一橋大)

ヒント! (1) $|\alpha|^2 = \alpha\bar{\alpha}$, $|\beta|^2 = \beta\bar{\beta}$ を使うといいよ。(2) では，$|\beta|$，つまり β と原点 0 との距離の取り得る値の範囲を押さえるんだよ。

解答 & 解説

ココがポイント

(1) $\alpha' = \dfrac{\alpha}{|\alpha|^2} = \dfrac{\cancel{\alpha}^1}{\cancel{\alpha} \cdot \bar{\alpha}} = \dfrac{1}{\bar{\alpha}}$ ，

$\beta' = \dfrac{\beta}{|\beta|^2} = \dfrac{\cancel{\beta}^1}{\cancel{\beta} \cdot \bar{\beta}} = \dfrac{1}{\bar{\beta}}$ より

$|\alpha' - \beta'| = \left| \dfrac{1}{\bar{\alpha}} - \dfrac{1}{\bar{\beta}} \right| = \left| \dfrac{\bar{\beta} - \bar{\alpha}}{\bar{\alpha}\bar{\beta}} \right| = \dfrac{|\overline{\alpha - \beta}|}{|\bar{\alpha}| \cdot |\bar{\beta}|}$

⇦ 絶対値と共役複素数の公式のオンパレードだ！

$= \dfrac{|\overline{\alpha - \beta}|}{|\bar{\alpha}| \cdot |\bar{\beta}|} = \dfrac{|\alpha - \beta|}{|\alpha| \cdot |\beta|}$ ……① …………(答)

⇦ $|\overline{\alpha - \beta}| = |\alpha - \beta|$,
$|\bar{\alpha}| = |\alpha|$, $|\bar{\beta}| = |\beta|$
だね。

(2) $\underset{|\alpha - 0| = 2}{\underline{|\alpha| = 2}}$ ……②， $\underset{|\beta - \alpha| = 1}{\underline{|\alpha - \beta| = 1}}$ ……③

②，③を①に代入して，

$|\alpha' - \beta'| = \dfrac{\overset{1}{\cancel{(|\alpha - \beta|)}}}{\underset{2}{\cancel{(|\alpha|)}}|\beta|} = \dfrac{1}{2|\beta|}$ ……④

⇦ ④より $|\beta|$ が最大のとき $|\alpha' - \beta'|$ は最小になるね。

ここで，②より，$|\alpha - 0| = 2$　よって，α は，原点を中心とする半径 2 の円周上の点である。また，③より，$|\beta - \alpha| = 1$　よって，β は，その α を中心とする半径 1 の円周上の点である。$|\beta|$ は原点 0 と点 β との距離であり，β が右図の β_1 の位置にあるとき，$|\beta|$ は最大値 3 をとる。

よって，④より最小値 $|\alpha' - \beta'| = \dfrac{1}{2 \cdot 3} = \dfrac{1}{6}$ …(答)

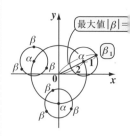

最大値 $|\beta| =$

回転と相似の合成変換の問題

演習問題 8	難易度 ★★	CHECK 1	CHECK 2	CHECK 3

複素数平面上で，複素数 $1+i$，α，β の表す点を **P**，**A**，**B** とする。

△ **OPA** は正三角形，△ **PAB** は∠ **B** = **90°** の直角二等辺三角形である。

点 **A** は第 4 象限に，点 **B** は△ **OPA** の内部にあるものとする。複素数 α，β を求めよ。 (千葉大)

ヒント！ 典型的な回転と相似の合成変換の問題だね。この公式を **2** 回使うけれど，回転角の向きが時計回りのとき負になるんだね。

解答＆解説

図 **1** に示すように，点 α は，点 $1+i$ を原点のまわりに $-60°$ だけ回転したものなので，

$$\frac{\alpha}{1+i} = \boxed{1}\{\underbrace{\cos(-60°)}_{\frac{1}{2}} + i\underbrace{\sin(-60°)}_{-\frac{\sqrt{3}}{2}}\}$$ よって，

（回転のみなので，$r=1$ だ！）

$$\alpha = \frac{1}{2}\underbrace{(1-\sqrt{3}\,i)(1+i)} = \frac{1}{2}(1+i-\sqrt{3}\,i-\sqrt{3}\,\underbrace{i^2}_{(-1)})$$

$$\therefore \alpha = \frac{1+\sqrt{3}}{2} + \frac{1-\sqrt{3}}{2}i \quad\cdots\cdots(\text{答})$$

次に，図 **2** に示すように，点 β は，点 α を点 $1+i$ のまわりに $-45°$ だけ回転して $\frac{1}{\sqrt{2}}$ 倍に縮小したものより，

$\frac{1}{\sqrt{2}}$ 倍に縮小

$$\frac{\beta-(1+i)}{\alpha-(1+i)} = \boxed{\frac{1}{\sqrt{2}}}\{\underbrace{\cos(-45°)}_{\frac{1}{\sqrt{2}}} + i\underbrace{\sin(-45°)}_{-\frac{1}{\sqrt{2}}}\}$$

$$\beta = \frac{1}{2}(1-i)\left(\frac{1+\sqrt{3}}{2} + \frac{1-\sqrt{3}}{2}i - 1 - i\right) + 1 + i$$

$$= \frac{1}{4}\underbrace{(1-i)}\{(-1+\sqrt{3}) - (1+\sqrt{3})i\} + 1 + i$$

$$= \frac{1}{4}\{-1+\sqrt{3} - (1+\sqrt{3})i - (1+\sqrt{3})i + (1+\sqrt{3})\underbrace{i^2}_{(-1)} + 4 + 4i\}$$

$$= \frac{1}{4}\{2 + (4-2\sqrt{3})i\} = \frac{1}{2} + \left(1-\frac{\sqrt{3}}{2}\right)i \quad\cdots\cdots(\text{答})$$

ココがポイント

図 1

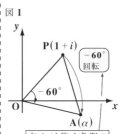

点 **A** は第 4 象限の点なので，回転角は $-60°$ だね。

図 2

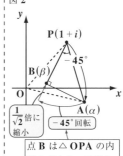

点 **B** は△ **OPA** の内部の点より，回転角は $-45°$ だね。

演習問題 9　　難易度 ★★★　　CHECK 1　CHECK 2　CHECK 3

複素数 z について，$\dfrac{z}{z-\sqrt{2}}$ が虚軸上にあるとする。

(1) z はどのような図形上にあるか。

(2) このような z のうち $\dfrac{1+i}{\sqrt{2}}$ からの距離が最大となるものを求めよ。

(3) (2) で求めた z について，$1+z+z^2+z^3+z^4+z^5+z^6+z^7$ を計算せよ。

(高知大)

レクチャー 回転と相似の合成変換 $\dfrac{w-\alpha}{z-\alpha}=r(\cos\theta+i\sin\theta)$ の公式で，α, z, w の表す点をそれぞれ A，P，Q とおくと，$z-\alpha$ や $w-\alpha$ は，ベクトル $\overrightarrow{AP}$，$\overrightarrow{AQ}$ と同じだと言ったね。ここで，ベクトルならば平行移動しても同じものなわけだから，回転の中心がずれたってかまわないんだよ。新たに，複素数 β と，それを表す点を B とおくよ。

$\dfrac{w-\beta}{z-\alpha}=r(\cos\theta+i\sin\theta)$ の式の意味は，$\overrightarrow{AP}$ を θ だけ回転して r 倍したものが，$\overrightarrow{BQ}$ ということになるんだね。右図を参考にしてくれ。

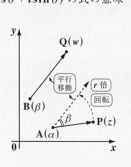

解答 & 解説

(1) $\dfrac{z}{z-\sqrt{2}}$ $(z \neq \sqrt{2})$ が虚軸上にあるということは，

これが純虚数または 0 より

$$\dfrac{z}{z-\sqrt{2}}=b\underset{\substack{\uparrow \\ i}}{\overset{\cos 90°+i\sin 90°}{}}\quad とおける。$$

よって，$\dfrac{z-0}{z-\sqrt{2}}=b(\cos 90°+i\sin 90°)$ …①

ここで，0，$\sqrt{2}$，z を表す点をそれぞれ O，A，P とおくと，①より $\overrightarrow{OP}$ と $\overrightarrow{AP}$ は垂直になる。

ココがポイント

⇦ 分母 $\neq 0$ より $z \neq \sqrt{2}$

⇦ $z-0$ は $\overrightarrow{OP}$, $z-\sqrt{2}$ は $\overrightarrow{AP}$ を表し，①より $\overrightarrow{OP} \perp \overrightarrow{AP}$ だね。

2 定点 O と A($\sqrt{2} + 0 \cdot i$) から P に引いた 2 本 の直線がつねに直交することから，点 P は右図 のように，線分 OA を直径とする円周上にある。 （ただし，点 $\sqrt{2}$ は除く）……………………(答)

▷ P = O のとき，直交条件 は成り立たないが，$z = 0$ は条件をみたす。

> 円周角 ∠OPA = 90° だね！

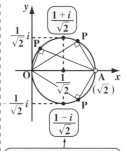

> この円周上の点で， $\dfrac{1+i}{\sqrt{2}}$ から最も離れているの がこの点だね。

別解

(1) の解法は，次のようにしてもいいよ。

(ⅰ) $\dfrac{z}{z - \sqrt{2}} + \overline{\left(\dfrac{z}{z - \sqrt{2}} \right)} = 0$ を変形して，円

> 純虚数条件 $\alpha + \overline{\alpha} = 0$

の方程式 $\left| z - \dfrac{1}{\sqrt{2}} \right| = \dfrac{1}{\sqrt{2}}$ を導く。

(ⅱ) $z = x + yi$ とおいて， これは純虚数または 0

$$\dfrac{z}{z - \sqrt{2}} = \boxed{実部}^{0} + (\,虚部\,)i \,とし，$$

実部 $= 0$ から $\left(x - \dfrac{1}{\sqrt{2}} \right)^2 + y^2 = \dfrac{1}{2}$ を導く。

(2) 図より，円周上を動く z のうち，$\dfrac{1+i}{\sqrt{2}}$ からの距 離が最大となる z は，$z = \dfrac{1-i}{\sqrt{2}}$ である。……(答)

(3) 与式は，初項 1，公比 $z\,(\neq 1)$ の等比数列の， 初項から第 8 項までの和なので

$$1 + z + z^2 + \cdots + z^7 = \dfrac{1 \cdot (1 - z^8)}{1 - z} \quad \cdots \cdots ②$$

> $\dfrac{a(1 - r^8)}{1 - r}$

▷ $a = 1$, $r = z$，項数 $n = 8$ の等比数列の和の公式： $\dfrac{a(1 - r^n)}{1 - r}$ を使った。

ここで，$z = \dfrac{1-i}{\sqrt{2}} = \dfrac{1}{\sqrt{2}} + \left(-\dfrac{1}{\sqrt{2}} \right)i$

$$= \cos(-45°) + i\sin(-45°) \quad \cdots ③$$

③ を ② に代入して，

$$与式 = \dfrac{1 - \{\cos(-45°) + i\sin(-45°)\}^8}{1 - z}$$

$$= \dfrac{1 - \overbrace{\cos(-360°)}^{1} - i\overbrace{\sin(-360°)}^{0}}{1 - z} = 0$$

……(答)

▷ ド・モアブルより $\{\cos(-45°) + i\sin(-45°)\}^8$ $= \cos(-45° \times 8)$ $\quad + i\sin(-45° \times 8)$ $= \cos(-360°)$ $\quad + i\sin(-360°)$ だ。

31

1. 絶対値

$\alpha = a + bi$ のとき，$|\alpha| = \sqrt{a^2 + b^2}$ ←　これは，原点 0 と点 α との間の距離を表す。

2. 共役複素数と絶対値の公式

(1) $\overline{\alpha \pm \beta} = \overline{\alpha} \pm \overline{\beta}$ 　　(2) $\overline{\alpha \times \beta} = \overline{\alpha} \times \overline{\beta}$ 　　(3) $\overline{\left(\dfrac{\alpha}{\beta}\right)} = \dfrac{\overline{\alpha}}{\overline{\beta}}$

(4) $|\alpha| = |\overline{\alpha}| = |-\alpha| = |-\overline{\alpha}|$ 　　(5) $|\alpha|^2 = \alpha \overline{\alpha}$

3. 積と商の絶対値

(1) $|\alpha \beta| = |\alpha||\beta|$ 　　(2) $\left|\dfrac{\alpha}{\beta}\right| = \dfrac{|\alpha|}{|\beta|}$

4. 実数条件と純虚数条件

(i) α が実数 $\Longleftrightarrow \alpha = \overline{\alpha}$ 　　(ii) α が純虚数 $\Longleftrightarrow \alpha + \overline{\alpha} = 0$ 　$(\alpha \neq 0)$

5. 2 点間の距離

$\alpha = a + bi$, $\beta = c + di$ のとき，2 点 α, β 間の距離は，

$|\alpha - \beta| = \sqrt{(a - c)^2 + (b - d)^2}$

6. 複素数の積と商

$z_1 = r_1(\cos\theta_1 + i\sin\theta_1)$, $z_2 = r_2(\cos\theta_2 + i\sin\theta_2)$ のとき，

(1) $z_1 \times z_2 = r_1 r_2 \{\cos(\theta_1 + \theta_2) + i\sin(\theta_1 + \theta_2)\}$

(2) $\dfrac{z_1}{z_2} = \dfrac{r_1}{r_2} \{\cos(\theta_1 - \theta_2) + i\sin(\theta_1 - \theta_2)\}$

7. ド・モアブルの定理

$(\cos\theta + i\sin\theta)^n = \cos n\theta + i\sin n\theta$ 　$(n：整数)$

8. 内分点，外分点，三角形の重心の公式，および円の方程式は，ベクトルと同様である。

9. 垂直二等分線とアポロニウスの円

$|z - \alpha| = k|z - \beta|$ をみたす動点 z の軌跡は，

(i) $k = 1$ のとき，線分 $\alpha\beta$ の垂直二等分線。

(ii) $k \neq 1$ のとき，アポロニウスの円。

10. 回転と相似の合成変換

$\dfrac{w - \alpha}{z - \alpha} = r(\cos\theta + i\sin\theta)$ 　$(z \neq \alpha)$

$\Longrightarrow$ 点 w は，点 z を点 α のまわりに θ だけ回転し，r 倍に拡大（または縮小）した点である。

▶ 2次曲線 （ 放物線・だ円・双曲線 ）

▶ 媒介変数表示されたいろいろな曲線

▶ 極座標とさまざまな極方程式

講義② 式と曲線

これから "**式と曲線**" の講義に入ろう。この式と曲線も受験では頻出分野の1つだから，頑張ってマスターしよう。もちろん，すべてわかるように親切に解説するからね。

この "**式と曲線**" は，さらに，"**2次曲線**"，"**媒介変数表示された曲線**"，"**極座標と極方程式**" の3つに分類できる。そして，ここではまず，最初の2次曲線について詳しく解説するつもりだ。この2次曲線では，次のテーマが重要だから，まず頭に入れておこう。

- **放物線 （焦点と準線）**
- **だ　円 （2つの焦点）**
- **双曲線 （2つの焦点と漸近線）**

エッ，放物線なんて既に知ってるって？　そうだね。でもここで扱う放物線は，数学ⅠやⅡとは違った観点から見ることになるんだ。

§1. 2次曲線の公式群を使いこなそう！

● 放物線では，焦点と準線を押さえよう！

図1のように，xy座標平面上に点 $F(p, 0)$ と直線 $x = -p$ をとる。ここで，動点 $Q(x, y)$ が，点 F との距離と，直線 $x = -p$ との距離を等しく保ちながら動くとき，動点 Q の描く軌跡が**放物線**となるんだ。

点 Q から直線 $x = -p$ に下ろした垂線の足を H とおくと，

$$QH = QF \text{ より，} \underset{\substack{\| \\ x-(-p)}}{|x+p|} = \sqrt{(x-p)^2 + y^2}$$

この両辺を2乗して，

図1　放物線

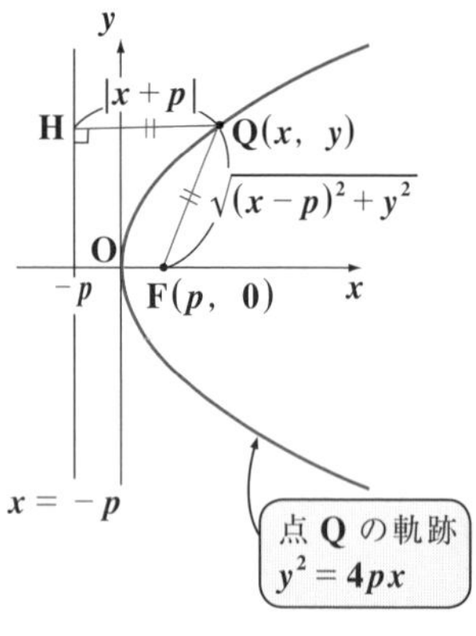

点 Q の軌跡
$y^2 = 4px$

34

$(x+p)^2 = (x-p)^2 + y^2$, $x^2 + 2px + p^2 = x^2 - 2px + p^2 + y^2$

∴ $y^2 = 4px$ と，少し変わった放物線の方程式が出てくるんだね。

そして，さっき話した定点 F を焦点と呼び，また直線 $x = -p$ を準線と呼ぶんだけれど，この放物線の方程式から，逆に焦点 $F(p, 0)$ や準線 $x = -p$ を読みとることが大事なんだよ。これから，練習していこう。

それでは，この形の放物線の方程式と焦点，準線などの公式群を次に示す。

■ 放物線の公式

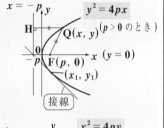

(1) $y^2 = 4px$ …① $(p \neq 0)$

　・頂点：原点 $(0, 0)$ ・対称軸：$y = 0$

　・焦点 $F(p, 0)$　　　・準線：$x = -p$

　　曲線上の点 Q について，**QH = QF**

(2) $x^2 = 4py$ …② $(p \neq 0)$

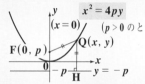

　・頂点：原点 $(0, 0)$ ・対称軸：$x = 0$

　・焦点 $F(0, p)$　　　・準線：$y = -p$

　　曲線上の点 Q について，**QH = QF**

それでは例題を 2 つやっておこう。

(1)〔横向きの放物線〕 $y^2 = 2x$ の場合，$y^2 = 4 \cdot \overset{p}{\boxed{\dfrac{1}{2}}} \cdot x$ として，焦点 $\left(\overset{p}{\boxed{\dfrac{1}{2}}}, 0 \right)$，準線 $x = \overset{-p}{\boxed{-\dfrac{1}{2}}}$

(2)〔たて向きの放物線〕 $x^2 = -8y$ の場合，$x^2 = 4 \cdot (\overset{p}{\boxed{-2}})y$ として，焦点 $(0, \overset{p}{\boxed{-2}})$，準線 $y = \overset{-p}{\boxed{2}}$

となるんだね。大丈夫？

また，①の放物線上の点 (x_1, y_1) における接線の方程式は $y_1 y = 2p(x + x_1)$，

②の放物線上の点 (x_1, y_1) における接線の方程式は $x_1 x = 2p(y + y_1)$ となることも覚えておこう。

● だ円には，2つの焦点がある！

だ円についても，その公式群をまとめて書いておこう。

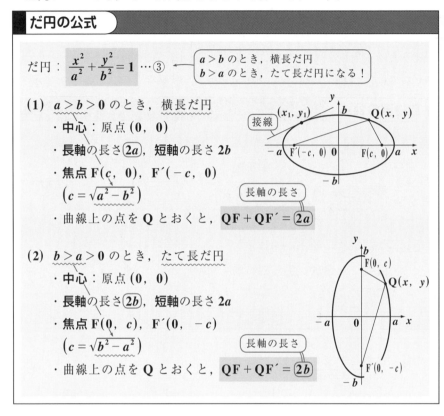

だ円 $\dfrac{x^2}{a^2}+\dfrac{y^2}{b^2}=1$ が与えられたら，x 軸上に ±3 の 2 点，y 軸上に ±2 の

$\underset{\substack{\| \\ a^2}}{9}\quad\underset{\substack{\| \\ b^2}}{4}$

2 点をとって，なめらかな曲線でこの 4 つの点を結べば，横長だ円が出来る。

また，$c=\sqrt{a^2-b^2}=\sqrt{9-4}=\sqrt{5}$ より，このだ円の焦点 F，F′ の座標は，

F$(\sqrt{5}, 0)$，F′$(-\sqrt{5}, 0)$ となるんだ。大丈夫？

また，③のだ円周上の点 (x_1, y_1) における接線の方程式は

$\dfrac{x_1 x}{a^2}+\dfrac{y_1 y}{b^2}=1$　となる。これも覚えてくれ。

● 双曲線では，漸近線もポイントだ！

双曲線の公式群についてもまとめておく。

双曲線の公式

(1) $\dfrac{x^2}{a^2} - \dfrac{y^2}{b^2} = 1$ …④ $(a > 0, \ b > 0)$ 〔左右の双曲線〕

- **中心**：原点 $(0, 0)$
- **頂点** $(a, 0), \ (-a, 0)$
- **焦点** $F(c, 0), \ F'(-c, 0)$
  $\left(c = \sqrt{a^2 + b^2}\right)$
- **漸近線**：$y = \pm\dfrac{b}{a}x$
- 曲線上の点を Q とおくと，$\left|QF - QF'\right| = 2a$

x 軸上に $\pm a$，y 軸上に $\pm b$ の点をとって，長方形を作ると，その対角線が漸近線だ！

(2) $\dfrac{x^2}{a^2} - \dfrac{y^2}{b^2} = -1$ …⑤ $(a > 0, \ b > 0)$ 〔上下の双曲線〕

- **中心**：原点 $(0, 0)$
- **頂点** $(0, b), \ (0, -b)$
- **焦点** $F(0, c), \ F'(0, -c)$
  $\left(c = \sqrt{a^2 + b^2}\right)$
- **漸近線**：$y = \pm\dfrac{b}{a}x$
- 曲線上の点を Q とおくと，$\left|QF - QF'\right| = 2b$

また，④の双曲線上の点 (x_1, y_1) における接線の方程式は $\dfrac{x_1 x}{a^2} - \dfrac{y_1 y}{b^2} = 1$

⑤の双曲線上の点 (x_1, y_1) における接線の方程式は $\dfrac{x_1 x}{a^2} - \dfrac{y_1 y}{b^2} = -1$

となることも頭に入れておこう。

37

演習問題 10 難易度 ★ CHECK 1 CHECK 2 CHECK 3

次の曲線の方程式を求めよ。

(1) 曲線上の点と，2 点 F(2, 0)，F′(−2, 0) からの距離の和が 6 となる
　　だ円。

(2) 曲線上の点と，2 点 F(0, 5)，F′(0, −5) からの距離の差が 6 となる
　　双曲線。

ヒント！ (1) は焦点 F，F′ が x 軸上にあるから，横長のだ円だね。(2) は焦
点 F，F′ が y 軸上にあるから，上下の双曲線となる。

解答 & 解説

ココがポイント

(1) これは，焦点 F(2, 0)，F′(−2, 0) のだ円なの
で，この方程式を $\dfrac{x^2}{a^2}+\dfrac{y^2}{b^2}=1$ $(a>b>0)$ とおく。

だ円上の点を Q とおくと，題意より，

$\quad$ QF + QF′ = $\boxed{2a=6}$ $\quad$ ∴ $\underline{a=3}$

また，$c=\boxed{\sqrt{a^2-b^2}=2}$ より，$a^2-b^2=4$

$\quad 9-b^2=4$ $\quad$ ∴ $\underline{b^2=5}$

∴ $\underline{a^2=9,\ b^2=5}$ より，求めるだ円の方程式は，

$\quad \dfrac{x^2}{9}+\dfrac{y^2}{5}=1$ ……………………………(答)

⇦ 焦点が x 軸上にあるの
で，これは横長だ円にな
る。
$\quad \dfrac{x^2}{a^2}+\dfrac{y^2}{b^2}=1\ (a>b>0)$

⇦ 公式 QF + QF′ = 2a

⇦ 公式 $c=\sqrt{a^2-b^2}$ を使っ
た。

(2) これは，焦点 F(0, 5)，F′(0, −5) の双曲線より，
この方程式を $\dfrac{x^2}{a^2}-\dfrac{y^2}{b^2}=-1$ とおく。

双曲線上の点を Q とおくと，題意より，

$\quad \left|\text{QF}-\text{QF′}\right|=\boxed{2b=6}$ $\quad$ ∴ $\underline{b=3}$

また，$c=\boxed{\sqrt{a^2+b^2}=5}$ より，$a^2+b^2=25$

$\quad a^2+9=25$ $\quad$ ∴ $\underline{a^2=16}$

∴ $\underline{a^2=16,\ b^2=9}$ より，求める双曲線の方程式は，

$\quad \dfrac{x^2}{16}-\dfrac{y^2}{9}=-1$ …………………………(答)

⇦ 焦点が y 軸上にあるの
で，これは上下の双曲線
になる。
$\quad \dfrac{x^2}{a^2}-\dfrac{y^2}{b^2}=-1$

⇦ 公式 $\left|\text{QF}-\text{QF′}\right|=2b$

⇦ 公式 $c=\sqrt{a^2+b^2}$ を使っ
た。

だ円の焦点，放物線の焦点と準線

(1) だ円 $2x^2 + y^2 + 4x - 4y + 2 = 0$ のグラフを描き，その焦点の座標を求めよ。

(2) 放物線 $x^2 + 4x - 8y + 12 = 0$ の焦点の座標と準線の方程式を求めよ。

ヒント！　(1)，(2) ともに，平行移動項の入った 2 次曲線の問題だね。コツは，平行移動していない元の曲線の焦点や準線をまず先に求めて，それを平行移動すればいいんだよ。落ち着いて計算しよう。

解答 & 解説

ココがポイント

(1) 与式を変形して，

$$2(x^2 + \underbrace{2x + 1}_{\text{2で割って2乗}}) + (y^2 \underbrace{- 4y + 4}_{\text{2で割って2乗}}) = -2 + 6$$

$$2(x+1)^2 + (y-2)^2 = 4, \quad \underbrace{\frac{(x+1)^2}{\boxed{2}}}_{a^2} + \underbrace{\frac{(y-2)^2}{\boxed{4}}}_{b^2} = 1 \cdots① \quad \boxed{\text{たて長だ円}}$$

①は，$\underbrace{\frac{x^2}{\boxed{2}}}_{a^2} + \underbrace{\frac{y^2}{\boxed{4}}}_{b^2} = 1 \cdots②$ を $(-1, 2)$ だけ平行移動

したもの。よって①のグラフを右に示す。また，

②の焦点を $F_0(0, \pm\overbrace{\sqrt{2}}^{\sqrt{b^2-a^2}})$ とおくと，これを $(-1, 2)$

だけ平行移動したものが，①の焦点 F である。

$\therefore F(-1, 2 \pm \sqrt{2})$ ……………………………(答)

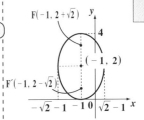

(2) 与式を変形して，

$$x^2 + 4x + 4 = 8y - 8, \quad (x+2)^2 = 8(y-1) \cdots③$$

③は，放物線 $x^2 = 8y \cdots④$ を $(-2, 1)$ だけ平行

移動したもの。④を $x^2 = 4 \cdot \overset{p}{\boxed{2}} \cdot y$ とみると，④

の焦点 F_0 と準線 l_0 は，$F_0(0, \overset{p}{\boxed{2}})$，$l_0 : y = \overset{-p}{\boxed{-2}}$

となる。これを $(-2, 1)$ だけ平行移動したもの

が，求める③の放物線の焦点 F と準線 l である。

$\therefore$ 焦点 $F(-2, 3)$，準線 $l : y = -1$…………(答)

⇦ $l_0 : y = -2$ を x 軸方向に -2 移動しても変化はない。y 軸方向に 1 移動するから $l : y = -1$ となった！

だ円と直線が 2 点で交わる条件

だ円 $\dfrac{x^2}{4} + y^2 = 1$ ……① と，直線 $y = x + a$ ……② が異なる 2 点 P，Q で交わるとき，実数 a のとり得る値の範囲を求めよ。また，線分 PQ の長さが $\sqrt{2}$ となるときの a の値を求めよ。

(名古屋大*)

ヒント！ 2 次曲線と直線が異なる 2 点で交わるための条件は，2 式から y を消去した x の 2 次方程式が異なる 2 実数解をもつことなんだね。線分の長さでは，解と係数の関係も利用する。

解答 & 解説

だ円 $E : \dfrac{x^2}{4} + y^2 = 1$ ……①，直線 $l : y = x + a$ ……② とおく。①，② より y を消去して，

$$x^2 + 4(x + a)^2 = 4, \quad \underset{5}{\boxed{5}}x^2 + \underset{a}{\boxed{8a}}x + \underset{b = 2b'}{\boxed{4a^2 - 4}} = 0 \quad\text{……③}$$

①，② が異なる 2 点 P，Q で交わるとき，x の 2 次方程式③は相異なる 2 実数解をもつので，

判別式 $\dfrac{D}{4} = \overset{b'^2 - ac}{(4a)^2 - 5(4a^2 - 4)} > 0$

$(a + \sqrt{5})(a - \sqrt{5}) < 0$ $\therefore -\sqrt{5} < a < \sqrt{5}$ ………(答)

2 交点 P，Q の x 座標をそれぞれ α，β $(\alpha < \beta)$ とおくと，③に解と係数の関係を用いて，

基本対称式

$$\alpha + \beta = \underset{-\frac{b}{a}}{\boxed{-\dfrac{8}{5}a}} \text{……④}, \quad \alpha\beta = \overset{\frac{c}{a}}{\boxed{\dfrac{4}{5}(a^2 - 1)}} \text{……⑤}$$

図 1 の線分 PQ を上方に平行移動したイメージを図 2 に示す。直線 l の傾きが 1 から，$PQ = \sqrt{2}$ となるとき，$\beta - \alpha = 1$ ……⑥ となる。⑥の両辺を 2 乗して，

対称式

$$\underset{(\alpha - \beta)^2 = (\alpha + \beta)^2 - 4\alpha\beta}{\dfrac{(\beta - \alpha)^2}{} = 1} \quad \underset{-\frac{8}{5}a \quad \frac{4}{5}(a^2-1)}{(\alpha + \beta)^2 - 4\alpha\beta = 1} \quad ④，⑤ を$$

代入して，$16a^2 = 55$ $\therefore a = \pm\dfrac{\sqrt{55}}{4}$ …………(答)

ココがポイント

図 1

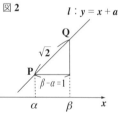

$\Leftarrow 4a^2 - 5(a^2 - 1) > 0$
$-a^2 + 5 > 0$
$\therefore a^2 - 5 < 0$ だね。

図 2

$\Leftarrow \dfrac{64}{25}a^2 - \dfrac{16}{5}(a^2 - 1) = 1$
$64a^2 - 80(a^2 - 1) = 25$
$-16a^2 + 80 = 25$
$\therefore 16a^2 = 55$ となる。

だ円に引いた直交する2接線の交点が描く軌跡

演習問題 13	難易度 ★★★		CHECK 1	CHECK 2	CHECK 3

だ円 $E : 2x^2 + y^2 = 1$ ……① がある。

(1) E の外側の点 $P(X, Y)$ を通り，傾き m の直線が E に接するとき，m，X，Y のみたす関係式を求めよ。

(2) E の外側の点 P を通る E の2本の接線が互いに直交するような点 P の軌跡の方程式を求めよ。 (姫路工大 *)

ヒント！ (1) 条件は，点 P を通る傾き m の直線の方程式と①から y を消去してできる x の2次方程式が重解をもつことだね。(2) では，解と係数の関係を使う。

解答＆解説

ココがポイント

(1) だ円 $E : 2x^2 + y^2 = 1$ ……①

点 $P(X, Y)$ を通る傾き m の直線の方程式は，

$y = m(x - X) + Y$ ∴ $y = mx - (mX - Y)$ ……②

①，②より y を消去して，まとめると，

$2x^2 + \{mx - (mX - Y)\}^2 = 1$

$\underset{a}{\underline{(m^2 + 2)}}x^2 \underset{2b'}{\underline{- 2m(mX - Y)}}x + \underset{c}{\underline{(mX - Y)^2 - 1}} = 0$ …③

①，②が接するとき，③は重解をもつ。

$\frac{D}{4} = \underset{b'^2}{\underline{m^2(mX - Y)^2}} - \underset{ac}{\underline{(m^2 + 2)\{(mX - Y)^2 - 1\}}} = 0$

$m^2 - 2(mX - Y)^2 + 2 = 0$ 〔m の2次方程式とみる！〕

∴ $\underset{a}{\underline{(1 - 2X^2)}}m^2 + \underset{b}{\underline{4XY}}m + \underset{c}{\underline{2 - 2Y^2}} = 0$ …④…(答)

⇦ だ円：$\dfrac{x^2}{\left(\frac{1}{\sqrt{2}}\right)^2} + \dfrac{y^2}{1^2} = 1$

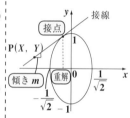

⇦ ⊕, ⊖で $m^2(mX - Y)^2$ は打ち消される。

⇦ 求める m, X, Y の関係式

(2) 点 P を通る2接線の傾き m_1, m_2 は，④の解より，解と係数の関係から，$m_1 \cdot m_2 = \underset{\frac{c}{a}}{\underline{\dfrac{2 - 2Y^2}{1 - 2X^2}}}$ ……⑤

また，2接線が直交するとき，$m_1 \cdot m_2 = -1$ …⑥

⑤，⑥より，$\dfrac{2 - 2Y^2}{1 - 2X^2} = -1$ ∴ $X^2 + Y^2 = \dfrac{3}{2}$

∴ 点 P の軌跡の方程式は，$x^2 + y^2 = \dfrac{3}{2}$ ………(答)

図形的に考えて，$X = \pm\dfrac{1}{\sqrt{2}}$ のときを除く必要はない！点 P は，きれいな円を描くことがわかるはずだ。

2接線が直交するので $\boxed{m_1 \times m_2 = -1}$

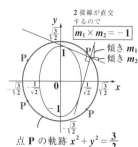

点 P の軌跡 $x^2 + y^2 = \dfrac{3}{2}$

41

§2. 媒介変数表示された曲線の性質を押さえよう！

それでは，2次曲線から離れて，これから**媒介変数表示された曲線**の解説に入ろう。まず，簡単なところで，**円とだ円の媒介変数表示**をマスターすることだ。さらに，**サイクロイド曲線**，**らせん**，それに**アステロイド曲線**などについても勉強しよう。この媒介変数表示された曲線は，微分・積分の応用として出題されることが多いので，ここで沢山の問題を解きながら，これらの曲線に慣れていってくれ！

● 円とだ円の媒介変数表示は，$\cos^2\theta + \sin^2\theta = 1$ がポイントだ！

円とだ円を媒介変数 θ で表す公式を書いておくから，頭に入れよう。

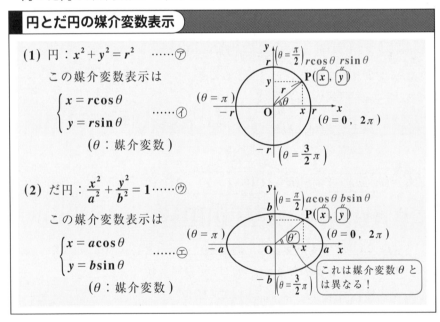

円とだ円の媒介変数表示

(1) 円：$x^2 + y^2 = r^2$ ……⑦

この媒介変数表示は

$$\begin{cases} x = r\cos\theta \\ y = r\sin\theta \end{cases} \quad ……④$$

（θ：媒介変数）

(2) だ円：$\dfrac{x^2}{a^2} + \dfrac{y^2}{b^2} = 1$ ……⑦

この媒介変数表示は

$$\begin{cases} x = a\cos\theta \\ y = b\sin\theta \end{cases} \quad ……④$$

（θ：媒介変数）

これは媒介変数 θ とは異なる！

(1) の円を媒介変数表示した式④を，元の⑦に代入してごらん。すると，$(r\cos\theta)^2 + (r\sin\theta)^2 = r^2$，$r^2\cos^2\theta + r^2\sin^2\theta = r^2$　この両辺を r^2 で割って，有名な公式：$\cos^2\theta + \sin^2\theta = 1$　が出てくるね。

(2) のだ円の場合も同様に，㋓を㋒に代入すると，

$$\frac{(a\cos\theta)^2}{a^2}+\frac{(b\sin\theta)^2}{b^2}=1, \quad \frac{a^2\cos^2\theta}{a^2}+\frac{b^2\sin^2\theta}{b^2}=1 \quad \therefore \cos^2\theta+\sin^2\theta=1$$

がやっぱり出てくるだろう。つまり，円とだ円の場合，この公式：$\cos^2\theta+\sin^2\theta=1$ に帰着するように，媒介変数表示すればいいんだね。

したがって，次のような平行移動項を含むだ円の方程式だって，楽に媒介変数表示できるはずだ。

（例） $\dfrac{(x-2)^2}{9\,_{(3)^2}}+\dfrac{(y\pm3)^2}{4\,_{(2)^2}}=1$ のとき，これを媒介変数表示すると，

$x=\boxed{3}\cos\theta+2,\ y=\boxed{2}\sin\theta-3$ となる。実際に，これらを元のだ円の式に代入すると，$\dfrac{(3\cos\theta+2-2)^2}{9}+\dfrac{(2\sin\theta-3+3)^2}{4}=1, \quad \dfrac{9\cos^2\theta}{9}+\dfrac{4\sin^2\theta}{4}=1$

より，$\cos^2\theta+\sin^2\theta=1$ の公式が出てくるからね。

次に，**双曲線**の媒介変数 θ による表示法も示そう。

双曲線の媒介変数表示

双曲線：$\dfrac{x^2}{a^2}-\dfrac{y^2}{b^2}=1$ ……① を媒介変数 θ で表すと，

$$\begin{cases} x=\dfrac{a}{\cos\theta} \\ y=b\tan\theta \end{cases} \cdots\cdots② \quad \left(\theta\neq\pm\dfrac{\pi}{2}+2n\pi\right) \quad となる。$$

実際に，②を①に代入すると，$\dfrac{1}{a^2}\cdot\left(\dfrac{a}{\cos\theta}\right)^2-\dfrac{1}{b^2}(b\tan\theta)^2=1$ となり，

$\dfrac{1}{a^2}\cdot\dfrac{a^2}{\cos^2\theta}-\dfrac{1}{b^2}b^2\tan^2\theta=1$ より，三角関数の公式

$1+\tan^2\theta=\dfrac{1}{\cos^2\theta}$ が出てくるんだね。

したがって，双曲線 $\dfrac{x^2}{a^2}-\dfrac{y^2}{b^2}=-1$ ……③ は

$\begin{cases} x=a\tan\theta \\ y=\dfrac{b}{\cos\theta} \end{cases}$ と表される ← $\dfrac{x^2}{a^2}-\dfrac{y^2}{b^2}=-1$ …③に，$x=a\tan\theta,\ y=\dfrac{b}{\cos\theta}$ を代入すると，$1+\tan^2\theta=\dfrac{1}{\cos^2\theta}$ が出てくるからだ。

のも大丈夫だね。

43

● サイクロイド曲線の媒介変数表示を導こう！

半径 a，中心角 θ（ラジアン）の**扇形の面積** S
と**円弧の長さ** l は，

$$\begin{cases} \text{面積 } S = \dfrac{1}{2}a^2\theta \quad \boxed{S = \pi a^2 \times \dfrac{\theta}{2\pi}} \\[2mm] \text{円弧長 } l = a\theta \quad \boxed{l = 2\pi a \times \dfrac{\theta}{2\pi}} \end{cases}$$

となるのは，大丈夫だね。

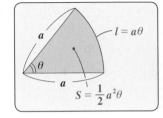

それでは，**サイクロイド曲線**の公式を下に示そう。サイクロイド曲線は，
媒介変数 θ を使って，次の公式で表される。

サイクロイド曲線

$$\begin{cases} x = a(\theta - \sin\theta) \\ y = a(1 - \cos\theta) \end{cases} \quad (\theta : \text{媒介変数, } \underline{a} : \text{正の定数})$$

（円の半径）

図 **1** に示すように，はじ
め x 軸と原点で接する半径
a の円 C がある。この円 C
上の原点の位置に点 **P** を
とる。

図 **1** のように，円 C をす
べらずに（キュッとスリッ
プさせることなく）x 軸と
接するように回転させたと

図1 サイクロイド曲線の概形

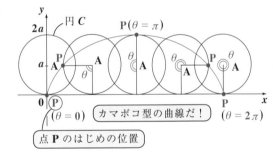

き，点 **P** の描く曲線がサイクロイド曲線なんだ。ここで，θ は円 C の回転
角を表し，図 **1** では，$0 \leqq \theta \leqq 2\pi$ のときの曲線の概形を赤の曲線で示した。

それでは，この曲線を表す方程式について説明しよう。

円 C が θ だけ回転したときの様子を図 2 に示す。ここで，大事なのは，円がスリップすることなくゆっくり回転していくので，回転後の円 C と x 軸との接点を Q とおくと，接触した線分 OQ の長さと，円弧 $\overset{\frown}{PQ}$ の長さ $a\theta$ とが等しくなるんだね。

したがって，θ 回転した後の円 C の中心 A の座標は，$A(a\theta, a)$ となる。

図 3 のように，P から線分 AQ に下ろした垂線の足を H とおき，直角三角形 APH で考えると，

$$PH = a\sin\theta, \quad AH = a\cos\theta$$

よって，動点 $P(x, y)$ の x 座標，y 座標は，

$$\begin{cases} x = a\theta - a\sin\theta = a(\theta - \sin\theta) \\ y = a - a\cos\theta = a(1 - \cos\theta) \end{cases}$$

となって，公式が導けるんだね！

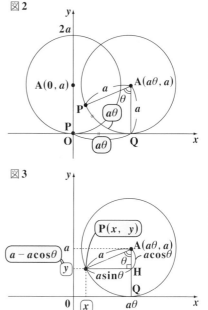

図 2

図 3

これからも，円の回転の問題が出てくるけれど，円が "すべらずに" 回転するという言葉が出てきたら，接触した円弧の長さと等しい長さの線分（または曲線）に着目するといいんだ。

● **円のまわりを円が回る！**

まず，原点中心，半径 r の円周上の点 P の座標 (x, y) は，角 θ を媒介変数として，次式で表される。$\begin{cases} x = r\cos\theta \\ y = r\sin\theta \end{cases}$ （θ：媒介変数）

この円の媒介変数表示は，これからの解説でも使う！

となることは，**P42** で既に解説したね。

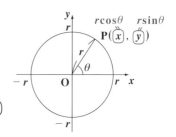

それでは，これから，円のまわりを円が回転する問題を解説しよう。

座標平面上に，原点 **O** を中心とする半径 **2** の固定された円 **C** と，それに外接しながら，回転する半径 **1** の円 **C′** がある。はじめ円 **C′** の中心 **A** が**(3, 0)**にあるときの **C′** 側の接点に印 **P** をつけ，円 **C′** を円 **C** に接しながらすべらずに反時計まわりに回転させる。(図**4**)

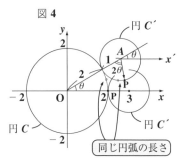

図4

ここで，∠**AO**$x = \theta$ とおいて，動点 **P** の座標を θ で表してみよう。

$\overrightarrow{\text{OP}} = (x, y)$ とおくと，まわり道の原理より，$\overrightarrow{\text{OP}} = \overrightarrow{\text{OA}} + \overrightarrow{\text{AP}}$ ……① と表せるね。

(i) 円 **C′** の中心 **A** に着目すると，円 **C′** の回転とは無関係に，半径 **3** の円周上を θ だけ回転した位置にあるから，

$$\overrightarrow{\text{OA}} = (3\cos\theta,\ 3\sin\theta) \ \cdots\cdots②$$

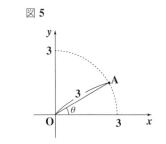

図5

(ii) $\overrightarrow{\text{AP}}$ の成分は，中心 **A** を原点とみたときの点 **P** の座標のことだから，図 **6** のように **A** から x 軸に平行な $x′$ 軸を引き，**A** を原点とみなす。円 **C′** は円 **C** に対してすべらずに回転するので，円 **C′** と円 **C** の接触した部分の円弧の長さは等しい。

ところが，円 **C′** の半径は円 **C** の半分なので，同じ円弧の長さを回転するには，回転角は **2** 倍の **2**θ となる。また図 **6** のように同位角も考慮に入れると，点 **P** は，**A** を原点とみたとき，半径 **1** の円周上を $x′$ 軸の正の向きから $3\theta + \pi$ だけ回

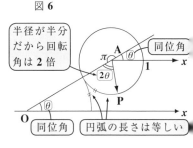

図7　動点 **P** の描く曲線

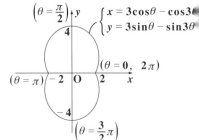

$$\begin{cases} x = 3\cos\theta - \cos3\theta \\ y = 3\sin\theta - \sin3\theta \end{cases}$$

46

転した位置に来るのがわかる。以上より，$\overrightarrow{\mathrm{AP}}$ は，

$$\overrightarrow{\mathrm{AP}} = (1 \cdot \underbrace{\cos(3\theta + \pi)}_{-\cos3\theta}, \ 1 \cdot \underbrace{\sin(3\theta + \pi)}_{-\sin3\theta}) = (-\cos3\theta, \ -\sin3\theta) \ \cdots\cdots③$$

②，③を①に代入すると，

$$\overrightarrow{\mathrm{OP}} = (x, y) = \overrightarrow{\mathrm{OA}} + \overrightarrow{\mathrm{AP}} = (3\cos\theta, 3\sin\theta) + (-\cos3\theta, \ -\sin3\theta)$$

$$\begin{cases} x = 3\cos\theta - \cos3\theta \\ y = 3\sin\theta - \sin3\theta \end{cases} \quad (\theta：媒介変数) \quad となる。大丈夫だった？$$

この点 P の描く曲線の概形を図 7 に示す。

◆例題 6 ◆

原点 O を中心とする半径 2 の円を C_1 とする。半
径 1 の円 C_2 は最初，中心 A が $(1, 0)$ にあり，円
C_1 に内接しながらすべることなく右図のように回
転しつつ移動する。点 P は円 C_2 の周上の点で，は
じめは $(2, 0)$ にあった。$\angle\mathrm{AO}x = \theta \ (0 \leqq \theta \leqq 2\pi)$
とおくとき，動点 P の座標を θ を用いて表せ。

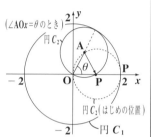

解答

$\overrightarrow{\mathrm{OP}} = (x, y)$ とおくと，まわり道の原理より，

$\overrightarrow{\mathrm{OP}} = \overrightarrow{\mathrm{OA}} + \overrightarrow{\mathrm{AP}}$ ……⑦

(i) 円 C_2 の中心 A は，円 C_2 の回転とは無関
係に，半径 1 の円周上を θ だけ回転した
位置にあるので，

$\overrightarrow{\mathrm{OA}} = (1 \cdot \cos\theta, \ 1 \cdot \sin\theta)$

$\quad = (\cos\theta, \sin\theta)$ ……①

(ii) $\overrightarrow{\mathrm{AP}}$ について，考えよう。円 C_2 は円 C_1
に対してすべらずに回転するので，円 C_2
と円 C_1 の接触した円弧の長さは等しい。
よって，C_1 と C_2 の接点を T とおくと，
$\angle\mathrm{TAP} = 2\theta$ となる。(図 Ⅱ 参照)

図 Ⅰ $\overrightarrow{\mathrm{OA}}$ について

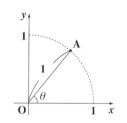

図 Ⅱ $\overrightarrow{\mathrm{AP}}$ について

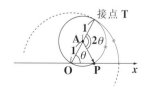

47

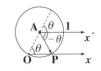

∵ 円 C_1 の半径 **2** に対して，円 C_2 の半径は **1** より，同じ接触部の円弧の長さになるためには，∠TAP は，∠AO$x = \theta$ の **2** 倍になる。

図Ⅲ $\overrightarrow{AP}$ について

そして，$\overrightarrow{AP}$ の成分は点 A を原点とみたときの点 P の座標なので，図Ⅲのように A から x 軸と平行な x' 軸を引き，A を原点とみなすと，点 P は A を原点とする半径 **1** の円周上を $-\theta$ だけ回転した位置にくる。

$$\therefore \underline{\underline{\overrightarrow{AP}}} = (1 \cdot \underbrace{\cos(-\theta)}_{\cos\theta}, \ 1 \cdot \underbrace{\sin(-\theta)}_{-\sin\theta}) = \underline{\underline{(\cos\theta, \ -\sin\theta)}} \cdots \cdots ⑦$$

図Ⅳ 点 P の軌跡

以上④，⑦を⑦に代入して，

$$\overrightarrow{OP} = \underline{(\cos\theta, \ \sin\theta)} + \underline{(\cos\theta, \ -\sin\theta)} = \underline{\underline{(2\cos\theta, \ 0)}}$$

$\therefore$ P の座標は，P$(2\cos\theta, 0)$ $(0 \leqq \theta \leqq 2\pi)$

となる。 $\cdots\cdots\cdots\cdots\cdots\cdots\cdots\cdots\cdots$(答) →

点 P は，$(2, 0)$，$(-2, 0)$ の間を直線的に **1** 往復するだけだね！

● アステロイド曲線とらせんも押さえよう！

まず，アステロイド曲線の媒介変数表示と，その概形を下に示そう。

アステロイド曲線

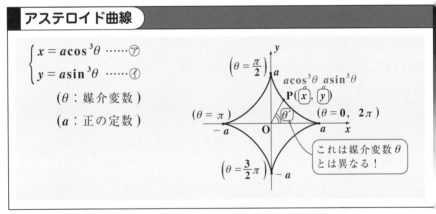

$$\begin{cases} x = a\cos^3\theta & \cdots\cdots ⑦ \\ y = a\sin^3\theta & \cdots\cdots ④ \end{cases}$$

(θ：媒介変数)

(a：正の定数)

$\left(\theta = \dfrac{\pi}{2}\right)$ a

$a\cos^3\theta$ $a\sin^3\theta$

P$(\overset{x}{\boxed{x}}, \overset{y}{\boxed{y}})$

$(\theta = \pi)$ θ' $(\theta = 0, \ 2\pi)$

$-a$ O a x

これは媒介変数 θ とは異なる！

$\left(\theta = \dfrac{3}{2}\pi\right)$ $-a$

アステロイド曲線は，"お星様がキラリと光った" ようなキレイな形の曲線で，面積・体積計算など，受験ではよく問われる曲線の **1** つなんだ。この公式は，演習問題 **16(P54)** で導くことにしよう。

ここで，この媒介変数を消去するのは比較的簡単だから，やってみよう。

⑦，④の両辺を $\dfrac{2}{3}$ 乗して，

48

$$\begin{cases} x^{\frac{2}{3}} = (a\cos^3\theta)^{\frac{2}{3}} = a^{\frac{2}{3}}\cos^2\theta \quad \cdots\cdots \text{⑦}' \\ y^{\frac{2}{3}} = (a\sin^3\theta)^{\frac{2}{3}} = a^{\frac{2}{3}}\sin^2\theta \quad \cdots\cdots \text{⑦}' \end{cases}$$ となる。ここで，⑦′＋⑦′より

$$x^{\frac{2}{3}} + y^{\frac{2}{3}} = a^{\frac{2}{3}}(\underbrace{\cos^2\theta + \sin^2\theta}_{1}) = a^{\frac{2}{3}}$$

よって，$x^{\frac{2}{3}} + y^{\frac{2}{3}} = a^{\frac{2}{3}}$ も，アステロイド曲線なんだね。わかった？

次，**らせん**について，その公式を下に示そう。

らせん

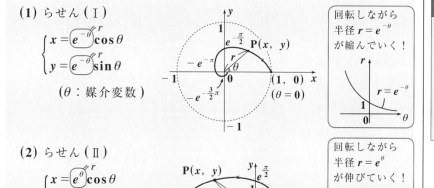

(1) らせん（I）

$$\begin{cases} x = \overset{r}{\boxed{e^{-\theta}}}\cos\theta \\ y = \overset{r}{\boxed{e^{-\theta}}}\sin\theta \end{cases}$$

（θ：媒介変数）

> 回転しながら半径 $r = e^{-\theta}$ が縮んでいく！

(2) らせん（II）

$$\begin{cases} x = \overset{r}{\boxed{e^{\theta}}}\cos\theta \\ y = \overset{r}{\boxed{e^{\theta}}}\sin\theta \end{cases}$$

（θ：媒介変数）

> 回転しながら半径 $r = e^{\theta}$ が伸びていく！

> この e は，今は $e \doteqdot 2.7 (>1)$ の定数であると覚えておこう。この e については，**P116**で詳しく解説するね。

このらせんには，2種類あることに気を付けよう。らせんは，円の媒介変数表示の変形ヴァージョンだと思えばいい。r の部分に $e^{-\theta}$ や e^{θ} が入っているだけだからね。e は，1より大きい約 **2.7** の定数のことだよ。

(1) で，半径 $r = e^{-\theta}$ とおくと，θ が大きくなると半径 r が縮む。つまり，回転しながら半径が縮んでいくらせんなんだね。これに対して，**(2)** では，半径 $r = e^{\theta}$ とおくと，r は θ の増加関数だから，回転しながらその半径 (原点からの距離) がどんどん大きくなっていくらせんなんだね。

● リサージュ曲線に挑戦しよう！

媒介変数 θ を用いて，

$$\begin{cases} x = \cos a\theta \\ y = \sin b\theta \end{cases} \quad (a > 0, \ b > 0)$$ で表される曲線を**リサージュ曲線**という。ここでは，$a = 1$，$b = 2$ のときのリサージュ曲線の描き方を教えよう。

$$\begin{cases} x = \cos\theta & \cdots\cdots① \\ y = \sin 2\theta & \cdots\cdots② \end{cases} \quad (0 \leqq \theta \leqq 2\pi)$$

図 **8**，図 **9** に，まず①と②のグラフを描き，x や y の始点と終点，$\boxed{\theta = 0}$ $\boxed{\theta = 2\pi}$

および x と y が極値 (極大値や極小値) をとる点および x と y が 0 となる点をすべて調べる。

(図 **8**，図 **9** では，順に，$\theta = 0$，$\dfrac{\pi}{4}$，$\dfrac{\pi}{2}$，$\dfrac{3}{4}\pi$，$\cdots$，2π に対応する点で，図中 "●" で示した。)

図 **8** $x = \cos\theta$ のグラフ

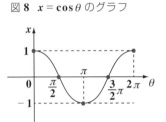

図 **9** $y = \sin 2\theta$ のグラフ

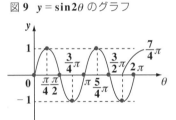

そして，これら θ を小さい順に並べ，それぞれに対応する点 $(x, \ y)$ を示すと，次のようになる。

$\boxed{\theta = 0}$

$(1, \ 0)$ $\xrightarrow{①}$
$\boxed{(\cos 0, \ \sin 0)}$

$\boxed{\theta = \dfrac{\pi}{4}}$

$\left(\dfrac{1}{\sqrt{2}}, \ 1\right)$ $\xrightarrow{②}$
$\boxed{\left(\cos\dfrac{\pi}{4}, \ \sin\dfrac{\pi}{2}\right)}$

$\boxed{\theta = \dfrac{\pi}{2}}$

$(0, \ 0)$ $\xrightarrow{③}$
$\boxed{\left(\cos\dfrac{\pi}{2}, \ \sin\pi\right)}$

$\boxed{\theta = \dfrac{3}{4}\pi}$

$\left(-\dfrac{1}{\sqrt{2}}, \ -1\right)$ $\xrightarrow{④}$
$\boxed{\left(\cos\dfrac{3}{4}\pi, \ \sin\dfrac{3}{2}\pi\right)}$

$\boxed{\theta = \pi}$

$(-1, \ 0)$
$\boxed{(\cos\pi, \ \sin 2\pi)}$

$\boxed{\theta = \dfrac{5}{4}\pi}$

$\xrightarrow{⑤}$ $\left(-\dfrac{1}{\sqrt{2}}, \ 1\right)$
$\boxed{\left(\cos\dfrac{5}{4}\pi, \ \sin\dfrac{5}{2}\pi\right)}$

$\boxed{\theta = \dfrac{3}{2}\pi}$

$\xrightarrow{⑥}$ $(0, \ 0)$
$\boxed{\left(\cos\dfrac{3}{2}\pi, \ \sin 3\pi\right)}$

$\boxed{\theta = \dfrac{7}{4}\pi}$

$\xrightarrow{⑦}$ $\left(\dfrac{1}{\sqrt{2}}, \ -1\right)$
$\boxed{\left(\cos\dfrac{7}{4}\pi, \ \sin\dfrac{7}{2}\pi\right)}$

$\boxed{\theta = 2\pi}$

$\xrightarrow{⑧}$ $(1, \ 0)$
$\boxed{(\cos 2\pi, \ \sin 4\pi)}$

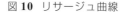

そして，図**10**(ⅰ)のように順に点線でこれらの点を結ぶことによって，このリサージュ曲線の全体像が浮かび上がってくる。後は，図**10**(ⅱ)に示すように，滑らかな線で結べば，美しい蝶のようなリサージュ曲線が完成するんだね。少し手間はかかるけれど，この手順で曲線が描けるんだね。面白かった？

ここで，もう少し上手いやり方も紹介しておこう。②を変形して，

$$y = \underline{2\sin\theta\cos\theta} \quad \cdots\cdots ②´$$

2 倍角の公式：$\sin 2\theta = 2\sin\theta\cos\theta$

②´の両辺を 2 乗して，①を代入すると，

$$y^2 = 4\underline{\sin^2\theta}\cdot\underline{\cos^2\theta} = 4(1-\cos^2\theta)\cdot\cos^2\theta$$
$$\quad\quad\quad x^2 \quad\quad x^2(①より)$$

図 **10** リサージュ曲線

(ⅰ)

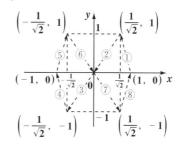

(ⅱ)

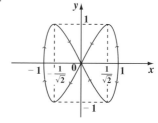

より，このリサージュ曲線は，$y^2 = 4(1-x^2)\cdot x^2 \quad \cdots\cdots③$ と表される。

ここで，

(ⅰ) ③の x に $-x$ を代入しても式は変化しないので，③は y 軸に関して対称なグラフである。また，

(ⅱ) ③の y に $-y$ を代入しても変化しないので，③は x 軸に関して対称なグラフである。

よって，図 **11** のように，主に第 1 象限

の曲線：$\underline{\textbf{(1, 0)}} \xrightarrow{①} \underline{\left(\dfrac{\textbf{1}}{\sqrt{\textbf{2}}},\ \textbf{1}\right)} \xrightarrow{②} \underline{\textbf{(0, 0)}}$

$\quad\quad\ \ \theta = 0 \quad\quad\quad\quad \theta = \dfrac{\pi}{4} \quad\quad\quad \theta = \dfrac{\pi}{2}$

のみを調べて，これを y 軸と x 軸に対称に展開して描くことにより，リサージュ曲線を求めてもいいんだね。これも面白かっただろう？

図 **11** リサージュ曲線 (対称性の利用)

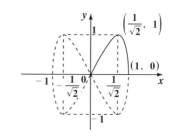

だ円の接線の方程式

曲線 $\dfrac{x^2}{4} + y^2 = 1$ ……① $(x > 0, y > 0)$ 上の動点 P における接線と, x 軸, y 軸との交点をそれぞれ Q, R とする。このとき, 線分 QR の長さの最小値を求めよ。 (信州大＊)

ヒント！ ①のだ円周上の点 P の座標は, $P(2\cos\theta, \sin\theta)$ と表され, 点 P における接線の方程式は, $\dfrac{2\cos\theta}{4} \cdot x + \sin\theta \cdot y = 1$ となるんだね。

解答＆解説

①の周上の点 P の座標は, $P(2\cos\theta, \sin\theta)$ $\left(0 < \theta < \dfrac{\pi}{2}\right)$ とおける。次に, この点 P における接線の方程式は,

$\dfrac{\cos\theta}{2} \cdot x + \sin\theta \cdot y = 1$ ……② と表されるので,

$$\begin{cases} \cdot\ y = 0\ \text{のとき, ②より,}\ x = \dfrac{2}{\cos\theta} \\[2mm] \cdot\ x = 0\ \text{のとき, ②より,}\ y = \dfrac{1}{\sin\theta} \end{cases}$$

よって, 点 $Q\left(\dfrac{2}{\cos\theta}, 0\right)$, 点 $R\left(0, \dfrac{1}{\sin\theta}\right)$ となる。

これから, 線分 QR の長さの 2 乗は,

$$QR^2 = \left(\dfrac{2}{\cos\theta} - 0\right)^2 + \left(0 - \dfrac{1}{\sin\theta}\right)^2$$

$$= 4 \cdot \dfrac{1}{\cos^2\theta} + \dfrac{1}{\sin^2\theta}$$

$$= 4(1 + \tan^2\theta) + \dfrac{1}{\tan^2\theta} + 1$$

$$= 4\tan^2\theta + \dfrac{1}{\tan^2\theta} + 5$$

$$\geq 2\sqrt{4\tan^2\theta \cdot \dfrac{1}{\tan^2\theta}} + 5 = 9$$

∴ QR の長さの最小値は 3 である。 …………(答)

> $\cos^2\theta + \sin^2\theta = 1$ の両辺を
> ・$\cos^2\theta$ で割ると,
> $1 + \tan^2\theta = \dfrac{1}{\cos^2\theta}$
> ・$\sin^2\theta$ で割ると,
> $\dfrac{1}{\tan^2\theta} + 1 = \dfrac{1}{\sin^2\theta}$

ココがポイント

⇦ だ円：$\dfrac{x^2}{a^2} + \dfrac{y^2}{b^2} = 1$ 上の点に $(a\cos\theta, b\sin\theta)$ とおける。

⇦ だ円：$\dfrac{x^2}{a^2} + \dfrac{y^2}{b^2} = 1$ 上の点 (x_1, y_1) における接線の方程式は, 次のようになる。

$\dfrac{x_1}{a^2} x + \dfrac{y_1}{b^2} y = 1$

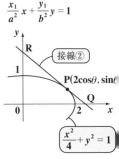

⇦ 等号成立条件：
$4\tan^2\theta = \dfrac{1}{\tan^2\theta}$ より,
$\tan^4\theta = \dfrac{1}{4}$
$\tan\theta = \dfrac{1}{\sqrt{2}}$ から, Q, R の座標も求まる。

媒介変数表示された曲線

| 演習問題 15 | 難易度 ★ | CHECK 1 | CHECK 2 | CHECK 3 |

実数 t を媒介変数として，$x = \dfrac{1-t^2}{1+t^2}$ ……① ，$y = \dfrac{4t}{1+t^2}$ ……② で表される点 (x, y) がみたす曲線の方程式を x, y で表せ。ただし，$(x, y) \neq (-1, 0)$ とする。

(関西大)

ヒント! ①より，$t^2 = (x \text{ の式})$…③ として，これを②に代入し，$t = (x \text{ と } y \text{ の式})$ …④ にして，この④を③に代入すれば，t を消去できて，x と y の関係式が求まる。

解答&解説

$x = \dfrac{1-t^2}{1+t^2}$ …① ，$y = \dfrac{4t}{1+t^2}$ …② ，$(x, y) \neq (-1, 0)$

①を変形して，$(1+t^2)x = 1-t^2$ $(1+x)t^2 = 1-x$

$t^2 = \dfrac{1-x}{1+x}$ …③ $(x \neq -1)$

②より，$t = \dfrac{y}{4}(1+t^2)$ …②′ ③を②′に代入して，

$t = \dfrac{y}{4}\left(1 + \dfrac{1-x}{1+x}\right) = \dfrac{y}{4} \cdot \dfrac{2}{1+x} = \dfrac{y}{2(1+x)}$ …④

④を③に代入して，

$\dfrac{y^2}{4(1+x)^2} = \dfrac{1-x}{1+x}$ $\dfrac{y^2}{4} = 1-x^2$

$\therefore x^2 + \dfrac{y^2}{4} = 1$ $((x, y) \neq (-1, 0))$ が導ける。…(答)

ココがポイント

⇐ $t \to \pm\infty$ のときの極限として，$x \to -1$，$y \to 0$ となるので，この曲線が点 $(-1, 0)$ を通ることはない。よって，$(x, y) \neq (-1, 0)$ となるんだね。

⇐ だ円：$\dfrac{x^2}{1^2} + \dfrac{y^2}{2^2} = 1$

別解

公式：$\cos\theta = \dfrac{1-\tan^2\dfrac{\theta}{2}}{1+\tan^2\dfrac{\theta}{2}}$，$\sin\theta = \dfrac{2\tan\dfrac{\theta}{2}}{1+\tan^2\dfrac{\theta}{2}}$ を使ってもいい。

$t = \tan\dfrac{\theta}{2}$ とおくと，①，②は，$x = \cos\theta$ …①′，$\dfrac{y}{2} = \sin\theta$ …②′ となるので，

①′^{2}＋②′^{2} より，$x^2 + \left(\dfrac{y}{2}\right)^2 = \cos^2\theta + \sin^2\theta = 1$ と，同じ結果が導ける。

円の回転とアステロイド曲線

xy 座標平面上に原点 O を中心とする半径 a の円 C があり，この円に内接しながら，すべらずに回転する半径 $\dfrac{a}{4}$ の円 C' がある。はじめ円 C' の中心 O′ は点 $\left(\dfrac{3}{4}a, 0\right)$ にあり，このとき円 C' 上の円 C と接する点を P とおく。円 C' が円 C の内部をすべらずに 4 回転して元の位置に戻るものとする。このとき，$\overrightarrow{OO'}$ と x 軸の正の向きとのなす角を θ とおき，また，点 P(x, y) とおく。この動点 P の描く曲線が，アステロイド曲線で，この方程式が $x = a\cos^3\theta$，$y = a\sin^3\theta$ となることを示せ。（ただし，$0 \leqq \theta \leqq 2\pi$ とする。）

解答 & 解説

> 円 C の内側を小さな円 C' が内接しながら，すべらずに回転していく問題だね。

　はじめ，点 $(a, 0)$ で円 C に内接していた円 C' が，$\angle O'Ox = \theta$ となるまで回転した状態を図1に示す。このときの接点を Q とおくと，すべらずに回転しているから接触した部分の 2 つの円弧の長さは等しい。

　このときの動点 P を P(x, y) とおくと，ベクトルのまわり道の原理から，

$$\overrightarrow{OP} = (x, y) = \overrightarrow{OO'} + \overrightarrow{O'P} \quad \cdots\cdots ①$$

となる。後は，$\overrightarrow{OO'}$ と $\overrightarrow{O'P}$ を成分で表せばいい。

（ i ）$\overrightarrow{OO'}$ について，

　　点 O′ だけに着目すると，図2のように，半径 $\dfrac{3}{4}a$ の円周上を θ だけ回転した位置にあるので，

$$\overrightarrow{OO'} = \left(\dfrac{3}{4}a\cos\theta, \dfrac{3}{4}a\sin\theta\right) \quad \cdots\cdots ②$$

ココがポイント

図1

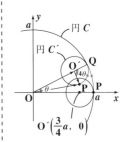

図2

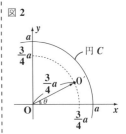

(ⅱ) $\overrightarrow{\mathrm{O'P}}$ について，

動点 P の最初の位置を $\mathrm{P_0}$ とおくと，2 つの円弧の長さ $\overparen{\mathrm{QP}}$ と $\overparen{\mathrm{QP_0}}$ は等しい。しかし，円 C の半径に比べて円 C' の半径は 4 分の 1 だから，逆に回転角は 4 倍になる。(図3)

$\therefore \angle \mathrm{QO'P} = 4\theta$

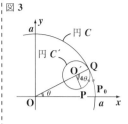

図3

次に，$\mathrm{O'}$ を原点とみたときの P の座標が $\overrightarrow{\mathrm{O'P}}$ の成分だから，$\mathrm{O'}$ から x 軸に平行な x' 軸をとる。すると，図4のように同位角分を除くと，

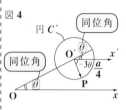

図4

> 角度は時計まわりは ⊖ とする。

$\mathrm{O'}$ を中心に点 P は半径 $\dfrac{1}{4}a$ の円周上を -3θ 回転した位置にある。

$$\therefore \overrightarrow{\mathrm{O'P}} = \left(\dfrac{1}{4}a \underset{\overset{\shortparallel}{\cos 3\theta}}{\boxed{\cos(-3\theta)}}, \ \dfrac{1}{4}a \underset{\overset{\shortparallel}{-\sin 3\theta}}{\boxed{\sin(-3\theta)}} \right)$$

$$\underline{\underline{\overrightarrow{\mathrm{O'P}} = \left(\dfrac{1}{4}a\cos 3\theta, \ -\dfrac{1}{4}a\sin 3\theta \right)}} \cdots\cdots ③$$

以上②，③を①に代入して，

$$\overrightarrow{\mathrm{OP}} = (x, y) = \left(\dfrac{3}{4}a\cos\theta, \dfrac{3}{4}a\sin\theta \right) + \left(\dfrac{1}{4}a\cos 3\theta, -\dfrac{1}{4}a\sin 3\theta \right)$$

$$= \left(\dfrac{a}{4}(\underset{4\cos^3\theta - 3\cos\theta}{3\cos\theta + \boxed{\cos 3\theta}}), \dfrac{a}{4}(\underset{(3\sin\theta - 4\sin^3\theta)}{3\sin\theta - \boxed{\sin 3\theta}}) \right)$$

← 3 倍角の公式

$$= \left(\dfrac{a}{4} \cdot 4\cos^3\theta, \dfrac{a}{4} \cdot 4\sin^3\theta \right)$$

$$= (a\cos^3\theta, \ a\sin^3\theta)$$

以上より，動点 P の描くアステロイド曲線の方程式は，

$\qquad x = a\cos^3\theta, \ y = a\sin^3\theta$ となる。$\cdots\cdots\cdots$(終)

動点 P の描く曲線

少し骨があったけれど面白かっただろう？ このレベルの問題がこなせるようになると，かなりの実力が身に付いたと言えるんだね。

§3. 極座標と極方程式をマスターしよう！

たとえば，東京都千代田区 1 – 1 – 1 といえば，皇居だったと思うけれど，この場所を別の言い方で指定することもできるね。東経○度○分○秒，北緯○度○分○秒といってもいいわけだ。

これと同じで，xy 座標平面上の点 $P(x, y)$ と表していたものを，別の座標系で表すことも可能なんだね。それが，ここで話す "**極座標**" なんだ。そして，xy 座標系でも，円や放物線や直線など，いろんな図形を x と y の方程式で表したね。同様に，極座標系でも，いろんな図形を方程式で表せる。それを "**極方程式**" と呼ぶ。

● 極座標では，点を r と θ で表す！

図 1(i) の xy 座標系での点 $P(x, y)$ の位置を，極座標系では (ii) のように点 $P(r, \theta)$ と表す。**極座標**では，O を**極**，半直線 OX を**始線**，OP を**動径**，そして θ を**偏角**と呼ぶ。始線 OX から角 $\underline{\theta}$ をとり，極 O からの距離 $\underset{\sim}{r}$ を指定すれば，点 P の位置が決まるだろう。よって，点 P の位置を $P(\underset{\sim}{r}, \underline{\theta})$ と表すことが出来るんだね。

図 1 (i) は，この極座標と xy 座標を重ね合わせた形になっているから，xy 座標の $P(x, y)$ の x，y と極座標の $P(r, \theta)$ の r，θ との間の変換が次の式で出来るのがわかるね。

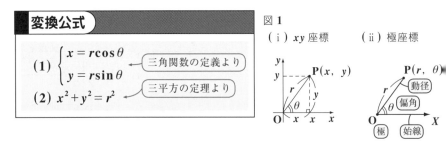

変換公式

(1) $\begin{cases} x = r\cos\theta & \text{三角関数の定義より} \\ y = r\sin\theta \end{cases}$

(2) $x^2 + y^2 = r^2$ ← 三平方の定理より

図 1
(i) xy 座標　　　(ii) 極座標

　ここで，極座標の問題点についても言っておこう。図2の極座標で表した点 $\mathrm{P}\!\left(\overset{r}{2},\ \overset{\theta}{\dfrac{\pi}{3}}\right)$ は，$\theta=\dfrac{\pi}{3}$，$\dfrac{\pi}{3}\pm\overset{\boxed{1\text{周回転}}}{2\pi}$，$\dfrac{\pi}{3}\pm\overset{\boxed{2\text{周回転}}}{4\pi}$，

$\boxed{\text{一般角 }\theta=\dfrac{\pi}{3}+2n\pi\ (n:\text{整数})\text{ だ。}}$

…としても，すべて同じ位置を表すんだね。また，r が負でもよければ，図2の点 $\mathrm{Q}\!\left(2,\ \dfrac{4}{3}\pi\right)$ を反転させた $\left(-2,\ \dfrac{4}{3}\pi\right)$ も，$\mathrm{P}\!\left(2,\ \dfrac{\pi}{3}\right)$ と同じ位置を表す。

図2　極座標の問題点

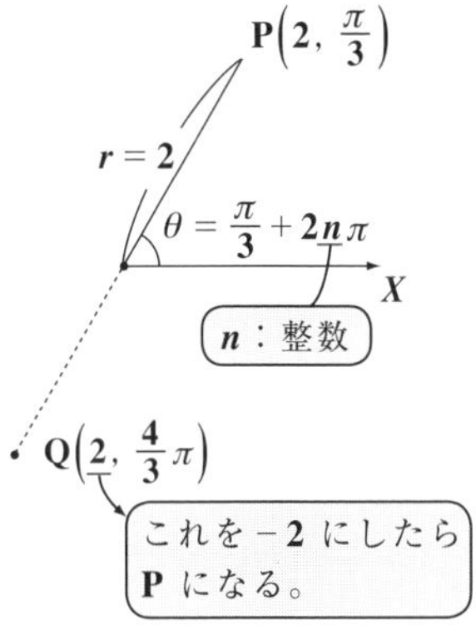

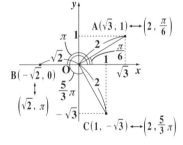

　しかし，自分で $0<r$，$0\le\theta<2\pi$ と定義すると，原点以外の $\mathrm{P}(r,\theta)$ の座標は一意に定まる。$\boxed{\text{"ただ 1 つに" という意味}}$

　それでは，この条件下で，xy 座標と極座標の変換の例を下に示しておく。図3に，対応する点のグラフも示すね。

xy 座標		極座標
$\mathrm{A}(\sqrt{3},\ 1)$	$\longleftrightarrow$	$\mathrm{A}\!\left(2,\ \dfrac{\pi}{6}\right)$
$\mathrm{B}(-\sqrt{2},\ 0)$	$\longleftrightarrow$	$\mathrm{B}\!\left(\sqrt{2},\ \pi\right)$
$\mathrm{C}(1,\ -\sqrt{3})$	$\longleftrightarrow$	$\mathrm{C}\!\left(2,\ \dfrac{5}{3}\pi\right)$

図3　例題

図4　例題

　ここで，$\angle\mathrm{BOC}=\dfrac{2}{3}\pi$ より，余弦定理を使えば BC の長さもすぐわかるね。図4より，

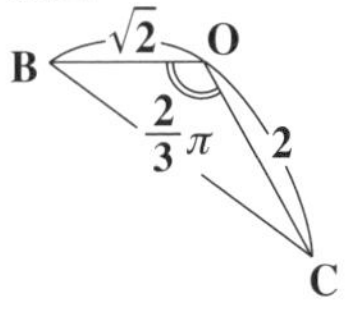

$$\mathrm{BC}^2=\overset{\mathrm{OB}^2}{(\sqrt{2})^2}+\overset{\mathrm{OC}^2}{2^2}-2\overset{\mathrm{OB}}{\sqrt{2}}\cdot\overset{\mathrm{OC}}{2}\cdot\cos\overset{\angle\mathrm{BOC}}{\dfrac{2}{3}\pi}=6+2\sqrt{2}\quad\therefore\ \mathrm{BC}=\sqrt{6+2\sqrt{2}}$$

● 極方程式で円や直線が描ける！

xy 座標系では，x と y の方程式 ($y = \sin x$，$x^2 + y^2 = 1$ など) によりさまざまな直線や曲線を表したね。これと同様に，極座標では，r と θ の関係式により，直線や曲線を表すことができる。この r と θ の関係式のことを，"**極方程式**" と呼ぶ。

r と θ の関係式になっていないんだけれど，最も簡単な極方程式の例を **2** つ示そう。

図5　簡単な極方程式

（ i ）円：$r = 1$

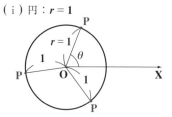

（ i ）円：$r = 1$

θ についてはなにも言っていないので，θ は自由に動く。でも，極 **O** からの距離 r の値は 1 を常に保つので，図 **5**(i) のように，極を中心とする半径 **1** の円になるのがわかるね。

（ ii ）直線：$\theta = \dfrac{\pi}{3}$

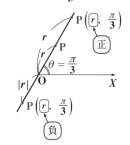

（ ii ）直線：$\theta = \dfrac{\pi}{3}$

今度は逆に，θ の値は $\dfrac{\pi}{3}$ を一定に保ちながら，r の値が正・負自由に動くから，極 **O** を通る傾き $\sqrt{3}\left[= \tan\dfrac{\pi}{3}\right]$ の直線になる。(図 **5**(ii))

では次，$\underline{r\cos\left(\theta - \dfrac{\pi}{6}\right) = 2}$ ……① はどんな図形を表すかわかる？

r と θ の関係式：極方程式

極方程式の形でわからないときは，変換公式を使って，x と y の方程式にもち込めばいいんだね。①を変形して，

$$(1) \begin{cases} x = r\cos\theta \\ y = r\sin\theta \end{cases}$$
$$(2)\ x^2 + y^2 = r^2$$

$$r\left(\cos\theta \cdot \underbrace{\cos\dfrac{\pi}{6}}_{\frac{\sqrt{3}}{2}} + \sin\theta \cdot \underbrace{\sin\dfrac{\pi}{6}}_{\frac{1}{2}}\right) = 2$$

$$\frac{\sqrt{3}}{2}\underbrace{r\cos\theta}_{x}+\frac{1}{2}\underbrace{r\sin\theta}_{y}=2 \qquad \sqrt{3}\,x+y=4 \qquad \therefore\ y=-\sqrt{3}\,x+4\ と$$

直線の式であることがわかった！ 要領はつかめた？

ここで，極 O とは異なる点 $A(\underbrace{r_0,\ \theta_0}_{定数})$ を

通り，線分 OA と垂直な直線 l の極方程式
を求めよう。l 上を動く動点を $P(r,\ \theta)$ とお
いて，図 6 の直角三角形 POA で考えると，

$$\frac{r_0}{r}=\cos(\theta-\theta_0) \quad となるので，$$

l の極方程式：$\boxed{r\cos(\theta-\theta_0)=r_0} \cdots(*)$

が導けるんだね。さっきの例題は，この r_0 と
θ_0 が，$r_0=2$，$\theta_0=\dfrac{\pi}{6}$ のときのものだった
んだね。納得いった？

図 6 直線の方程式

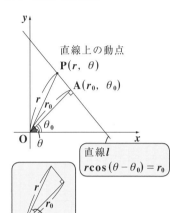

次，円：$x^2+(y-2)^2=5$ ……② を，逆に極方程式に変形しよう。

②より，$\underbrace{(x^2+y^2)}_{r^2}-4\underbrace{(y)}_{r\sin\theta}+4=5 \qquad \therefore\ r^2-4r\sin\theta-1=0$ となる。
簡単だね。でもこれでいいんだ。

xy 座標系の方程式で，$y=f(x)$ の形のものが圧倒的に多かったね。

極方程式においても，$r=f(\theta)$ の
形のものが結構あるんだ。これ
は，偏角 θ の値が与えられれば，
そのときの r が決まるので，θ の
値の変化により r が変化する。図
7 のようなイメージを思い描いて
くれたらいい。

図 7 $r=f(\theta)$ のイメージ

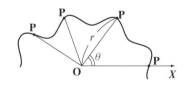

たとえば，前回やった"らせん"もこの形の極方程式で表すことができる。"らせん（Ⅰ）"について，$x = e^{-\theta}\cos\theta$ …③，$y = e^{-\theta}\sin\theta$ …④

③²＋④² より，$\underbrace{(x^2 + y^2)}_{r^2} = e^{-2\theta}\cos^2\theta + e^{-2\theta}\sin^2\theta = e^{-2\theta}(\underbrace{\cos^2\theta + \sin^2\theta}_{1})$

$r^2 = e^{-2\theta}$ より，$r = e^{-\theta}$ ［$r = f(\theta)$ の形の極方程式］が導ける。

図8に，"らせん（Ⅰ）"の曲線をもう1度描いておくから，この意味を考えてくれ。つまり，偏角 θ の値が与えられれば，そのときの r の値が決まるんだね。しかも θ の増加にともなって，r は孫悟空のニョイ棒のようにどんどん縮んでいくんだ。

図8　らせん（Ⅰ）$r = f(\theta) = e^{-\theta}$

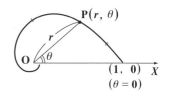

逆に，極方程式：$r = e^{\theta}$ は回転しながらニョイ棒がグイグイ伸びていくらせんを表しているんだね。

では次，**アルキメデスのらせん**も紹介しよう。このアルキメデスのらせんは，極方程式：$r = a\theta$（a：正の定数）で表される。$a = 1$ のときのこの曲線 $r = \theta$（$0 \leqq \theta$）を図9に示す。回転して，θ が増加するにつれて，動径 r も大きくなっていく様子が分かると思う。

図9　アルキメデスのらせん

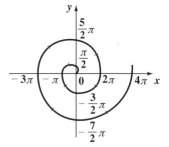

では次，**正葉曲線**に入ろう。この極方程式は，次のようになる。

$r = a\sin n\theta$ …（＊）（a：正の定数，$n = 1, 2, 3, \cdots$）

（ex1）$a = 1$，$n = 1$ のときの正葉曲線は，

　　$r = \sin\theta$ ……① より，①の両辺に r をかけると，

　　$\underbrace{r^2}_{x^2 + y^2} = \underbrace{r\sin\theta}_{y}$ より，$x^2 + y^2 = y$

よって，$x^2 + \left(y^2 - 1 \cdot y + \dfrac{1}{4} \right) = \dfrac{1}{4}$　より，円：$x^2 + \left(y - \dfrac{1}{2} \right)^2 = \dfrac{1}{4}$

> 2 で割って 2 乗

になる。$a = 1$，$n = 2$, 3, 4 のときの正葉曲線を図 10(i)，(ii)，(iii) に示す。キレイな葉っぱの形の曲線が描けるんだね。

図 10　正葉曲線

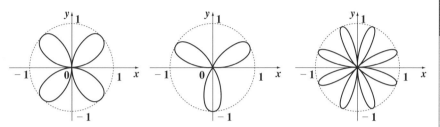

(i) $r = \sin 2\theta$ 　　　　(ii) $r = \sin 3\theta$ 　　　　(iii) $r = \sin 4\theta$

図 10(i)　$r = \sin 2\theta$ $(0 \leqq \theta \leqq 2\pi)$

について，右の r と θ のグラフより，

・$0 \leqq \theta \leqq \dfrac{\pi}{2}$ のとき，

$\theta = 0$ のとき，$r = \sin 0 = 0$

$\theta = \dfrac{\pi}{6}$ のとき，$r = \sin \dfrac{\pi}{3} = \dfrac{\sqrt{3}}{2}$

$\theta = \dfrac{\pi}{4}$ のとき，$r = \sin \dfrac{\pi}{2} = 1$

$\theta = \dfrac{\pi}{3}$ のとき，$r = \sin \dfrac{2}{3}\pi = \dfrac{\sqrt{3}}{2}$

$\theta = \dfrac{\pi}{2}$ のとき，$r = \sin \pi = 0$

となるので，図 11 に示すように，

極座標表示の点

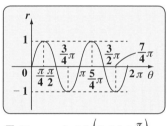

図 11　$r = \sin 2\theta$ $\left(0 \leqq \theta \leqq \dfrac{\pi}{2} \right)$

$(0,\ 0) \longrightarrow \left(\dfrac{\sqrt{3}}{2},\ \dfrac{\pi}{6} \right) \longrightarrow \left(1,\ \dfrac{\pi}{4} \right) \longrightarrow \left(\dfrac{\sqrt{3}}{2},\ \dfrac{\pi}{3} \right) \longrightarrow \left(0,\ \dfrac{\pi}{2} \right)$ を滑らかな曲

線で結べば，第 1 象限に 1 枚の葉っぱ状の曲線が描けるんだね。この続き は，演習問題 17(P64) でやろう！

● 1つの極方程式で3つの2次曲線が表せる!?

　さっき話した, $r = f(\theta)$ の形の極方程式の中で最も有名なものが, 次に示す"2次曲線(放物線・だ円・双曲線)の極方程式"なんだ。これは, たった1つの方程式で, この3つの2次曲線がすべて表されるスゴイ式なんだ。

2次曲線の極方程式

$$r = \frac{k}{1 - e\cos\theta} \cdots\cdots ① \qquad \left[r = \frac{k}{1 + e\cos\theta} \cdots\cdots ② \right]$$

$(k:正の定数)$ ← $\theta = \dfrac{\pi}{2}$ のときの r の値

$(e:離心率)$ $\begin{cases} (\text{i}) & 0 < e < 1 \quad \text{のとき,} \quad だ円 \\ (\text{ii}) & e = 1 \quad\quad\ \text{のとき,} \quad 放物線 \\ (\text{iii}) & 1 < e \quad\quad\ \text{のとき,} \quad 双曲線 \end{cases}$

　①の極方程式は必ず覚えてくれ。そして, e (離心率) の値によって, 3つの2次曲線がすべて表現されてるんだ。

例として, $k = 1$, $\underline{e = 1}$ のとき, ①が放物線を表すことを, 変換公式で確認してみよう。このときの①を変形して,

$$r = \frac{1}{1 - \cos\theta} \qquad \overbrace{r(1 - \cos\theta)} = 1 \qquad r - \overbrace{\boxed{r\cos\theta}}^{x} = 1$$

$$r = x + 1 \qquad この両辺を2乗して, \quad \overbrace{\boxed{r^2}}^{x^2+y^2} = (x+1)^2 \qquad \boxed{平行移動項}$$

$$x^2 + y^2 = x^2 + 2x + 1 \quad \therefore y^2 = 2x + 1 \quad \left[y^2 = 4 \cdot \overbrace{\boxed{\frac{1}{2}}}^{p}\left(x + \underline{\frac{1}{2}}\right) \right]$$

と, なるほど放物線の方程式になったね。その他の e の値, たとえば $e = 2$ や $e = \dfrac{1}{2}$ のときなど, k の値を $k = 1$ など適当に定めて, 双曲線やだ円になる事も自分で確認してみるといい。

それでは次，①の方程式の導き方と離心率 e の意味を解説しよう。

図 12 のように，始線 OX に垂直で，O から
の距離が a である直線 (準線) l がある。

図 12　離心率 e

準線 l

ここで，動点 P(r, θ) が，$\dfrac{PO}{PH}$ の比を一定
に保ちながら動くとき，動点 P は 2 次
曲線を描くんだ。そして，この比のこと
を離心率 e と呼ぶ。よって，

O (極)

これが焦点 F となる！

$\underset{a+r\cos\theta}{\overset{r}{\boxed{\dfrac{PO}{PH}}}} = e$ だね。図 12 より，$\dfrac{r}{a + r\cos\theta} = e$

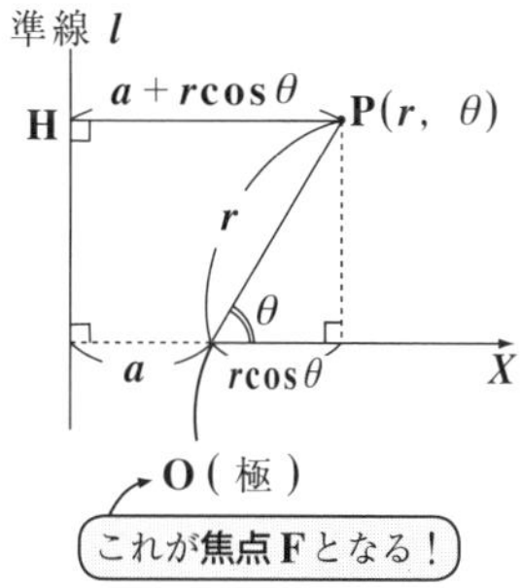

これを k とおく

$r = e(a + r\cos\theta)$ 　　　 $(1 - e\cos\theta)r = \boxed{ea}$

∴ 2 次曲線の極方程式：$r = \dfrac{k}{1 - e\cos\theta}$ ……① が導かれたね。

ここで，準線が極 O の右側にあるとき極方程式は，$r = \dfrac{k}{1 + e\cos\theta}$ …②

となる。試験では，どちらの形も出る可能性があるから，要注意だ！

それでは，最後に，この 2 次曲線の極方程式①のグラフ (動点 P の描く
曲線) をまとめて描いておくから，シッカリ頭に入れておこう。

図 13　$r = \dfrac{k}{1 - e\cos\theta}$ による，だ円，放物線，双曲線のグラフ

(i) だ円　$(0 < e < 1)$　　(ii) 放物線　$(e = 1)$　　(iii) 双曲線　$(1 < e)$

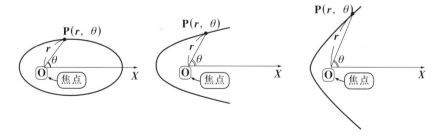

正葉曲線

正葉曲線 $r = \sin 2\theta$ $(0 \le \theta \le 2\pi)$ を (i) $0 \le \theta \le \dfrac{\pi}{2}$, (ii) $\dfrac{\pi}{2} < \theta \le \pi$,

(iii) $\pi < \theta \le \dfrac{3}{2}\pi$, (iv) $\dfrac{3}{2}\pi < \theta \le 2\pi$ の 4 つに分けて調べ，この曲線の

概形を xy 座標平面上に示せ。

ヒント! (i) $0 \le \theta \le \dfrac{\pi}{2}$ のときのグラフについては，**P61** で既に示した。(ii) $\dfrac{\pi}{2} < \theta \le \pi$ のグラフは，主に第 **4** 象限に，(iv) $\dfrac{3}{2}\pi < \theta \le 2\pi$ のグラフは，主に第 **2** 象限に現れることを，この問題でマスターしよう！

解答 & 解説

正葉曲線 $r = f(\theta) = \sin 2\theta$ …① $(0 \le \theta \le 2\pi)$ とおく。

(i) $0 \le \theta \le \dfrac{\pi}{2}$ のとき

$f(0) = 0$, $f\left(\dfrac{\pi}{6}\right) = \dfrac{\sqrt{3}}{2}$, $f\left(\dfrac{\pi}{4}\right) = 1$

$f\left(\dfrac{\pi}{3}\right) = \dfrac{\sqrt{3}}{2}$, $f\left(\dfrac{\pi}{2}\right) = 0$ より，

$r = f(\theta)$ のグラフは右のようになる。

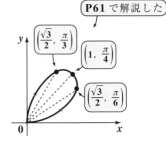

(ii) $\dfrac{\pi}{2} < \theta \le \pi$ のとき

$f\left(\dfrac{2}{3}\pi\right) = \sin\dfrac{4}{3}\pi = -\dfrac{\sqrt{3}}{2}$

$f\left(\dfrac{3}{4}\pi\right) = \sin\dfrac{3}{2}\pi = -1$

$f\left(\dfrac{5}{6}\pi\right) = \sin\dfrac{5}{3}\pi = -\dfrac{\sqrt{3}}{2}$

$f(\pi) = \sin 2\pi = 0$ より，

$r = f(\theta)$ のグラフは右のように

主に第 **4** 象限に現れる。

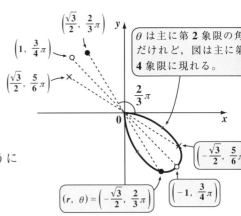

$r = -\dfrac{\sqrt{3}}{2} < 0$ より，点 $\left(\dfrac{\sqrt{3}}{2}, \dfrac{2}{3}\pi\right)$ を原点 **0** に関して対称移動した位置にくる。他の点 "○"，"×" も同様だ。

(iii) $\pi < \theta \leqq \dfrac{3}{2}\pi$ のとき

$$f\left(\dfrac{7}{6}\pi\right) = \sin\dfrac{7}{3}\pi = \sin\dfrac{\pi}{3} = \dfrac{\sqrt{3}}{2}$$

$$f\left(\dfrac{5}{4}\pi\right) = \sin\dfrac{5}{2}\pi = \sin\dfrac{\pi}{2} = 1$$

$$f\left(\dfrac{4}{3}\pi\right) = \sin\dfrac{8}{3}\pi = \sin\dfrac{2}{3}\pi = \dfrac{\sqrt{3}}{2}$$

$$f\left(\dfrac{3}{2}\pi\right) = \sin 3\pi = \sin\pi = 0 \quad \text{より,}$$

$r = f(\theta)$ のグラフは右のように

主に第 3 象限に現れる。

(iv) $\dfrac{3}{2}\pi < \theta \leqq 2\pi$ のとき

$$f\left(\dfrac{5}{3}\pi\right) = \sin\dfrac{10}{3}\pi = \sin\dfrac{4}{3}\pi$$
$$= -\dfrac{\sqrt{3}}{2}$$

$$f\left(\dfrac{7}{4}\pi\right) = \sin\dfrac{7}{2}\pi = \sin\dfrac{3}{2}\pi$$
$$= -1$$

$$f\left(\dfrac{11}{6}\pi\right) = \sin\dfrac{11}{3}\pi = \sin\dfrac{5}{3}\pi$$
$$= -\dfrac{\sqrt{3}}{2}$$

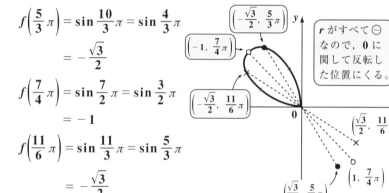

r がすべて ⊖ なので, $\mathbf{0}$ に関して反転した位置にくる。

$f(2\pi) = \sin 4\pi = \sin 0 = 0$ より,

$r = f(\theta)$ のグラフは右上のように

主に第 2 象限に現れる。

以上 (i) ~ (iv) より, 正葉曲線

$r = f(\theta) = \sin 2\theta$

$(0 \leqq \theta \leqq 2\pi)$ のグラフの概形は,

右のようになる。 ……………………(答)

正葉曲線 $r = \sin 2\theta$

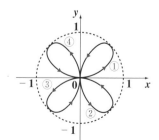

①, ②, ③, ④ の **4** 枚の葉っぱをこの順に一筆書きする要領で描くことが出来るんだね。

カージオイド (心臓形)

極方程式 $r = a(1 + \cos\theta)$ $(a:$ 正の定数$)$ $(0 \leqq \theta \leqq 2\pi)$ で表される曲線上の極座標表示の点を $P(r, \theta)$ とおく。極座標表示の定点 $A(2a, 0)$ と点 P との距離の最大値を求めよ。　（神戸大＊）

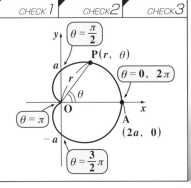

ヒント！ $r = a(1 + \cos\theta)$ で表される曲線は，図のようにハート形をしているので，**カージオイド (心臓形)** と呼ばれる。$\triangle OAP$ に余弦定理を用いるといいよ。

解答＆解説

カージオイド $r = a(1 + \cos\theta)$ ……①

$(a:$ 正の定数, $0 \leqq \theta \leqq 2\pi)$

上の極座標表示の 2 点 $P(r, \theta)$ と $A(2a, 0)$ の間の距離の 2 乗 AP^2 は，$\triangle OAP$ に余弦定理を用いることにより，

$AP^2 = r^2 + (2a)^2 - 2 \cdot r \cdot 2a\cos\theta$

$\quad = r^2 + 4a^2 - 4ar\cos\theta$ ……②　となる。

①を②に代入してまとめると，

$AP^2 = a^2\left\{ -3\left(\cos^2\theta + \dfrac{2}{3}\cos\theta + \dfrac{1}{9}\right) + 5 + \dfrac{1}{3}\right\}$

> 2で割って2乗

$\quad = a^2\left\{\dfrac{16}{3} - 3\left(\cos\theta + \dfrac{1}{3}\right)^2\right\}$

> これは，0 以上より，これが 0 のとき AP^2 は最大になる。

$\therefore \cos\theta = -\dfrac{1}{3}$ のとき，AP^2，すなわち AP は

最大値 $\sqrt{a^2 \cdot \dfrac{16}{3}} = \dfrac{4}{\sqrt{3}}a = \dfrac{4\sqrt{3}}{3}a$ をとる。…………(答)

ココがポイント

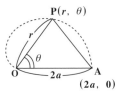

$\Leftrightarrow AP^2 = a^2(1 + \cos\theta)^2 + 4a^2$
$\quad - 4a^2(1 + \cos\theta)\cos\theta$
$= a^2(1 + 2\cos\theta + \cos^2\theta$
$\quad + 4 - 4\cos\theta - 4\cos^2\theta)$
$= a^2(-3\cos^2\theta - 2\cos\theta + 5)$

$\Leftrightarrow AP^2$ の最大値は $\dfrac{16}{3}a^2$

$\therefore AP$ の最大値は $\sqrt{\dfrac{16}{3}a^2}$

$(a > 0)$

極方程式で表されただ円と極を通る直線

極方程式で表されただ円 $E : r = \dfrac{2}{2 - \cos\theta}$ ……① がある。

(1) だ円 E の xy 座標系での方程式を求めよ。

(2) 原点 O (極) を通る直線とだ円 E との交点を P，Q とおく。

このとき，$\dfrac{1}{\mathrm{OP}} + \dfrac{1}{\mathrm{OQ}} = (一定)$ となることを示せ。(帯広畜産大 *)

ヒント! (1) では，変換公式を使って，x と y の関係式に書き変えればいいね。
(2) $r = f(\theta)$ とおくと，$\mathrm{OP} = f(\theta_1)$，$\mathrm{OQ} = f(\theta_1 + \pi)$ と表される。よって，与式は θ_1 によらず一定なのが示せるはずだ。

解答 & 解説

(1) ①より，$\overbrace{r(2 - \cos\theta)}= 2$　　$2r - \overbrace{r\cos\theta}^{x} = 2$

$2r = x + 2$　　両辺を 2 乗して，

$4\underbrace{r^2}_{(x^2 + y^2)} = (x + 2)^2$　　$3x^2 - 4x + 4y^2 = 4$

これをまとめて，求めるだ円 E の方程式は，

$$\dfrac{\left(x - \dfrac{2}{3}\right)^2}{\left(\dfrac{4}{3}\right)^2} + \dfrac{y^2}{\left(\dfrac{2}{\sqrt{3}}\right)^2} = 1 \quad\cdots\cdots(答)$$

(2) 原点 O が，極方程式の極になっているため，
P$(r_1,\ \theta_1)$ とおくと，Q$(r_2,\ \theta_1 + \pi)$ と表せる。

$\therefore\ \mathrm{OP} = r_1 = \dfrac{2}{2 - \cos\theta_1}$ とおくと，

$\mathrm{OQ} = r_2 = \dfrac{2}{2 - \underbrace{\cos(\theta_1 + \pi)}_{-\cos\theta_1}} = \dfrac{2}{2 + \cos\theta_1}$

$\therefore\ \dfrac{1}{\mathrm{OP}} + \dfrac{1}{\mathrm{OQ}} = \dfrac{2 - \cancel{\cos\theta_1}}{2} + \dfrac{2 + \cancel{\cos\theta_1}}{2}$

$= 2 = (一定) \quad\cdots\cdots(終)$

θ_1 の影響が消えた!

ココがポイント

$\Leftarrow r = \dfrac{1}{1 - \underbrace{\dfrac{1}{2}}_{e}\cos\theta}$ より，

これは，だ円だね。

$\Leftarrow 3\left(x^2 - \dfrac{4}{3}x + \dfrac{4}{9}\right) + 4y^2$

$= 4 + \dfrac{4}{3}$

$3\left(x - \dfrac{2}{3}\right)^2 + 4y^2 = \dfrac{16}{3}$

$\dfrac{\left(x - \dfrac{2}{3}\right)^2}{\left(\dfrac{4}{3}\right)^2} + \dfrac{y^2}{\left(\dfrac{2}{\sqrt{3}}\right)^2} = 1$

$\Leftarrow$

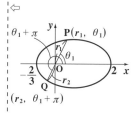

$\Leftarrow$ 極 (焦点) を通る直線と 2 次曲線の問題では，極方程式が有効だ!

1. 放物線の公式 $(p \neq 0)$

$x^2 = 4py$ の場合, （ア）焦点 $\mathrm{F}(0, p)$　　（イ）準線：$y = -p$

（ウ）$\boxed{\mathrm{QF} = \mathrm{QH}}$　（Q：曲線上の点, QH：Q と準線との距離）

2. だ円：$\dfrac{x^2}{a^2} + \dfrac{y^2}{b^2} = 1 \ (a > b > 0)$ の公式

（ア）焦点 $\mathrm{F}(c, 0)$, $\mathrm{F}'(-c, 0)$ $\left(c = \sqrt{a^2 - b^2}\right)$

（イ）$\boxed{\mathrm{QF} + \mathrm{QF}' = 2a}$　（Q：曲線上の点）

3. 双曲線の公式 $(a > 0, \ b > 0)$

$\dfrac{x^2}{a^2} - \dfrac{y^2}{b^2} = 1$ の場合, （ア）焦点 $\mathrm{F}(c, 0)$, $\mathrm{F}'(-c, 0)$ $\left(c = \sqrt{a^2 + b^2}\right)$

（イ）漸近線：$y = \pm\dfrac{b}{a}x$　　（ウ）$\boxed{|\mathrm{QF} - \mathrm{QF}'| = 2a}$　（Q：曲線上の点）

4. さまざまな曲線の媒介変数表示 $(\theta：媒介変数)$

(1) だ円 $\dfrac{x^2}{a^2} + \dfrac{y^2}{b^2} = 1$：$x = a\cos\theta, \ y = b\sin\theta$

(2) サイクロイド曲線：$x = a(\theta - \sin\theta), \ y = a(1 - \cos\theta)$ （a：正の定数）

(3) らせん（I）：$x = e^{-\theta}\cos\theta, \ y = e^{-\theta}\sin\theta$ ← 半径 $r = e^{-\theta}$ が縮む。

　　らせん（II）：$x = e^{\theta}\cos\theta, \ y = e^{\theta}\sin\theta$　← 半径 $r = e^{\theta}$ が伸びる。

(4) アステロイド曲線：$x = a\cos^3\theta, \ y = a\sin^3\theta$ （a：正の定数）

5. 極方程式で表された曲線 $(a：正の定数, \ n：自然数)$

(1) アルキメデスのらせん：$r = a\theta$　　**(2)** 正葉曲線：$r = a\sin n\theta$

6. 2 次曲線の極方程式 $(e：離心率)$

$r = \dfrac{k}{1 - e\cos\theta}$　$\left[r = \dfrac{k}{1 + e\cos\theta}\right]$　（k：正の定数）

（ⅰ）$0 < e < 1$：だ円　（ⅱ）$e = 1$：放物線　（ⅲ）$1 < e$：双曲線

講義
Lecture
③ 数列の極限

テーマ

▶ Σ 計算を使った数列の極限

▶ 無限級数（等比型・部分分数分解型）

▶ 漸化式と数列の極限の応用

数列の極限

さァ，これから"数列の極限"の講義に入ろう。エッ，少し緊張してるって？　大丈夫！　これから，わかりやすく親切に教えるからね。

極限の考え方は，実は動きのあるものだから，初学者にとっては，理解しづらいテーマなんだけれど，この後に解説する"微分・積分"の基本となる分野だから，ここで，シッカリマスターしておく必要があるんだね。

これから教える"数列の極限"のポイントは次の2つだ。

- 数学Bの数列のΣ計算に習熟すること。
- $\frac{\infty}{\infty}$ や $\infty - \infty$ などの不定形の意味を知ること。

§1. 数列の極限の基本テーマは，Σ計算だ！
● Σ計算の復習からスタートしよう！

これから，極限の計算に必要な"Σ計算"について練習するよ。スッカリ忘れている人のために，まず公式から書いておこう。

> **Σ計算の基本公式**
>
> (1) $\displaystyle\sum_{k=1}^{n} k = \frac{1}{2}n(n+1)$ $\qquad$ (2) $\displaystyle\sum_{k=1}^{n} k^2 = \frac{1}{6}n(n+1)(2n+1)$
>
> (3) $\displaystyle\sum_{k=1}^{n} k^3 = \frac{1}{4}n^2(n+1)^2$ $\qquad$ (4) $\displaystyle\sum_{k=1}^{n} c = nc$ ← n 個の c の和だ！
>
> 定数

どう？　数学Bの"数列"のところで勉強した公式だけれど，思い出した？
それでは，この公式を使って実際に例題を解いてみることにしよう。

◆例題7◆

$T = 1 \cdot (n-1) + 2 \cdot (n-2) + 3 \cdot (n-3) + \cdots\cdots + (n-1) \cdot 1$ を求めよ。

解答

$T = 1 \cdot (n-1) + 2 \cdot (n-2) + 3 \cdot (n-3) + \cdots\cdots + (n-1) \cdot \{n - (n-1)\}$

と変形し，さらに 1，2，3，$\cdots$，$n-1$ と動く部分を k とおいて，

Σ 計算にもち込む。

> 今回，$k = 1$，2，$\cdots$，$n-1$ まで動く。

$T = \sum_{k=1}^{n-1} k(n-k) = \sum_{k=1}^{n-1} (nk - k^2)$

> これは定数扱い！

> 公式 $\sum_{k=1}^{n} k = \frac{1}{2}n(n+1)$ より，
> $\sum_{k=1}^{n-1} k = \frac{1}{2}(n-1)(n-1+1)$ だ。

$= n \sum_{k=1}^{n-1} k - \sum_{k=1}^{n-1} k^2$

$= n \cdot \frac{1}{2}n(n-1) - \frac{1}{6}n(n-1)(2n-1)$

> 同様に，
> $\sum_{k=1}^{n-1} k^2 = \frac{1}{6}(n-1)(n-1+1)\{2(n-1)+1\}$

$= \frac{1}{6}n(n-1)\{3n - (2n-1)\}$

$= \frac{1}{6}n(n+1)(n-1)$ $\cdots\cdots\cdots\cdots\cdots\cdots\cdots\cdots\cdots\cdots\cdots\cdots\cdots\cdots$(答)

公式って，使いこなすことによって，スイスイ頭の中に入ってくるでしょう。
調子が出てきた？

● $\frac{\infty}{\infty}$ の不定形の意味を理解しよう！

次，**極限**に入ろう。極限の式 $\lim_{n \to \infty} \frac{1}{2n}$ が与えられたとしよう。これは，

分母の $2n \to \infty$ となって，$\frac{1}{\infty}$ の形だから，当然 0 に近づいていくのがわか

るね。

つまり，$\lim_{n \to \infty} \frac{1}{2n} = 0$ だ。同様に，$\lim_{n \to \infty} \frac{3}{3n^2+1}$ も $\lim_{n \to \infty} \frac{-2}{n-1}$ もそれぞれ，

$\frac{3}{\infty}$，$\frac{-2}{\infty}$ の形だから，0 に **収束** する。

逆に，$\displaystyle\lim_{n \to \infty} \frac{\overbrace{3n-4}^{\infty}}{2}$ や $\displaystyle\lim_{n \to \infty} \frac{\overbrace{1-2n}^{-\infty}}{4}$ は，それぞれ $\dfrac{\infty}{2}$ や $\dfrac{-\infty}{4}$ の形なので，結局，∞ と $-\infty$ に**発散**してしまうのも大丈夫だね。

それじゃ次，$\dfrac{\infty}{\infty}$ の**不定形**はどうなるのか？ その意味を解説しよう。大体のイメージとして，次の **3** つを頭に描いてくれたらいい。

(i) $\dfrac{400}{10000000000} \longrightarrow 0$ （収束） $\left[\dfrac{弱い\infty}{強い\infty} \to 0\right]$

(ii) $\dfrac{300000000000}{100} \longrightarrow \infty$ （発散） $\left[\dfrac{強い\infty}{弱い\infty} \to \infty\right]$

(iii) $\dfrac{1000000}{2000000} \longrightarrow \dfrac{1}{2}$ （収束） $\left[\dfrac{同じ強さの\infty}{同じ強さの\infty} \to 有限な値\right]$

$\dfrac{\infty}{\infty}$ なので，分子・分母が共に非常に大きな数になっていくのはわかると思う。一般に，極限の問題では，数値が動くので，これを具体的に表現することは難しい。上に示した **3** つの例は，これら動きがあるものの，ある瞬間をパチリと取ったスナップ写真のようなものだと考えてくれ。

(i) 分子・分母が無限大に大きくなっていくんだけれど，$\dfrac{弱い\infty}{強い\infty}$ であれば，相対的に分母の方がずっと大きいので，これは **0** に収束する。

(ii) これは，(i) の逆の場合で，分母に対して分子の方が圧倒的に強い ∞ なので，割り算しても，∞ に発散する。

(iii) これは，分子・分母ともに，同じレベル (強さ) の無限大なので，分子・分母の値が大きくなっても，割り算すると $\dfrac{1}{2}$ という値に収束する。

注意 ここで言っている，“強い ∞” とは，“∞ に発散していく速さが大きい ∞ のこと” であり，“弱い ∞” とは，“∞ に発散していく速さが小さい ∞ のこと” だ。これらは，理解を助けるための便宜上の表現で，正式なものではないので，答案には，“強い ∞” や “弱い ∞” などの記述はしない方がいい。

以上 (i) (ii) (iii) のように，$\dfrac{\infty}{\infty}$ の場合，収束するか発散するか定まらないので，**不定形**と呼ぶ。

また，$\dfrac{\infty}{\infty} = \infty \times \left(\overset{0}{\dfrac{1}{\infty}}\right) = \infty \times 0$ とも書けるので，$\infty \times 0$ も**不定形**なんだね。

それじゃ，少しウォーミングアップしておこう。

(1) $\displaystyle\lim_{n \to \infty} \dfrac{\overset{1 \text{次の} \infty \ (\text{弱い})}{\boxed{n-1}}}{\underset{2 \text{次の} \infty \ (\text{強い})}{\boxed{2n^2+1}}} = 0$　　　(2) $\displaystyle\lim_{n \to \infty} \dfrac{\overset{3 \text{次の} \infty \ (\text{強い})}{\boxed{n^3+n^2}}}{\underset{2 \text{次の} \infty \ (\text{弱い})}{\boxed{n^2+1}}} = \infty$

◆例題8◆

$\displaystyle\lim_{n \to \infty} \dfrac{1 \cdot (n-1) + 2 \cdot (n-2) + 3 \cdot (n-3) + \cdots\cdots + (n-1) \cdot 1}{n^3}$　を求めよ。

解答

分子は，例題 7 で計算した T のことだね。よって，

$$\text{与式} = \lim_{n \to \infty} \dfrac{\overset{\text{例題 7 の } T}{\boxed{\dfrac{1}{6} n(n+1)(n-1)}}}{n^3} = \lim_{n \to \infty} \dfrac{n(n+1)(n-1)}{6n^3} \quad \left[= \dfrac{3 \text{ 次の} \infty}{3 \text{ 次の} \infty} \right]$$

（右上に吹き出し：同じ強さの∞ / 同じ強さの∞）

$$= \lim_{n \to \infty} \dfrac{1}{6} \cdot \dfrac{n}{n} \cdot \dfrac{n+1}{n} \cdot \dfrac{n-1}{n}$$

$$= \lim_{n \to \infty} \dfrac{1}{6} \left(1 + \overset{0}{\dfrac{1}{n}}\right)\left(1 - \overset{0}{\dfrac{1}{n}}\right) = \dfrac{1}{6} \ \text{だ。} \quad\cdots\cdots\cdots\cdots\cdots\cdots\cdots\text{(答)}$$

　数列の極限にも少しは慣れてきた？　それでは，これから演習問題で，さらに鍛えていこう。最初は難しいと思うかもしれないけれど，解答&解説をよく読んで，解法のパターンをつかみとることがコツだ。頑張ろう！

有理化による極限

演習問題 20	難易度 ★	CHECK 1	CHECK 2	CHECK 3

次の極限値を求めよ。

(1) $\displaystyle\lim_{n \to \infty}\left(\sqrt{4n^2+n}-2n\right)$ （名古屋市立大）　　(2) $\displaystyle\lim_{n \to \infty}\left(\sqrt{n+\sqrt{n}}-\sqrt{n-\sqrt{n}}\right)$

ヒント！ $\infty-\infty$ も，2 つの無限大の強弱によって，収束・発散が変わる不定形なんだね。今回は，$\sqrt{}-2n$ や $\sqrt{}-\sqrt{}$ の $\infty-\infty$ の形がきたので，分子・分母に $\sqrt{}+2n$ や $\sqrt{}+\sqrt{}$ をかけると，うまくいく。

解答＆解説

(1) $\displaystyle\lim_{n \to \infty}\left(\overset{\infty}{\sqrt{4n^2+n}}-\overset{\infty}{2n}\right)$

$4n^2+n-4n^2=n$

$$=\lim_{n \to \infty}\frac{\left(\sqrt{4n^2+n}-2n\right)\left(\sqrt{4n^2+n}+2n\right)}{\sqrt{4n^2+n}+2n}$$

$$=\lim_{n \to \infty}\frac{n}{\sqrt{4n^2+n}+2n}=\left[\frac{1\,\text{次の}\infty\,(\text{同じ強さ})}{1\,\text{次の}\infty\,(\text{同じ強さ})}\right]$$

$$=\lim_{n \to \infty}\frac{1}{\sqrt{4+\dfrac{1}{n}}+2}=\frac{1}{\sqrt{4}+2}=\frac{1}{4}\quad\cdots\cdots\cdots(\text{答})$$

⇦ これは，$\infty-\infty$ の形の不定形だね。分子・分母に $\sqrt{}+2n$ をかけるといい。

⇦ 分子・分母を n で割る。

(2) $\displaystyle\lim_{n \to \infty}\left(\overset{\infty}{\sqrt{n+\sqrt{n}}}-\overset{\infty}{\sqrt{n-\sqrt{n}}}\right)$

$n+\sqrt{n}-(n-\sqrt{n})=2\sqrt{n}$

$$=\lim_{n \to \infty}\frac{\left(\sqrt{n+\sqrt{n}}-\sqrt{n-\sqrt{n}}\right)\left(\sqrt{n+\sqrt{n}}+\sqrt{n-\sqrt{n}}\right)}{\sqrt{n+\sqrt{n}}+\sqrt{n-\sqrt{n}}}$$

$$=\lim_{n \to \infty}\frac{2\sqrt{n}}{\sqrt{n+\sqrt{n}}+\sqrt{n-\sqrt{n}}}\quad\left[=\frac{\frac{1}{2}\,\text{次の}\infty}{\frac{1}{2}\,\text{次の}\infty}\right]$$

$$=\lim_{n \to \infty}\frac{2}{\sqrt{1+\dfrac{1}{\sqrt{n}}}+\sqrt{1-\dfrac{1}{\sqrt{n}}}}$$

$$=\frac{2}{\sqrt{1}+\sqrt{1}}=1\quad\cdots\cdots\cdots\cdots\cdots\cdots\cdots(\text{答})$$

⇦ これも，$\infty-\infty$ の不定形で，$\sqrt{}-\sqrt{}$ の形をしているので，分子・分母に $\sqrt{}+\sqrt{}$ をかける！

⇦ 分子・分母を $\sqrt{n}$ で割る。分母の変形を書いておくよ。

$$\frac{\sqrt{n+\sqrt{n}}}{\sqrt{n}}+\frac{\sqrt{n-\sqrt{n}}}{\sqrt{n}}$$
$$=\sqrt{\frac{n+\sqrt{n}}{n}}+\sqrt{\frac{n-\sqrt{n}}{n}}$$
$$=\sqrt{1+\frac{1}{\sqrt{n}}}+\sqrt{1-\frac{1}{\sqrt{n}}}$$

ココがポイント

74

Σ計算による極限

| 演習問題 21 | 難易度 ★★ | CHECK 1 | CHECK 2 | CHECK 3 |

次の極限を求めよ。

$$\lim_{n \to \infty} \frac{(n+1)^2 + (n+2)^2 + (n+3)^2 + \cdots + (3n)^2}{1^2 + 2^2 + 3^2 + \cdots + (2n)^2}$$

ヒント！ 分子は，$(n+1)^2 + (n+2)^2 + \cdots + (n+2n)^2$ とみて Σ 計算にもち込むんだね。分母も $1^2 + 2^2 + \cdots + (2n)^2$ だから，分母 $= \sum_{k=1}^{2n} k^2$ となるね。頑張れ！

解答&解説

分子 $= (n+1)^2 + (n+2)^2 + \cdots + (n+2n)^2$

だから，分子は次のように計算できる。

定数扱い　定数扱い

分子 $= \sum_{k=1}^{2n} (n+k)^2 = \sum_{k=1}^{2n} (n^2 + 2nk + k^2)$

これを定数 c とみる

$= \sum_{k=1}^{2n} n^2 + 2n \sum_{k=1}^{2n} k + \sum_{k=1}^{2n} k^2$

$\quad\quad 2n \cdot n^2 \quad\quad \frac{1}{2} \cdot 2n \cdot (2n+1) \quad \frac{1}{6} \cdot 2n \cdot (2n+1)(2 \cdot 2n+1)$

$= 2n^3 + 2n^2(2n+1) + \frac{1}{3}n(2n+1)(4n+1)$

$= \frac{1}{3}n(26n^2 + 12n + 1)$

分母 $= \sum_{k=1}^{2n} k^2 = \frac{1}{6} \cdot 2n(2n+1)(2 \cdot 2n+1)$

$= \frac{1}{3}n(8n^2 + 6n + 1)$

$\therefore$ 与式 $= \lim_{n \to \infty} \frac{\frac{1}{3}n(26n^2 + 12n + 1)}{\frac{1}{3}n(8n^2 + 6n + 1)} \quad \left[= \frac{3 次の \infty}{3 次の \infty} \right]$

$= \lim_{n \to \infty} \frac{26 + \dfrac{12}{n} + \dfrac{1}{n^2}}{8 + \dfrac{6}{n} + \dfrac{1}{n^2}} = \frac{13}{4}$ ……………(答)

ココがポイント

$\Leftarrow$ 1, 2, ⋯, 2n と動いていくところを k とおく。

$\Leftarrow$ k は，1, 2, ⋯, 2n と動く変数だけれど，n^2, $2n$ は定数として扱う！

$\Leftarrow$ 公式
$\sum_{k=1}^{n} c = nc$
$\sum_{k=1}^{n} k = \frac{1}{2}n(n+1)$
$\sum_{k=1}^{n} k^2 = \frac{1}{6}n(n+1)(2n+1)$
の n に $2n$ を代入する！

$\Leftarrow$ 分母 $= 1^2 + 2^2 + \cdots + (2n)^2$
$= \sum_{k=1}^{2n} k^2$ だね。

$\Leftarrow$ 分子・分母は $\frac{1}{3}n$ で割れる。

$\Leftarrow$ さらに，分子・分母を n^2 で割った！

§2. 無限級数は，等比型と部分分数分解型の2つだ！

　無限級数の問題に入ろう。**級数**とは，数列の和のことだから，**無限級数**とは，<u>数列を無限にたしていった和</u>のことなんだね。

　そして，この無限級数には次の2つのパターンがある。

$$\begin{cases} (\,i\,) \text{無限等比級数} & (\text{これは易しい！}) \\ (\,ii\,) \text{部分分数分解型の無限級数} & (\text{これはレベルの高いものもある！}) \end{cases}$$

● $\displaystyle\lim_{n \to \infty} r^n$ はいろんなところに顔を出す！

　無限級数の解説に入る前に，$\displaystyle\lim_{n \to \infty} r^n$ の極限について説明する。これは無限等比級数のときにも重要な役割を果たすけれど，それ以外にもいろいろな極限の計算の際に出てくるから，その対処法を正確に覚えておくといいんだね。

　この極限の基本公式を書いておくから，まず頭に入れよう。

■ $\displaystyle\lim_{n \to \infty} r^n$ の基本公式

$$\lim_{n \to \infty} r^n = \begin{cases} 0 & (-1 < r < 1 \text{ のとき}) & (\text{I}) \\ 1 & (r = 1 \text{ のとき}) & (\text{II}) \\ \text{発散} & (r \leqq -1,\ 1 < r \text{ のとき}) & (\text{III}) \end{cases}$$

(I) $-1 < r < 1$ のとき，$\displaystyle\lim_{n \to \infty} r^n$ が 0 に収束するのは，当たり前だね。

　　$r = \dfrac{1}{2}$ や $-\dfrac{1}{2}$ のとき，これを沢山かけていけば 0 に近づくからだ。

　　ここで，$-1 < r < 1$ ならば，$\displaystyle\lim_{n \to \infty} r^{n-1} = \lim_{n \to \infty} r^{2n+1} = 0$ となるのもいいね。この場合，指数部が $n-1$ や $2n+1$ となっても，r を沢山かけることに変わりはないわけだから，0 に収束する。大丈夫？

(II) $r = 1$ のとき，$\displaystyle\lim_{n \to \infty} r^n = \lim_{n \to \infty} 1^n = 1$ となるのも当たり前だね。

（Ⅲ）次，$1 < r$ のとき，$n \to \infty$ とすると，$r^n \to \infty$ と発散する。また，$r \leqq -1$ のとき，$n \to \infty$ とすると，$\oplus$，$\ominus$ の値を交互にとって振動し，$r < -1$ のとき，その絶対値を大きくしながら発散していくのも大丈夫だね。

ここで，（Ⅲ）の場合，$r = -1$ を除いた，$r < -1$，$1 < r$ のとき，r の逆数 $\dfrac{1}{r}$ は，$-1 < \dfrac{1}{r} < 1$ となるから，次のように覚えておくと，公式を，より建設的に利用できる。

$\displaystyle\lim_{n \to \infty} r^n$ の応用公式

$r < -1$，$1 < r$ のとき， これは "なぜなら" 記号だ！

$$\lim_{n \to \infty} \left(\frac{1}{r}\right)^n = 0 \quad \left(\because -1 < \frac{1}{r} < 1\right)$$

・$r < -1 \,(< 0)$ のとき，この両辺を $-r \,(>0)$ で割ると，$-1 < \dfrac{1}{r}$ となり，

・$(0 <) \, 1 < r$ のとき，この両辺を $r \,(>0)$ で割ると，$\dfrac{1}{r} < 1$ となる。

よって，$r < -1$，$1 < r$ のとき，$-1 < \dfrac{1}{r} < 1$ となる。大丈夫？

以上より，$\displaystyle\lim_{n \to \infty} r^n$ の問題が出てきたら，r の値により，次の4通りに場合分けして解くといいんだね。

（ⅰ）$-1 < r < 1$　　（ⅱ）$r = 1$　　（ⅲ）$r = -1$　　（ⅳ）$r < -1$，$1 < r$

このとき
$\displaystyle\lim_{n \to \infty} r^n = 0$

このとき
$\displaystyle\lim_{n \to \infty} r^n = 1$

このとき
$\displaystyle\lim_{n \to \infty} r^n$ は -1 と 1 の値を交互にとって振動する。

このとき
$\displaystyle\lim_{n \to \infty} r^n$ は発散するけれど，$\displaystyle\lim_{n \to \infty} \left(\frac{1}{r}\right)^n = 0$ となる。

こうやって，キチンと整理しておくと，問題がスッキリ解けるようになるんだね。そして，この極限の考え方は，次の無限等比級数で早速役に立つ。

● 等比型と部分分数分解型を押さえよう！

それでは次，無限級数の解説に入る。**無限級数の和**の問題は，次の **2** つのパターンだけだから，まずシッカリ頭に入れておこう。

無限級数の和の公式

（Ⅰ）無限等比級数の和

$$\sum_{k=1}^{\infty} ar^{k-1} = a + ar + ar^2 + \cdots\cdots = \frac{a}{1-r} \quad (\text{収束条件}: -1 < r < 1)$$

（ここで，a は初項，r は公比）

（Ⅱ）部分分数分解型

これについては，$\sum_{k=1}^{\infty} \dfrac{1}{k(k+1)}$ の例で示す。

（ⅰ）まず，**部分和**（初項から第 n 項までの和）S_n を求める。

$$\text{部分和 } S_n = \sum_{k=1}^{n} \frac{1}{k(k+1)} = \sum_{k=1}^{n} \left(\frac{1}{k} - \frac{1}{k+1} \right)$$

（ここで，$I_k = \dfrac{1}{k}$，$I_{k+1} = \dfrac{1}{k+1}$ に部分分数に分解した！）

$$= \left(\frac{1}{1} - \frac{1}{2} \right) + \left(\frac{1}{2} - \frac{1}{3} \right) + \left(\frac{1}{3} - \frac{1}{4} \right) + \cdots + \left(\frac{1}{n} - \frac{1}{n+1} \right)$$

（バサバサバサ…と途中の項が消えていく！）

$$= 1 - \frac{1}{n+1}$$

（ⅱ）$n \to \infty$ として，無限級数の和を求める。

$$\therefore \text{無限級数の和} \lim_{n \to \infty} S_n = \lim_{n \to \infty} \left(1 - \frac{1}{n+1} \right) = 1 \text{ となって答えだ！}$$

（$\dfrac{1}{n+1} \to 0$）

（Ⅰ）無限等比級数の場合，部分和 S_n を求めると，$r \neq 1$ のとき公式から，

$$S_n = \sum_{k=1}^{n} ar^{k-1} = \frac{a(1-r^n)}{1-r}$$

だね。ここで，収束条件：$\underline{-1 < r < 1}$ を r がみたせば，$n \to \infty$ のとき $\underline{r^n \to 0}$ となるから，無限等比級数の和は，部分和を求めることなく，$\sum_{k=1}^{\infty} ar^{k-1} = \dfrac{a}{1-r}$ と，簡単に結果が出せる。無限等比級数の場合は，収束条件さえみたせば，アッという間に答えが出せるんだね。

(II) 部分分数分解型の問題では，例で示したように，まず (i) 部分和 S_n を求めて，(ii) $n \to \infty$ にして無限級数の和を求める，という 2 つの手順を踏んで解くんだ。

　一般に部分分数分解型の部分和は，

$$\sum_{k=1}^{n}(I_k - I_{k+1}), \quad \sum_{k=1}^{n}(I_{k+1} - I_k) \text{ や } \sum_{k=1}^{n}(I_k - I_{k+2}) \text{ など，さまざまなヴァ}$$

リエーションがあって，難関大が好んで出題してくる。それでは，この型の例題をさらに 2 つ挙げておくから，慣れてくれ。

(i) $\displaystyle \sum_{k=1}^{n} \frac{1}{k(k+2)} = \frac{1}{2}\sum_{k=1}^{n}\left(\overset{I_k}{\frac{1}{k}} - \overset{I_{k+2}}{\frac{1}{k+2}}\right)$ 　部分分数に分解した！

$$= \frac{1}{2}\left\{\left(\frac{1}{1} - \frac{1}{3}\right) + \left(\frac{1}{2} - \frac{1}{4}\right) + \left(\frac{1}{3} - \frac{1}{5}\right) + \left(\frac{1}{4} - \frac{1}{6}\right) + \cdots \right.$$

初めの 2 項と最後の 2 項が残った！

$$\left. \cdots + \left(\frac{1}{n-1} - \frac{1}{n+1}\right) + \left(\frac{1}{n} - \frac{1}{n+2}\right)\right\}$$

$$= \frac{1}{2}\left(1 + \frac{1}{2} - \frac{1}{n+1} - \frac{1}{n+2}\right) = \frac{1}{2}\left(\frac{3}{2} - \frac{1}{n+1} - \frac{1}{n+2}\right)$$

(ii) $\displaystyle \sum_{k=1}^{n} \frac{1}{\sqrt{k+1} + \sqrt{k}} = \sum_{k=1}^{n} \frac{\sqrt{k+1} - \sqrt{k}}{(\sqrt{k+1} + \sqrt{k})(\sqrt{k+1} - \sqrt{k})}$ 　分母の有理化 $k+1-k=1$

部分分数分解型！

$$= \sum_{k=1}^{n}\left(\overset{I_{k+1}}{(\sqrt{k+1})} - \overset{I_k}{(\sqrt{k})}\right) = -\sum_{k=1}^{n}\left(\sqrt{k} - \sqrt{k+1}\right)$$

$$= -\left\{(\sqrt{1} - \sqrt{2}) + (\sqrt{2} - \sqrt{3}) + (\sqrt{3} - \sqrt{4}) + \cdots\cdots + (\sqrt{n} - \sqrt{n+1})\right\}$$

$$= -(1 - \sqrt{n+1}) = \sqrt{n+1} - 1$$

　(ii) の I_k, I_{k+1} は分数ではないけれど，途中がバサバサバサッと消えてくパターンは同じだから，部分分数分解型の $\sum$ 計算と言える。納得いった？

演習問題 22 　難易度 ★★ 　CHECK 1 　CHECK 2 　CHECK 3

関数 $f(x) = \lim\limits_{n \to \infty} \dfrac{x^{2n+1}+1}{x^{2n}+1}$ のグラフを，xy 平面上に描け。　（日本大＊）

ヒント！ $\lim\limits_{n \to \infty} r^n$ のパターンの問題で，r の代わりに x が来ただけだ。だから，(ⅰ) $-1 < x < 1$，(ⅱ) $x = 1$，(ⅲ) $x = -1$，(ⅳ) $x < -1$，$1 < x$ の 4 つに場合分けすればいいんだね。

解答 & 解説

(ⅰ) $-1 < x < 1$ のとき，

$$f(x) = \lim_{n \to \infty} \frac{\overset{0}{\overbrace{x^{2n+1}}}+1}{\underset{0}{\underbrace{x^{2n}}}+1} = \frac{0+1}{0+1} = 1$$

(ⅱ) $x = 1$ のとき，

$$f(1) = \lim_{n \to \infty} \frac{\overset{1}{\overbrace{1^{2n+1}}}+1}{\underset{1}{\underbrace{1^{2n}}}+1} = \frac{1+1}{1+1} = 1$$

(ⅲ) $x = -1$ のとき，

$$f(-1) = \lim_{n \to \infty} \frac{\overset{-1}{\overbrace{(-1)^{2n+1}}}+1}{\underset{1}{\underbrace{(-1)^{2n}}}+1} = \frac{-1+1}{1+1} = 0$$

(ⅳ) $x < -1$，$1 < x$ のとき，分子・分母を x^{2n} で割った！

$$f(x) = \lim_{n \to \infty} \frac{x^{2n+1}+1}{x^{2n}+1} = \lim_{n \to \infty} \frac{x+\overset{0}{\overbrace{\left(\left(\frac{1}{x}\right)^{2n}\right)}}}{1+\underset{0}{\underbrace{\left(\left(\frac{1}{x}\right)^{2n}\right)}}} = x$$

以上 (ⅰ) ～ (ⅳ) より，求める関数 $f(x)$ は，

$$f(x) = \begin{cases} 1 & (-1 < x \leqq 1) & \leftarrow (ⅰ)(ⅱ) \\ 0 & (x = -1) & \leftarrow (ⅲ) \\ x & (x < -1,\ 1 < x) & \leftarrow (ⅳ) \end{cases}$$

よって，関数 $y = f(x)$ のグラフを右に示す。
　　　　　　　　　　　　　………(答)

$x = 1$ では連続だけれど，$x = -1$ では不連続なグラフになったね。

ココがポイント

$\Leftarrow$ (ⅰ) $-1 < x < 1$ のとき，
$\lim\limits_{n \to \infty} x^{2n+1} = \lim\limits_{n \to \infty} x^{2n} = 0$

$\Leftarrow$ (ⅱ) $x = 1$ のとき，
$\lim\limits_{n \to \infty} 1^{2n+1} = \lim\limits_{n \to \infty} 1^{2n} = 1$

$\Leftarrow$ (ⅲ) $x = -1$ のとき，
$\lim\limits_{n \to \infty} (-1)^{\overset{奇数}{2n+1}} = -1$
$\lim\limits_{n \to \infty} (-1)^{\overset{偶数}{2n}} = 1$

$\Leftarrow$ (ⅳ) $x < -1$，$1 < x$ のとき，
$\lim\limits_{n \to \infty} \left(\frac{1}{x}\right)^{2n} = 0$

図 $y = f(x)$ のグラフ

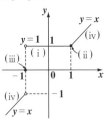

無限等比級数

式の値 $2.\dot{0}2\dot{9} - 1.\dot{4}7\dot{3}$ を分数で表せ。　　　　（大阪経大＊）

ヒント！ 無限循環小数 $0.\dot{0}2\dot{9}$ と $0.\dot{4}7\dot{3}$ は，それぞれ，
$0.\dot{0}2\dot{9} = 0.029029029\cdots = 0.029 + 0.000029 + 0.000000029 + \cdots$
$0.\dot{4}7\dot{3} = 0.473473473\cdots = 0.473 + 0.000473 + 0.000000473 + \cdots$
のことなので，無限等比級数の問題に帰着するんだね。

解答＆解説

$2.\dot{0}2\dot{9} - 1.\dot{4}7\dot{3} = 2 - 1 + 0.\dot{0}2\dot{9} - 0.\dot{4}7\dot{3}$
$= 1 + \underset{(i)}{0.\dot{0}2\dot{9}} - \underset{(ii)}{0.\dot{4}7\dot{3}} \cdots ①$　となる。

ここで，
(i) $0.\dot{0}2\dot{9} = 0.029029029\cdots$

$= \underset{a}{0.029} + \underset{a}{0.029} \times \underset{r}{\frac{1}{10^3}} + \underset{a}{0.029} \times \underset{r^2}{\left(\frac{1}{10^3}\right)^2} + \cdots$

$= \dfrac{0.029}{1 - \dfrac{1}{10^3}} = \dfrac{29}{999}$ ← 分子・分母に 10^3 をかけた。

ココがポイント

⇦ 初項 $a = 0.029$，
公比 $r = \dfrac{1}{1000}$ の無限等比級数で，収束条件 $-1 < r < 1$ をみたすので，
$\dfrac{a}{1-r} = \dfrac{0.029}{1 - \dfrac{1}{10^3}}$

(ii) $0.\dot{4}7\dot{3} = 0.473473473\cdots$

$= \underset{a}{0.473} + \underset{a}{0.473} \times \underset{r}{\frac{1}{10^3}} + \underset{a}{0.473} \times \underset{r^2}{\left(\frac{1}{10^3}\right)^2} + \cdots$

$= \dfrac{0.473}{1 - \dfrac{1}{10^3}} = \dfrac{473}{999}$ ← 分子・分母に 10^3 をかけた。

⇦ 初項 $a = 0.473$，
公比 $r = \dfrac{1}{1000}$ の無限等比級数で，収束条件 $-1 < r < 1$ をみたすので，
$\dfrac{a}{1-r} = \dfrac{0.473}{1 - \dfrac{1}{10^3}}$

以上 (i)(ii) の結果を①に代入して，

$2.\dot{0}2\dot{9} - 1.\dot{4}7\dot{3} = 1 + \dfrac{29}{999} - \dfrac{473}{999}$

$= 1 - \dfrac{444}{999} = 1 - \dfrac{4}{9} = \dfrac{5}{9}$ ………(答)

⇦ $\dfrac{29 - 473}{999} = -\dfrac{444}{999}$
$= -\dfrac{4 \times 111}{9 \times 111} = -\dfrac{4}{9}$

部分分数分解型の無限級数

次の無限級数の和を求めよ。

$$\sum_{n=2}^{\infty} \frac{\log_2\left(1+\dfrac{1}{n}\right)}{\log_2 n \cdot \log_2(n+1)} \quad \left(\text{ただし，} \lim_{m\to\infty}\log_2(m+1)=\infty \text{である。}\right)$$

（明治大）

ヒント！ 与式の分子を $\log_2\dfrac{n+1}{n}=\log_2(n+1)-\log_2 n$ と変形すると，これは部分分数分解型の無限級数になるのがわかるはずだ。

解答＆解説

ココがポイント

$$分子=\log_2\left(1+\frac{1}{n}\right)=\log_2\left(\frac{n+1}{n}\right)$$

$$=\log_2(n+1)-\log_2 n$$

よって，第 2 項から第 m 項までの部分和 S_m は，

$$S_m = \sum_{n=2}^{m} \frac{\log_2(n+1)-\log_2 n}{\log_2 n \cdot \log_2(n+1)}$$

$$= \sum_{n=2}^{m}\left\{\overbrace{\left(\frac{1}{\log_2 n}\right)}^{I_n} - \overbrace{\left(\frac{1}{\log_2(n+1)}\right)}^{I_{n+1}}\right\}$$

⇦ 部分分数分解型の $\sum$ 計算のパターンだね。

$$=\left(\frac{1}{\log_2 2}-\frac{1}{\log_2 3}\right)+\left(\frac{1}{\log_2 3}-\frac{1}{\log_2 4}\right)$$

⇦ バサバサッと，途中の項が全部消せる！

$$+\left(\frac{1}{\log_2 4}-\frac{1}{\log_2 5}\right)+\cdots+\left\{\frac{1}{\log_2 m}-\frac{1}{\log_2(m+1)}\right\}$$

$$=\underset{1}{\frac{1}{\log_2 2}}-\frac{1}{\log_2(m+1)}=1-\frac{1}{\log_2(m+1)}$$

∴求める無限級数の和は，

⇦ 部分分数分解型では，
(ⅰ) まず，部分和 S_m を求める。
(ⅱ) $m\to\infty$ として，無限級数の和を求める。
この 2 つのステップで解くんだね。

$$与式=\lim_{m\to\infty}S_m$$

$$=\lim_{m\to\infty}\left\{1-\overbrace{\left(\frac{1}{\log_2(m+1)}\right)}^{0}\right\}=1 \quad \cdots\cdots\cdots（答）$$

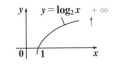

$\lim_{n \to \infty} a_n = 0$ と $\lim_{n \to \infty} S_n$ の問題

| 演習問題 25 | 難易度 ★★ | CHECK 1 | CHECK 2 | CHECK 3 |

$a_n = \dfrac{1}{\sqrt{n}}$ とおく。数列 $\{a_n\}$ の部分和 $S_n = \displaystyle\sum_{k=1}^{n} a_k$ $(n = 1, 2, \cdots)$ について，無限級数 $\lim_{n \to \infty} S_n$ が発散することを示せ。

レクチャー　無限級数と数列の極限について，次の命題が成り立つことを覚えておくといいよ。

$$\underset{\underset{S に収束}{\smile}}{\lim_{n \to \infty} S_n = S}\ ならば\ \lim_{n \to \infty} a_n = 0$$

これは，$n \to \infty$ のとき，S_n が発散せずにある値 S に収束するならば，a_n は必ず限りなく 0 に近づくと言っている。

しかし，この逆は成り立つとは限らない。つまり，$\lim_{n \to \infty} a_n = 0$ だけれども，$\lim_{n \to \infty} S_n$ がある極限値 S に収束しない場合もあるんだね。今回の問題が，この典型的な例で，$\lim_{n \to \infty} a_n = \lim_{n \to \infty} \dfrac{1}{\sqrt{n}} = 0$ だけれど，$\lim_{n \to \infty} S_n$ は無限大に発散する。この証明法をマスターしよう！

解答＆解説

数列の部分和 S_n は，

$$S_n = a_1 + a_2 + a_3 + \cdots\cdots + a_n$$

$$= \frac{1}{\sqrt{1}} + \frac{1}{\sqrt{2}} + \frac{1}{\sqrt{3}} + \cdots\cdots + \frac{1}{\sqrt{n}}$$

$$> \underbrace{\frac{1}{\sqrt{n}} + \frac{1}{\sqrt{n}} + \frac{1}{\sqrt{n}} + \cdots\cdots + \frac{1}{\sqrt{n}}}_{n\ 項の和}$$

$$= \boxed{n} \cdot \frac{1}{\sqrt{n}} = \sqrt{n}$$

よって，$S_n > \sqrt{n}$

ここで，$n \to \infty$ にすると，

$$\lim_{n \to \infty} S_n > \lim_{n \to \infty} \sqrt{n} = \infty$$

$\therefore \lim_{n \to \infty} S_n = \infty$ となって，発散する。 ……………(終)

ココがポイント

⇦命題:
　　"$\lim_{n \to \infty} a_n = 0$ ならば
　　　　$\lim_{n \to \infty} S_n = S$"
は成り立たない（偽である）んだよ。この命題の反例として，$a_n = \dfrac{1}{\sqrt{n}}$ を覚えておくといい。

⇦$\lim_{n \to \infty} S_n$ が，∞ より大きいということは，つまり，$\lim_{n \to \infty} S_n = \infty$ だ。

§3. 漸化式と極限は, 刑事コロンボ型までマスターしよう!

それでは, 数列の極限のメイン・テーマ "**漸化式と極限**" の解説に入ろう。この漸化式と極限は, 受験でも最頻出分野の **1** つなので, いろんな解法のパターンを詳しく教えるから, 君達も是非マスターしてくれ。ここがマスターできると, 数学が本当に面白くなってくるはずだ。

一般に, 漸化式の極限の問題は, 次の手順に従って解く。

$\begin{cases} (\,i\,) \text{ 漸化式を解いて, 一般項 } a_n \text{ を求める。} \\ (\,ii\,) \displaystyle\lim_{n \to \infty} a_n \text{ の極限を計算する。} \end{cases}$

ここではさらに, 一般項 a_n が求まらない場合の $\displaystyle\lim_{n \to \infty} a_n$ の問題 (通称 "刑事コロンボ型問題") についても, 詳しく説明するから, 楽しみにしてくれ。

● 階差数列型の漸化式からスタートだ!

漸化式とは, 第一義的には a_n と a_{n+1} との間の関係式のことで, これから一般項 a_n を求めることを, "**漸化式を解く**" というんだね。

まず, 一番簡単な (i) 等差数列, (ii) 等比数列の場合の漸化式と, その解である一般項 a_n を書いておくから, まず確認しておこう。

(1) 等差数列型

公差

漸化式 : $a_{n+1} = a_n + \boxed{d}$

のとき, $a_n = a_1 + (n-1)d$

(2) 等比数列型

公比

漸化式 : $a_{n+1} = \boxed{r}\,a_n$

のとき, $a_n = a_1 \cdot r^{n-1}$

これらは, 単純だから大丈夫だね。ただし, **(2)** の等比数列型の漸化式は, この後, 重要な役割を演じるので, シッカリ覚えておこう。

それでは次, 階差数列型漸化式とその解を書いておく。これも, 数学 **B** で既に学習している内容だけれど, 復習も兼ねてもう一度ここで書いておく。階差数列型漸化式の解法では, a_n は $n \geqq 2$ でしか定義できないので, $n = 1$ のときのチェックも忘れないようにしよう!

(3) 階差数列型

漸化式：$a_{n+1} - a_n = b_n$

のとき，$n \geq 2$ で，

$$a_n = a_1 + \sum_{k=1}^{n-1} b_k$$

> $n = 1$ のとき，$\quad a_2 - a_1 = b_1$
> $n = 2$ のとき，$\quad a_3 - a_2 = b_2$
> $n = 3$ のとき，$\quad a_4 - a_3 = b_3$
> $\cdots\cdots\cdots\cdots\cdots\cdots\cdots\cdots\cdots$
> $n = n-1$ のとき，$\underline{a_n - a_{n-1} = b_{n-1}}$ (+
> $\qquad\qquad a_n - a_1 = b_1 + b_2 + \cdots + b_{n-1}$
> $\therefore n \geq 2$ のとき，$a_n = a_1 + \sum_{k=1}^{n-1} b_k$ となる！

◆ 例題9 ◆

数列 $\{a_n\}$ が次のように定義されるとき，$\lim\limits_{n \to \infty} a_n$ を求めよ。

$$a_1 = 0, \quad a_{n+1} - a_n = \frac{1}{2^n} \ \cdots\cdots① \quad (n = 1, 2, 3, \cdots)$$

解答

$a_1 = 0, \quad a_{n+1} - a_n = \overset{b_n}{\boxed{\dfrac{1}{2^n}}}\quad$ これは，階差数列型の漸化式だから，

$n \geq 2$ で，

$$a_n = \overset{0}{\boxed{a_1}} + \sum_{k=1}^{n-1} \overset{b_k}{\boxed{\frac{1}{2^k}}}$$

$\dfrac{1}{2} + \dfrac{1}{2^2} + \dfrac{1}{2^3} + \cdots + \dfrac{1}{2^{n-1}}$ より，初項 $a = \dfrac{1}{2}$，公比 $r = \dfrac{1}{2}$，項数 $\boxed{n-1}$ 項の等比数列の和だ！

$$= 0 + \frac{\dfrac{1}{2}\left\{1 - \left(\dfrac{1}{2}\right)^{\boxed{n-1}}\right\}}{1 - \dfrac{1}{2}} \quad \left[= \frac{a(1 - r^{\boxed{n-1}})}{1 - r}\right]$$

> 階差数列型では $n \geq 2$ のときしか定義できないので，$n = 1$ のときのチェックを必ずする！

（ i ）一般項 a_n を求めた！

$$\therefore a_n = 1 - \left(\frac{1}{2}\right)^{n-1} \quad (\underline{\text{これは，} n = 1 \text{ のとき，} a_1 = 0 \text{ となってみたす。}})$$

よって，求める極限は，

$$\lim_{n \to \infty} a_n = \lim_{n \to \infty}\left\{1 - \overset{0}{\boxed{\left(\frac{1}{2}\right)^{n-1}}}\right\} = 1 \quad \longleftarrow （\text{ii}）\text{極限} \lim_{n \to \infty} a_n \text{を求めた！}$$

となって答えだ！　納得いった？

● $F(n+1)=r \cdot F(n)$ が, 漸化式をスッキリ解く鍵だ!

これから, さまざまな漸化式を解いていく上で, 一番大切な話をしよう。ボクはこれを, "**等比関数列型**" の漸化式と呼んでいるんだけれど, これは等比数列型の漸化式と対比すると, まったく同じ構造になっていることに気付くはずだ。

◆等比数列型◆

$a_{n+1}=r \cdot a_n$ のとき

$a_n = a_1 \cdot r^{n-1}$

◆等比関数列型◆

$F(n+1)=r \cdot F(n)$ のとき

$F(n)=F(1) \cdot r^{n-1}$

これは非常に重要だ!

この等比関数列型の漸化式とその解について, 例で示しておこう。特に, (例3) はわかりづらいかも知れないけれど, よく見て, "**等比関数列型**"の漸化式の解法パターンを, シッカリ頭にたたき込んでくれ。

(例1)

$n+1$ の式　　n の式

$a_{n+1}-2 = 3(a_n - 2)$

$[\ F(n+1) = 3 \cdot F(n)\ ]$

このとき,

n の式:一般項　1 の式:初項

$a_n - 2 = (a_1 - 2)3^{n-1}$

$[\ F(n) = F(1) \cdot 3^{n-1}\ ]$

(例2)

$n+1$ の式　　　　n の式

$a_{n+1}+b_{n+1} = 2(a_n + b_n)$

$[\ F(n+1) = 2 \cdot F(n)\ ]$

このとき,

n の式:一般項　1 の式:初項

$a_n + b_n = (a_1 + b_1)2^{n-1}$

$[\ F(n) = F(1) \cdot 2^{n-1}\ ]$

(例3)　$n+1$ の式

$(n+1)+1$ とみる!　n の式

$a_{n+2}-a_{n+1} = 5(a_{n+1} - a_n)$

$[\ F(n+1) = 5 \cdot F(n)\ ]$

このとき,

一般項　$1+1$　初項

$a_{n+1} - a_n = (a_2 - a_1)5^{n-1}$

$[\ F(n) = F(1) \cdot 5^{n-1}\ ]$

(例4)

$n+1$ の式　　　　n の式

$a_{n+1}+n+1 = 4(a_n + n)$

$[\ F(n+1) = 4 \cdot F(n)\ ]$

このとき,

一般項　　　初項

$a_n + n = (a_1 + 1)4^{n-1}$

$[\ F(n) = F(1) \cdot 4^{n-1}\ ]$

これだけ例を示したから，大体要領はつかめただろう？

これから，この等比関数列型の考え方を使って，問題を解いていこう！

● $a_{n+1} = pa_n + q$ 型は，特性方程式で解ける！

それじゃ，具体的な漸化式の解法の解説に入ろう。

2 項間の漸化式

• $a_{n+1} = \underline{p}a_n + q$ のとき，$(p, q：定数)$

特性方程式：$x = px + q$ の解 α を使って，

$\underline{a_{n+1} - \alpha} = \underline{p}(a_n - \alpha)$ の形にもち込んで解く！

$[\underline{F(n+1)} = \underline{p} \cdot \underline{F(n)}]$

この例題を次に示す。特性方程式を利用することが，コツだ。

◆例題 10 ◆

数列 $\{a_n\}$ が次の漸化式で定められるとき，一般項 a_n と極限 $\lim_{n\to\infty} a_n$ を求めよ。

$a_1 = 1$，$a_{n+1} = \dfrac{1}{2}a_n + 1$ ……① $(n = 1, 2, 3, \cdots)$

解答

$a_1 = 1$，$a_{n+1} = \dfrac{1}{2}a_n + 1$ ……① $(n = 1, 2, 3, \cdots)$

> ①の a_n と a_{n+1} の位置に x を代入したものが**特性方程式**だ！

特性方程式：$x = \dfrac{1}{2}x + 1$ ∴ $x = \boxed{2}$

よって，①を変形して，

$\underline{a_{n+1} - \boxed{2}} = \dfrac{1}{2}(a_n - \boxed{2})$ $\left[\underline{F(n+1) = \dfrac{1}{2} \cdot F(n)} \right]$

$\begin{cases} a_{n+1} = \dfrac{1}{2}a_n + 1 & \cdots① \\ x = \dfrac{1}{2}x + 1 & \cdots② \end{cases}$

（特性方程式）

①－②より，なるほど

$a_{n+1} - x = \dfrac{1}{2}(a_n - x)$

$\left[F(n+1) = \dfrac{1}{2} \cdot F(n) \right]$

の形が出てくる！

この形が来たら，後は $F(n) = F(1) \cdot \left(\dfrac{1}{2} \right)^{n-1}$ に一気にもち込める！

これから，$a_n - 2 = (\underset{1}{(a_1)} - 2)\left(\dfrac{1}{2}\right)^{n-1}$ $\left[F(n) = F(1)\left(\dfrac{1}{2}\right)^{n-1}\right]$ だね。

$\therefore$ 一般項 $a_n = 2 - \left(\dfrac{1}{2}\right)^{n-1}$ 　　よって，求める数列の極限は，

$\displaystyle\lim_{n\to\infty} a_n = \lim_{n\to\infty}\left\{2 - \overset{0}{\left(\left(\dfrac{1}{2}\right)^{n-1}\right)}\right\} = 2$ 　となって，答えだね。

● 3項間の漸化式も，特性方程式が鍵だ！

3項間の漸化式：$a_{n+2} + p a_{n+1} + q a_n = 0$ から一般項 a_n を求める解法のパターンは次の通りだ。シッカリ頭に入れよう！

3項間の漸化式

- $a_{n+2} + p a_{n+1} + q a_n = 0$ のとき，$(p, q : 定数)$

  特性方程式：$x^2 + px + q = 0$ の解 α，β を用いて，

  $\begin{cases} a_{n+2} - \alpha a_{n+1} = \beta(a_{n+1} - \alpha a_n) & \cdots\cdots ⑦ \quad [F(n+1) = \beta F(n)] \\ a_{n+2} - \beta a_{n+1} = \alpha(a_{n+1} - \beta a_n) & \cdots\cdots ① \quad [G(n+1) = \alpha G(n)] \end{cases}$

  の形にもち込んで解く！

これについても，例題を1つ解いておこう。数列 $\{a_n\}$ が，

$\begin{cases} a_1 = 0, \ a_2 = 1, \\ 2a_{n+2} - 3a_{n+1} + a_n = 0 \ \cdots\cdots ① \end{cases}$

で定義されるとき，一般項 a_n を求めて，極限 $\displaystyle\lim_{n\to\infty} a_n$ を計算してみよう。

①の3項間の漸化式の a_{n+2}，a_{n+1}，a_n にそれぞれ x^2，x，1 を代入して，**特性方程式**を作るところから始めるんだね。

⑦と①をまとめると，同じ次の式になる。

$$\underset{x^2}{a_{n+2}} - \underset{x}{(\alpha+\beta)a_{n+1}} + \underset{1}{\alpha\beta a_n} = 0$$

これが，すなわち3項間の漸化式なんだね。そして，この a_{n+2}, a_{n+1}, a_n に x^2, x, 1 をそれぞれ代入したものが今回の**特性方程式**：

$x^2 - (\alpha+\beta)x + \alpha\beta = 0$ なんだ。これは，$(x-\alpha)(x-\beta) = 0$ となって，⑦，①を作るのに必要な係数 α, β を解にもつ方程式になる。

特性方程式：$2x^2 - 3x + 1 = 0, \quad (2x-1)(x-1) = 0$

$\therefore x = \underset{\sim}{\dfrac{1}{2}}, \ \underline{\underline{1}}$　　これを用いて，①は次のように変形できる。

$$\begin{cases} a_{n+2} - \underset{\sim}{\dfrac{1}{2}} a_{n+1} = \underline{\underline{1}} \cdot \left(a_{n+1} - \underset{\sim}{\dfrac{1}{2}} a_n \right) & [F(n+1) = 1 \cdot F(n)] \\[3mm] a_{n+2} - \underline{\underline{1}} \cdot a_{n+1} = \dfrac{1}{2} \cdot (a_{n+1} - \underline{\underline{1}} \cdot a_n) & \left[G(n+1) = \dfrac{1}{2} \cdot G(n) \right] \end{cases}$$

よって，等比関数列型の漸化式が出てきたから，後は一気に走れる！

$$\begin{cases} a_{n+1} - \dfrac{1}{2} a_n = \left(\overset{1}{(a_2)} - \dfrac{1}{2} \overset{0}{(a_1)} \right) \cdot 1^{n-1} & [F(n) = F(1) \cdot 1^{n-1}] \\[3mm] a_{n+1} - a_n = (\overset{1}{(a_2)} - \overset{0}{(a_1)}) \cdot \left(\dfrac{1}{2} \right)^{n-1} & \left[G(n) = G(1) \cdot \left(\dfrac{1}{2} \right)^{n-1} \right] \end{cases}$$

これから，この 2 つの式は次のようになる。

$$\begin{cases} a_{n+1} - \dfrac{1}{2} a_n = 1 & \cdots\cdots\text{②} \\[3mm] a_{n+1} - a_n = \left(\dfrac{1}{2} \right)^{n-1} & \cdots\cdots\text{③} \end{cases}$$

②－③より，a_{n+1} を消去するよ。

$$\dfrac{1}{2} a_n = 1 - \left(\dfrac{1}{2} \right)^{n-1}$$

よって，求める一般項 a_n は，

$$a_n = 2 \left(1 - \dfrac{1}{2^{n-1}} \right) = 2 - \dfrac{1}{2^{n-2}} \quad (n = 1, \, 2, \, 3, \, \cdots)$$

以上より，一般項が求まったので，最後に数列の極限を求めよう！

$$\lim_{n \to \infty} a_n = \lim_{n \to \infty} \left(2 - \overset{0}{\boxed{\dfrac{1}{2^{n-2}}}} \right) = 2 \quad \text{となって答えだね。大丈夫？}$$

　3 項間の漸化式にも自信がついた？　それでは次，対称形の連立の漸化式にもチャレンジしてみよう。

● 対称形の連立漸化式はアッサリ解ける!

それでは次，**連立の漸化式：対称形**の解説に入るよ。これは，次のパターンでアッサリ解ける。

連立の漸化式：対称形

$$\begin{cases} a_{n+1} = \boxed{p}\,a_n + \boxed{q}\,b_n & \cdots\cdots ⑦ \\ b_{n+1} = \boxed{q}\,a_n + \boxed{p}\,b_n & \cdots\cdots ④ \end{cases} \quad \text{のとき,}$$

> このように対角線上に同じ値の係数がある場合，"対称形"というんだ。

⑦ + ④ より， $\underline{a_{n+1} + b_{n+1} = (p+q)(a_n + b_n)}$

$$\left[\ \underline{F(n+1)} = (p+q)\cdot \underline{F(n)}\ \right]$$

⑦ − ④ より， $\underline{a_{n+1} - b_{n+1} = (p-q)(a_n - b_n)}$

$$\left[\ \underline{G(n+1)} = (p-q)\cdot \underline{G(n)}\ \right]$$

として，解いていけばいい。

連立の漸化式でも，対称形の場合，すなわち⑦の a_n と④の b_n の係数が p で等しく，また⑦の b_n と④の a_n の係数が q で等しい場合，⑦ + ④ と ⑦ − ④ を実行すれば，すぐに $F(n+1) = r \cdot F(n)$ の形の式が2つ出てくるから，後は等比関数列型のパターン通り解いていけばいいんだね。それでは，これについても例題で練習しておこう！ 具体的に練習することによって，この解法パターンも本当にマスターできるようになるんだからね。頑張ろう！

2つの数列 $\{a_n\}$ と $\{b_n\}$ が，次の式で定義される。

$a_1 = 2, \quad b_1 = 1$

$$\begin{cases} a_{n+1} = \boxed{\dfrac{2}{3}}\,a_n - \boxed{\dfrac{1}{3}}\,b_n & \cdots\cdots ① \\ b_{n+1} = \boxed{-\dfrac{1}{3}}\,a_n + \boxed{\dfrac{2}{3}}\,b_n & \cdots\cdots ② \end{cases}$$

> これが，対称形の連立漸化式だ！

このとき，一般項 a_n，b_n と，$\displaystyle\lim_{n\to\infty} a_n$，$\displaystyle\lim_{n\to\infty} b_n$ を求めてみよう。

90

①，②は対称形の連立漸化式だから，この **2** 式をバサッとたす，バサッと引く，の **2** つの操作で，等比関数列型の漸化式にもち込める。

① + ② より， $\underline{a_{n+1} + b_{n+1}} = \dfrac{1}{3} \cdot \underline{(a_n + b_n)}$ $\left[F(n+1) = \dfrac{1}{3} \cdot F(n) \right]$

① − ② より， $\underline{a_{n+1} - b_{n+1}} = 1 \cdot (a_n - b_n)$ $\left[G(n+1) = 1 \cdot G(n) \right]$

よって，**2** つの等比関数列型漸化式が出てきたから，後は一直線だね。

$$\begin{cases} a_n + b_n = (\overset{2}{\underline{a_1}} + \overset{1}{\underline{b_1}}) \cdot \left(\dfrac{1}{3}\right)^{n-1} = \dfrac{1}{3^{n-2}} \cdots \text{③} & \left[F(n) = \underline{F(1)} \cdot \left(\dfrac{1}{3}\right)^{n-1} \right] \\ a_n - b_n = (\overset{2}{\underline{a_1}} - \overset{1}{\underline{b_1}}) \cdot 1^{n-1} = 1 \cdots\cdots\cdots \text{④} & \left[G(n) = \underline{G(1)} \cdot 1^{n-1} \right] \end{cases}$$

以上③，④より，一般項 a_n と b_n が意外とアッサリ求まるんだね。

$\dfrac{\text{③} + \text{④}}{2}$ より， $a_n = \dfrac{1}{2}\left(\dfrac{1}{3^{n-2}} + 1\right)$

$\dfrac{\text{③} - \text{④}}{2}$ より， $b_n = \dfrac{1}{2}\left(\dfrac{1}{3^{n-2}} - 1\right)$ どう？ 簡単でしょ。

それでは最後に，数列の極限を求めておく。

$$\lim_{n \to \infty} a_n = \lim_{n \to \infty} \dfrac{1}{2}\left(\overset{0}{\dfrac{1}{3^{n-2}}} + 1\right) = \dfrac{1}{2}$$

$$\lim_{n \to \infty} b_n = \lim_{n \to \infty} \dfrac{1}{2}\left(\overset{0}{\dfrac{1}{3^{n-2}}} - 1\right) = -\dfrac{1}{2} \qquad \text{納得いった？}$$

後は，演習問題で，さらに本格的な実践力を身につけていけばいいんだよ。そして，まだ解説していないけれど，"刑コロ"問題についても，演習問題でジックリ教えるつもりだ。

> 刑事コロンボのことだ。

この"刑コロ"問題とは，"一般項 a_n は求まらないけれど，極限値 $\lim\limits_{n \to \infty} a_n$ を求める問題"のことなんだ。レベルは高いけれど，受験では頻出テーマの **1** つだから，是非ここでマスターしておこう！

階差数列型漸化式と極限

演習問題 26	難易度 ★★★	CHECK 1	CHECK 2	CHECK 3

多角形 A_n ($n = 1, 2, 3, \cdots$)
を次のように作る。

(ア) A_1 は 1 辺の長さ 1 の
正三角形である。

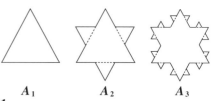

A_1 A_2 A_3

(イ) $n \geqq 2$ のとき，1 辺の長さ $\dfrac{1}{3^{n-1}}$ の正三角形を A_{n-1} の各辺の中央部

にくっつけたものを A_n とする。

A_n の面積を S_n とするとき，$\displaystyle\lim_{n \to \infty} S_n$ を求めよ。 （工学院大）

ヒント！ $S_2 - S_1 = b_1$，$S_3 - S_2 = b_2$，$\cdots$ と順に面積の差を求めて，階差数列型
の漸化式 $S_{n+1} - S_n = b_n$ を導き，これを解いて，S_n を求めた後，極限 $\displaystyle\lim_{n \to \infty} S_n$ の値
を求めればいいんだね。頑張ろう！

解答 & 解説

1 辺の長さが a の正三角形の面積 $\dfrac{\sqrt{3}}{4}a^2$ より，

(i) 1 辺の長さ 1 の正三角形 A_1 の面積 S_1 は，

$$S_1 = \frac{\sqrt{3}}{4} \cdot 1^2 = \frac{\sqrt{3}}{4}$$

(ii) A_2 は，A_1 に 1 辺の長さ $\dfrac{1}{3}$ の 3 個の正三角形
を加えたものなので，その面積 S_2 は，

$$S_2 = S_1 + 3 \cdot \frac{\sqrt{3}}{4} \cdot \left(\frac{1}{3}\right)^2$$

(iii) A_3 は，A_2 に 1 辺の長さ $\dfrac{1}{9}$ の 12 個の正三角形
を加えたものなので，その面積 S_3 は，

$$S_3 = S_2 + 12 \cdot \frac{\sqrt{3}}{4} \cdot \left(\frac{1}{9}\right)^2$$

ココがポイント

⇦ 1 辺の長さ a の正三角形
の面積は，

$$\frac{1}{2} \cdot a \cdot \frac{\sqrt{3}}{2}a = \frac{\sqrt{3}}{4}a^2$$

⇦ $S_2 = S_1 + 3 \times$

⇦ $S_3 = S_2 + 12 \times$ $\dfrac{1}{9}$

(iv) A_4 は，A_3 に 1 辺の長さ $\dfrac{1}{27}$ の 48 個の正三角形

を加えたものなので，その面積 S_4 は，

$$S_4 = S_3 + 48 \cdot \dfrac{\sqrt{3}}{4} \cdot \left(\dfrac{1}{27}\right)^2$$

⇦ 加える正三角形の個数は 4 倍ずつ増えていく。

⇦ $S_4 = S_3 + 48 \times \dfrac{\dfrac{1}{27}}{\dfrac{1}{27}}$

以上 (ii)(iii)(iv) をまとめると，

$$\begin{cases} S_2 - S_1 = 3 \cdot 4^0 \cdot \dfrac{\sqrt{3}}{4} \cdot \left(\dfrac{1}{3^1}\right)^2 \\[2mm] S_3 - S_2 = 3 \cdot 4^1 \cdot \dfrac{\sqrt{3}}{4} \cdot \left(\dfrac{1}{3^2}\right)^2 \\[2mm] S_4 - S_3 = 3 \cdot 4^2 \cdot \dfrac{\sqrt{3}}{4} \cdot \left(\dfrac{1}{3^3}\right)^2 \end{cases}$$

$$S_{n+1} - S_n = 3 \cdot 4^{n-1} \cdot \dfrac{\sqrt{3}}{4} \cdot \left(\dfrac{1}{3^n}\right)^2 \cdots ① \ (n = 1, 2, \cdots)$$

が導ける。①の右辺をまとめると，①は，

$$S_{n+1} - S_n = \underbrace{\dfrac{\sqrt{3}}{12} \cdot \left(\dfrac{4}{9}\right)^{n-1}}_{b_n} \cdots\cdots ①\prime$$

⇦ ①の右辺をまとめると，

$$\dfrac{3\sqrt{3}}{4} \cdot 4^{n-1} \cdot \left(\dfrac{1}{9}\right)^n$$

$$= \dfrac{3\sqrt{3}}{4} \cdot \dfrac{1}{9} \cdot \left(\dfrac{4}{9}\right)^{n-1}$$

$$= \dfrac{\sqrt{3}}{12} \cdot \left(\dfrac{4}{9}\right)^{n-1}$$

階差型の漸化式
$S_{n+1} - S_n = b_n$
$n \geqq 2$ で，
$S_n = S_1 + \sum\limits_{k=1}^{n-1} b_k$

初項 $b_1 = \dfrac{\sqrt{3}}{12}$ ，公比 $r = \dfrac{4}{9}$ の 等比数列

①′より，$n \geqq 2$ のとき，

$$S_n = \underbrace{S_1}_{\frac{\sqrt{3}}{4}} + \sum_{k=1}^{n-1} \dfrac{\sqrt{3}}{12} \cdot \left(\dfrac{4}{9}\right)^{k-1} = \dfrac{\sqrt{3}}{4} + \dfrac{\dfrac{\sqrt{3}}{12} \cdot \left\{1 - \left(\dfrac{4}{9}\right)^{n-1}\right\}}{1 - \dfrac{4}{9}}$$

$$= \dfrac{2\sqrt{3}}{5} - \dfrac{3\sqrt{3}}{20}\left(\dfrac{4}{9}\right)^{n-1} \quad \left(\begin{array}{l}\text{これは，} n = 1 \text{ のときも}\\ \text{みたす。}\end{array}\right)$$

⇦ $\dfrac{\sqrt{3}}{4} + \dfrac{3\sqrt{3}\left\{1 - \left(\dfrac{4}{9}\right)^{n-1}\right\}}{36 - 16}$

$$= \dfrac{\sqrt{3}}{4} + \dfrac{3\sqrt{3}}{20}\left\{1 - \left(\dfrac{4}{9}\right)^{n-1}\right\}$$

$$= \dfrac{5\sqrt{3} + 3\sqrt{3}}{20} - \dfrac{3\sqrt{3}}{20}\left(\dfrac{4}{9}\right)^{n-1}$$

$$= \dfrac{2\sqrt{3}}{5} - \dfrac{3\sqrt{3}}{20}\left(\dfrac{4}{9}\right)^{n-1}$$

∴求める極限 $\lim\limits_{n \to \infty} S_n$ は，次のようになる。

$$\lim_{n \to \infty} S_n = \lim_{n \to \infty} \left\{\dfrac{2\sqrt{3}}{5} - \dfrac{3\sqrt{3}}{20}\overset{0}{\left(\dfrac{4}{9}\right)^{n-1}}\right\} = \dfrac{2\sqrt{3}}{5} \quad \cdots(\text{答})$$

逆数をとるタイプの漸化式と極限

$a_1 = 2$, $a_{n+1} = \dfrac{3a_n}{1 - 5a_n}$ ……① $(a_n \neq 0,\ n = 1, 2, 3, \cdots)$ によって定まる

数列 $\{a_n\}$ の一般項 a_n と，$\displaystyle\lim_{n \to \infty} a_n$ を求めよ。　　　　（立教大 ＊）

ヒント！　①の漸化式の両辺の逆数をとって，$b_n = \dfrac{1}{a_n}$ とおくといいんだね。

解答＆解説

$a_n \neq 0$ より，①の両辺の逆数をとると，

$$\underset{b_{n+1}}{\boxed{\dfrac{1}{a_{n+1}}}} = \dfrac{1 - 5a_n}{3a_n} = \dfrac{1}{3} \cdot \underset{b_n}{\boxed{\dfrac{1}{a_n}}} - \dfrac{5}{3}$$

ここで，$b_n = \dfrac{1}{a_n}$ とおくと，$b_1 = \dfrac{1}{a_1} = \dfrac{1}{2}$

よって，$b_1 = \dfrac{1}{2}$，$b_{n+1} = \dfrac{1}{3} b_n - \dfrac{5}{3}$ ……②

$(n = 1, 2, \cdots)$

②の特性方程式 $x = \dfrac{1}{3} x - \dfrac{5}{3}$ を解いて，

$$\dfrac{2}{3} x = -\dfrac{5}{3} \qquad \therefore x = -\dfrac{5}{2}$$

よって，②を変形して，

$$b_{n+1} + \dfrac{5}{2} = \dfrac{1}{3}\left(b_n + \dfrac{5}{2}\right) \quad \left[F(n+1) = \dfrac{1}{3} F(n)\right]$$

$$b_n + \dfrac{5}{2} = \left(\underset{\frac{1}{2}}{\boxed{b_1}} + \dfrac{5}{2}\right)\left(\dfrac{1}{3}\right)^{n-1} \quad \left[F(n) = F(1) \cdot \left(\dfrac{1}{3}\right)^{n-1}\right]$$

$b_n = \left(\dfrac{1}{3}\right)^{n-2} - \dfrac{5}{2}$ より，$a_n = \dfrac{1}{\left(\dfrac{1}{3}\right)^{n-2} - \dfrac{5}{2}}$ …（答）

$$\therefore \lim_{n \to \infty} a_n = \lim_{n \to \infty} \dfrac{1}{\underset{0}{\boxed{\left(\dfrac{1}{3}\right)^{n-2}}} - \dfrac{5}{2}} = -\dfrac{2}{5} \ \cdots\cdots\cdots\cdots（答）$$

ココがポイント

⇦ $b_{n+1} = pb_n + q$ のとき，特性方程式 $x = px + q$ の解 α を使って，
$b_{n+1} - \alpha = p(b_n - \alpha)$
$[F(n+1) = p\ F(n)]$
の形にもち込めばいい。

⇦ $b_n = \dfrac{1}{a_n}$ より，
$a_n = \dfrac{1}{b_n}$ だね。

$S_n = f(n)$ で定まる数列と無限級数

演習問題 28	難易度 ★★★	CHECK 1	CHECK2	CHECK3

数列 $\{a_n\}$ が，$a_1 = 1$，$n^2 a_n = \sum_{k=1}^{n} a_k$ $(n = 1, 2, 3, \cdots)$ で定められるとき，一般項 a_n と $\sum_{k=1}^{\infty} a_k$ を求めよ。

レクチャー

一般に数列の和 $S_n = a_1 + a_2 + \cdots + a_n$ が，$S_n = f(n)$ [何か n の式] で与えられたとき，次のパターンで解く。

(ⅰ) $a_1 = S_1$

(ⅱ) $n \geqq 2$ のとき，$a_n = S_n - S_{n-1}$

(ⅱ) は，次のように導かれる。

$$\begin{cases} S_n = \cancel{a_1} + \cancel{a_2} + \cdots + \cancel{a_{n-1}} + a_n \cdots ⑦ \\ S_{n-1} = \cancel{a_1} + \cancel{a_2} + \cdots + \cancel{a_{n-1}} \cdots\cdots ④ \end{cases}$$

⑦ － ④　　$S_n - S_{n-1} = a_n$

$\therefore a_n = S_n - S_{n-1}$ $(n \geqq 2)$

よって，(ⅰ) $n = 1$ のときは $a_1 = S_1$ として別に計算しないといけないんだ。

解答＆解説

$\sum_{k=1}^{n} a_k = S_n$ $(n = 1, 2, \cdots)$ とおくと，与式は，

$a_1 = 1$，$n^2 a_n = S_n$ ……① $(n = 1, 2, 3, \cdots)$

①の n の代わりに，$n+1$ を代入すると，

$(n+1)^2 a_{n+1} = S_{n+1}$ ……②

②－①より，

$(n+1)^2 a_{n+1} - n^2 a_n = \boxed{S_{n+1} - S_n}^{a_{n+1}}$ $(n = 1, 2, \cdots)$

$(n^2 + 2n + \cancel{1})a_{n+1} - n^2 a_n = \cancel{a_{n+1}}$

$n(n+2)a_{n+1} = n^2 a_n$ ……③

$n \geqq 1$ より，③の両辺を n で割って，

$(n+2)a_{n+1} = n \cdot a_n$ ◀──

> これはまだ $F(n+1) = r \cdot F(n)$ の形ではないね。しかし，この両辺に $(n+1)$ をかけると，うまくいく！

この両辺に $(n+1)$ をかけて，

$\underbrace{(n+2)}_{n+1+1}(n+1)a_{n+1} = 1 \cdot (n+1)n a_n$

$[\quad F(n+1) \quad = 1 \cdot \quad F(n) \quad]$

> 公比 1 はかかなくてもいいけれど，あった方がわかりやすいだろう。

ココがポイント

⇦ 今回は，$a_n = S_n - S_{n-1}$ $(n \geqq 2)$ とするのではなく $a_{n+1} = S_{n+1} - S_n$ $(n \geqq 1)$ にもち込む。

$\begin{cases} S_{n+1} = a_1 + a_2 + \cdots + a_n + a_{n+1} \\ S_n = a_1 + a_2 + \cdots + a_n \end{cases}$

上から下を引くと，

$S_{n+1} - S_n = a_{n+1}$ となって，これでもいいんだね。また，S_n と S_{n+1} しか使っていないので，$n \geqq 1$ で定義できる式なんだ。

講義

数列の極限

3

よって，

$$\underline{(n+1)n \cdot a_n} = \overset{(1+1)}{\underset{\shortparallel}{\boxed{2}}} \cdot 1 \cdot \overset{\frac{1}{\shortparallel}}{\boxed{a_1}} \cdot 1^{n-1}$$

$$[\quad \underline{\underline{F(n)}} \quad = \quad \underline{\underline{F(1)}} \quad \cdot 1^{n-1} \quad]$$

$$(n+1)na_n = 2$$

$$\therefore a_n = \frac{2}{n(n+1)} \quad \dots\dots\dots\dots\dots\dots\dots(\text{答})$$

ここで，a_k は部分分数に分解できるので，

$$a_k = \frac{2}{k(k+1)} = 2\left(\overset{I_k}{\underset{\shortparallel}{\boxed{\frac{1}{k}}}} - \overset{I_{k+1}}{\underset{\shortparallel}{\boxed{\frac{1}{k+1}}}}\right)$$

よって，部分和 S_m は，

$$S_m = \sum_{k=1}^{m} a_k = 2\sum_{k=1}^{m}\left(\frac{1}{k} - \frac{1}{k+1}\right)$$

$$= 2\left\{\left(\underline{\underline{\frac{1}{1}}} - \frac{1}{\cancel{2}}\right) + \left(\frac{1}{\cancel{2}} - \frac{1}{\cancel{3}}\right) + \left(\frac{1}{\cancel{3}} - \frac{1}{\cancel{4}}\right) + \cdots\right.$$

$$\left.\cdots + \left(\frac{1}{\cancel{m}} - \frac{1}{\underline{m+1}}\right)\right\}$$

$$= 2\left(1 - \frac{1}{\underline{m+1}}\right)$$

以上より，求める無限級数の和は，

$$\sum_{k=1}^{\infty} a_k = \lim_{m \to \infty}\sum_{k=1}^{m} a_k = \lim_{m \to \infty} S_m$$

$$= \lim_{m \to \infty} 2\left(1 - \boxed{\frac{1}{m+1}}\right) = 2 \quad \dots\dots\dots\dots(\text{答})$$

（→ 0）

右側注釈：

⇦ $F(n) = (n+1) \cdot n \cdot a_n$ とおくと，
$F(n+1)$
$= (n+1+1)(n+1)a_{n+1}$
$= (n+2)(n+1)a_{n+1}$
$F(1) = (1+1) \cdot 1 \cdot a_1$
$= 2 \cdot 1 \cdot a_1$
だね。

⇦ 部分分数分解型の Σ 計算だから，途中がバサバサバサッと消えていく。

⇦ 部分分数分解型の無限級数では，
(i) 部分和 S_m を求める。
(ii) $\displaystyle\lim_{m \to \infty} S_m$ を求める。
の 2 つの手順に従って解くんだね。

$a_n = \dfrac{2}{n(n+1)}$ を $\displaystyle\sum_{k=1}^{n} a_k = n^2 a_n \cdots \text{①}$ に代入して，$\displaystyle\sum_{k=1}^{n} a_k = \dfrac{2n^2}{n(n+1)} = \dfrac{2n}{n+1}$

ここで，$n \to \infty$ として，$\displaystyle\sum_{k=1}^{n} a_k = \lim_{n \to \infty}\frac{2n}{n+1} = \lim_{n \to \infty}\frac{2}{1+\boxed{\frac{1}{n}}} = 2$ と求めてもいい。

（→ 0）

　どうだった？　難しかったけれど，面白かったでしょう。特に
$(n+2)a_{n+1} = n \cdot a_n$ の両辺に $(n+1)$ をかけることによって，見慣れた
$F(n+1) = r \cdot F(n)$ の形にもち込むところが重要なポイントだったんだ。
こういうアイデアが自然と浮かぶようになるまで，反復練習するといい。

刑コロ問題の基本パターン

演習問題 29	難易度 ★★	CHECK 1	CHECK 2	CHECK 3

数列 $\{a_n\}$ が，$a_1 = 4$，$|a_{n+1} - 5| \leqq \dfrac{1}{2}|a_n - 5|$ を満たすとき，$\displaystyle\lim_{n \to \infty} a_n$ を求めよ。

(杏林大 ＊)

レクチャー これまでは，まず一般項 a_n を求めて，極限を求めたけれど，ここでは，一般項 a_n が求まらない場合の $\displaystyle\lim_{n \to \infty} a_n$ を求める問題について話す。これは，次の手順で解く。

> 刑コロ問題はこの形からスタートする。

$$|a_{n+1} - \alpha| \leqq r|a_n - \alpha| \quad (0 < r < 1)$$
$$[\; F(n+1) \leqq r \cdot F(n) \;]$$
$$0 \leqq |a_n - \alpha| \leqq |a_1 - \alpha| r^{n-1}$$
$$[\; F(n) \quad \leqq F(1) \cdot r^{n-1} \;]$$

よって，$n \to \infty$ にすると，

$$0 \leqq \lim_{n \to \infty}|a_n - \alpha| \leqq \lim_{n \to \infty}|a_1 - \alpha|\overbrace{(r^{n-1})}^{0} = 0$$

(0 以上，0 以下のハサミ打ち!)

$$\therefore \lim_{n \to \infty}|\overset{\alpha}{\underset{\shortparallel}{(a_n)}} - \alpha| = 0 \text{ より，} \lim_{n \to \infty}a_n = \alpha$$

この解法は完璧なんだけれど，これを変に思う人もいるはずだ。それは，最終的な極限値 α が，最初の式 $|a_{n+1} - \alpha| \leqq r|a_n - \alpha|$ の時点で既にわかっていないといけないからだね。ボクはこれを

> 刑事コロンボの略

刑コロ問題と呼んでいる。刑事コロンボは，古畑任三郎と同様アメリカの刑事ドラマで，初めに犯人が犯行を犯すシーンから始まるんだ。つまり，この種の問題も最初から犯人(極限値)の α がわかっていないといけない変わった問題だから，"刑コロ問題" と呼ぶことにしたんだ。納得いった？

解答＆解説

> 刑コロ問題の解法のパターンだ。まず覚えてくれ!

$$|a_{n+1} - 5| \leqq \dfrac{1}{2}|a_n - 5| \overset{\displaystyle F(n+1) \leqq \frac{1}{2}F(n)}{}$$

よって，次式のようになる。 $F(n) \leqq F(1) \cdot \left(\dfrac{1}{2}\right)^{n-1}$

$$0 \leqq |a_n - 5| \leqq |\overset{4}{\underset{\shortparallel}{(a_1)}} - 5|\left(\dfrac{1}{2}\right)^{n-1} = \left(\dfrac{1}{2}\right)^{n-1}$$

$n \to \infty$ にすると， ハサミ打ちだ!

$$0 \leqq \lim_{n \to \infty}|a_n - 5| \leqq \lim_{n \to \infty}\left(\dfrac{1}{2}\right)^{n-1} = 0$$

$$\therefore \lim_{n \to \infty}|\overset{5}{\underset{\shortparallel}{(a_n)}} - 5| = 0 \text{ より，} \lim_{n \to \infty}a_n = 5 \quad\cdots\cdots(答)$$

ココがポイント

⇦ $F(n+1) \leqq \dfrac{1}{2} \cdot F(n)$ のとき

$$F(n) \leqq F(1) \cdot \left(\dfrac{1}{2}\right)^{n-1}$$

となる。

⇦ 絶対値がついているので，当然 $0 \leqq |a_n - 5|$ もいいね。

⇦ $\displaystyle\lim_{n \to \infty}|a_n - 5|$ は 0 と 0 とのハサミ打ちで 0 となる。

⇦ $\displaystyle\lim_{n \to \infty}|a_n - 5| = 0$ ならば，a_n は 5 に限りなく近づく。

演習問題 30　　難易度 ★★★　　CHECK 1　　CHECK 2　　CHECK 3

数列 $\{a_n\}$ が, $a_1 = 4$, $a_{n+1} = \sqrt{2a_n + 3}$ ……① $(n = 1, 2, \cdots)$ で定義される。
このとき, $\lim\limits_{n \to \infty} a_n$ を求めよ。　　　　　　　　　　　　　　　　（名古屋大＊）

レクチャー　　前問は, 刑コロ問題の解法のパターンを練習するための例題だったんだよ。そして, 今回の問題が本格的な刑コロ問題だ！　まず, 与えられた漸化式を見てくれ。とても一般項が求まる形ではないね。でも極限値 $\lim\limits_{n \to \infty} a_n$ は求まるんだ。そのためには, 犯人（極限値）α の値をまず推定して,

$$|a_{n+1} - \alpha| \leqq r|a_n - \alpha| \quad (0 < r < 1)$$

の形にもち込むんだったね。
ここではまず, この α の値の推定法について解説しよう。

　　まず, $\lim\limits_{n \to \infty} a_n = \alpha$ と仮定する。
すると, $\lim\limits_{n \to \infty} a_n = \lim\limits_{n \to \infty} a_{n+1} = \alpha$ となる。

また, $n \to \infty$ のときでも①の漸化式は成り立つから, 結局, ①の a_{n+1} と a_n に α を代入できて,

$\alpha = \sqrt{2\alpha + 3}$ だね。この両辺を2乗して
$\alpha^2 = 2\alpha + 3$, $\alpha^2 - 2\alpha - 3 = 0$
$(\alpha - 3)(\alpha + 1) = 0$　┌これは2乗に
$\therefore \alpha = 3 \quad (\alpha \neq \underline{-1})$　└よる無縁解

よって, $\lim\limits_{n \to \infty} a_n = 3$ と推定できる。エッ, 答えがもう出たって？　オイオイ, これは, $\lim\limits_{n \to \infty} a_n = \alpha$ と仮定して出てきた結果だから, まだ答えじゃないよ。極限が3となることを "刑コロ" の解法の手順に従って, キチンと示さないといけないんだ。

解答＆解説

$a_1 = 4$, $a_{n+1} = \sqrt{2a_n + 3}$ ……① $(n = 1, 2, \cdots)$

①の両辺から3を引いて,

$$\underline{a_{n+1} - 3} = \sqrt{2a_n + 3} - 3 \qquad \overset{2a_n + 3 - 9 = 2a_n - 6}{\parallel}$$

$$= \frac{(\sqrt{2a_n + 3} - 3)(\sqrt{2a_n + 3} + 3)}{\sqrt{2a_n + 3} + 3}$$

┌分子・分母
│に $\sqrt{} + 3$ を
└かけた！

$$= \frac{2(a_n - 3)}{\sqrt{2a_n + 3} + 3}$$

これが, r を作る材料

$$\therefore a_{n+1} - 3 = \boxed{\frac{2}{\sqrt{2a_n + 3} + 3}}(a_n - 3)$$

右辺の形も出てきた！

この両辺の絶対値をとって,

ココがポイント

◁ 極限値の α が3と推定できたので,
$|a_{n+1} - 3| \leqq r|a_n - 3| \ (0 < r < 1$
の形にもち込みたいね。まず, この左辺の $a_{n+1} - 3$ の形を作るために, ①の両辺から3を引くことから変形を開始する！

これは ⊕ より絶対値記号の外に出せる。

$$\underline{\underline{|a_{n+1}-3|}} = \left| \frac{2}{3+\sqrt{2a_n+3}}(a_n-3) \right|$$

$$= \frac{2}{3+\sqrt{2a_n+3}}|a_n-3|$$

$$\leq \underline{\underline{\frac{2}{3}|a_n-3|}}$$

分母の $\sqrt{2a_n+3}$ をとったものの方が大きな数になる！

刑コロ問題の最初の式が出来上がったね。後は，解法のパターン通りに一気に走れる！

⇦ $A=B$ ならば $|A|=|B|$ とできる。

⇦ $|a_n-3|\geq 0$ より，$|a_n-3|$ にかかる係数の大きい方が，当然大きくなる。よって，

$$\frac{2}{3+\boxed{\sqrt{2a_n+3}}} < \frac{2}{3} \text{ より}$$

この⊕の数がない方が大きくなる。

$$\frac{2}{3+\sqrt{2a_n+3}}|a_n-3|$$

$$\leq \frac{2}{3}|a_n-3|$$

となったんだ。

よって，

$$\underline{\underline{|a_{n+1}-3| \leq \frac{2}{3}|a_n-3|}} \quad \text{これから，}$$

$$\left[F(n+1) \leq \frac{2}{3} \ F(n) \right]$$

$$\underline{\underline{|a_n-3| \leq |\overset{4}{\boxed{a_1}}-3| \cdot \left(\frac{2}{3}\right)^{n-1} = \left(\frac{2}{3}\right)^{n-1}}}$$

$$\left[F(n) \ \leq \ F(1) \ \cdot \left(\frac{2}{3}\right)^{n-1} \right]$$

また，$0 \leq |a_n-3|$ より，

$$0 \leq |a_n-3| \leq \left(\frac{2}{3}\right)^{n-1}$$

ここで，$n \to \infty$ にすると，

$$\underline{0 \leq \lim_{n \to \infty}|a_n-3| \leq \lim_{n \to \infty}\overset{0}{\left(\left(\frac{2}{3}\right)^{n-1}\right)} = 0}$$

よって，はさみ打ちの原理から，

$$\lim_{n \to \infty}|a_n-3| = 0 \quad \therefore \lim_{n \to \infty}a_n = 3 \quad \cdots\cdots\cdots\cdots\cdots(答)$$

どうだった？ これで，刑コロ問題にも自信がついたでしょう。後は，反復練習して，慣れてしまうことが大切なんだよ。以上の式の変形が，当たり前に見えてくるまで頑張ろう！

講義 3 ● 数列の極限　公式エッセンス

1. $\lim\limits_{n \to \infty} r^n$ の極限の公式

$$\lim_{n \to \infty} r^n = \begin{cases} 0 & (-1 < r < 1 \text{ のとき}) \\ 1 & (r = 1 \text{ のとき}) \\ \text{発散} & (r \leqq -1, \ 1 < r \text{ のとき}) \end{cases}$$

$r < -1, \ 1 < r \text{ のとき,}$
$\lim\limits_{n \to \infty} \left(\dfrac{1}{r}\right)^n = 0$
$\left(\because -1 < \dfrac{1}{r} < 1\right)$

2. 2 つのタイプの無限級数の和

（Ⅰ）無限等比級数の和

$$\sum_{k=1}^{\infty} ar^{k-1} = a + ar + ar^2 + \cdots = \frac{\boxed{a}}{1 - \boxed{r}} \quad (\text{収束条件} : -1 < r < 1)$$

初項 → a
公比 → r

（Ⅱ）部分分数分解型

（ⅰ）まず，部分和 S_n を求める。— 部分分数分解型

$$S_n = \sum_{k=1}^{n} (I_k - I_{k+1}) = I_1 - I_{n+1}$$

（ⅱ）次に，$n \to \infty$ として，無限級数の和を求める。

$$\lim_{n \to \infty} S_n = \lim_{n \to \infty} (I_1 - I_{n+1})$$

3. 等比関数列型の漸化式

$F(n+1) = r \cdot F(n)$ のとき
$F(n) = F(1) \cdot r^{n-1}$

$\Big[(ex) \ a_{n+1} - 2 = 3(a_n - 2) \text{ のとき}$
$\quad\quad a_n - 2 = (a_1 - 2) \cdot 3^{n-1} \Big]$

4. 一般項 a_n が求まらない場合の $\lim\limits_{n \to \infty} a_n$ の問題

$F(n+1) \leqq r F(n)$

$|a_{n+1} - \alpha| \leqq r|a_n - \alpha|$ $(0 < r < 1)$ のとき，

$|a_n - \alpha| \leqq |a_1 - \alpha| \cdot r^{n-1}$ ← $F(n) \leqq F(1) \cdot r^{n-1}$

$|a_{n+1} - \alpha| \leqq r|a_n - \alpha|$ より，
$|a_n - \alpha| \leqq r|a_{n-1} - \alpha|$
$\quad\quad \leqq r^2|a_{n-2} - \alpha|$
$\quad\quad \leqq r^3|a_{n-3} - \alpha|$
$\quad\quad \cdots\cdots\cdots\cdots$
$\quad\quad \leqq r^{n-1}|a_1 - \alpha|$
となるからね。

$\therefore \ 0 \leqq |a_n - \alpha| \leqq |a_1 - \alpha| \cdot r^{n-1}$

$n \to \infty$ のとき，

$0 \leqq \lim\limits_{n \to \infty} |a_n - \alpha| \leqq \lim\limits_{n \to \infty} |a_1 - \alpha| \underset{}{\boxed{r^{n-1}}}^{\,0} = 0$

よって，はさみ打ちの原理より，

$\lim\limits_{n \to \infty} |a_n - \alpha| = 0 \quad \therefore \ \lim\limits_{n \to \infty} a_n = \alpha$

100

講義
Lecture

4 関数の極限

 テーマ

▶ 分数関数と無理関数

▶ 逆関数と合成関数

▶ 三角・指数・対数関数の極限

▶ 関数の連続性，中間値の定理

講義④ 関数の極限

それでは，いよいよ"関数の極限"に入ろう。ここでは，$\lim\limits_{x \to 0} \dfrac{\sin 2x}{x}$，

$\lim\limits_{x \to 0} \dfrac{\sqrt{1+x}-\sqrt{1-x}}{x}$ など，さまざまな極限の問題が解けるようになる。

でも，その前に，**分数関数**や**無理関数**，また**逆関数**や**合成関数**など，関数
の基本について解説しようと思う。

これから，ステップ・バイ・ステップにわかりやすく解説していくから，
君達も一つずつ着実にマスターしていってくれ。気が付いたら，関数の極
限も，得意分野になっているはずだ。頑張ろう。

§1. 分数関数と無理関数は，平行移動がポイントだ！

● 分数関数の基本形と標準形を押さえよう！

数学Ⅰの 2 次関数のところでも習っていると思うけれど，関数 $y = f(x)$
を x 軸方向に p，y 軸方向に q だけ平行移動するための公式は次の通りだ。

平行移動の公式

$$\underline{\underline{y = f(\underline{x})}} \xrightarrow[\text{平行移動}]{(p,\ q)\ \text{だけ}} \underbrace{y - q}_{y\text{ の代わりに }y-q} = f(\underbrace{x - p}_{x\text{ の代わりに }x-p}) \quad \therefore \underline{\underline{y = f(x-p) + q}}$$

（Ⅰ）基本形   （Ⅱ）標準形

これは，次の**分数関数**の（Ⅰ）**基本形**と（Ⅱ）**標準形**についても当てはま
る。下に示すように，（Ⅰ）の基本形を (p, q) だけ平行移動したものが，（Ⅱ）
の標準形になる。

（Ⅰ）基本形：$y = \dfrac{k}{x}$ （k：0 以外の定数）

（Ⅱ）標準形：$y = \dfrac{k}{x-p} + q$

分数関数の（Ⅰ）基本形：$y = \dfrac{k}{x}$ は，定数 k の符号により，図 **1** のように，**2** つに分類できることを，まず頭に入れてくれ。

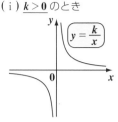

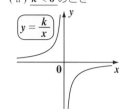

図 **1** 分数関数の基本形

（ⅰ）$k > 0$ のとき

$y = \dfrac{k}{x}$

（ⅱ）$k < 0$ のとき

$y = \dfrac{k}{x}$

第 **1**, **3** 象限にグラフ

第 **2**, **4** 象限にグラフ

x が分母にあるので，当然 $x \neq 0$ だね。そして，（ⅰ）$k > 0$ のとき，第 **1**, **3** 象限に，（ⅱ）$k < 0$ のとき，第 **2**, **4** 象限にグラフが現れる。

そして，これを x 軸方向に p，y 軸方向に q だけ平行移動させたものが

y の代わりに $y - q$

$y - q = \dfrac{k}{x - p}$，つまり（Ⅱ）の標準形：

x の代わりに $x - p$

$y = \dfrac{k}{x - p} + q$ となるんだね。（図 **2**）

図 **2** 分数関数の標準形（$k > 0$ のとき）

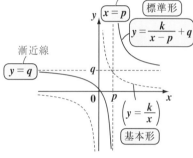

漸近線 $x = p$

標準形 $y = \dfrac{k}{x - p} + q$

漸近線 $y = q$

$y = \dfrac{k}{x}$

基本形

ここで，簡単な例題を **1** つやっておこう。例として，分数関数 $y = \dfrac{x}{x + 2}$ のグラフを描いてみる。これを変形して

$$y = \dfrac{(x + 2) - 2}{x + 2} = 1 - \dfrac{2}{x + 2}$$

$$\therefore y = \dfrac{-2}{x + 2} + 1 \text{ より，これは，} y = \dfrac{-2}{x}$$

$x - (-2)$

を $(-2, 1)$ だけ平行移動したものだね。よって，これは，**漸近線** $x = -2$，$y = 1$ で，第 **2**，第 **4** 象限に当たる部分に現れる図 **3** のような曲線になる。

図 **3**

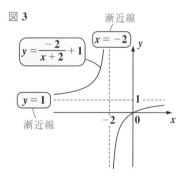

$y = \dfrac{-2}{x + 2} + 1$

漸近線 $x = -2$

$y = 1$

漸近線

どう？ これで，分数関数のグラフを描く要領もマスターできただろう。それでは次，無理関数についても解説しよう。

● 無理関数 $y = \sqrt{ax}$ の a の符号に注意しよう！

　次，**無理関数**に入るよ。無理関数も，（Ⅰ）**基本形**と（Ⅱ）**標準形**があり，基本形を x 軸方向に p，y 軸方向に q だけ平行移動させたものが標準形になる。

（Ⅰ）**基本形**：$y = \sqrt{ax}$ 　（a：0 以外の定数）

$\downarrow (p, q)$ だけ平行移動

（Ⅱ）**標準形**：$y = \sqrt{a(x - p)} + q$

　ここで，（Ⅰ）基本形：$y = \sqrt{ax}$ のグラフを，（ⅰ）$a > 0$，（ⅱ）$a < 0$ の 2 つの場合に分類して，図 4 に示すよ。　$\boxed{\sqrt{\ }$ 内は **0** 以上だ！$}$

（ⅰ）$a > 0$ のとき，$\underwavy{ax \geqq 0}$
　　　より $x \geqq 0$ の範囲に，

（ⅱ）$a < 0$ のとき，$ax \geqq 0$
　　　より $x \leqq 0$ の範囲に，

グラフが出てくるんだね。

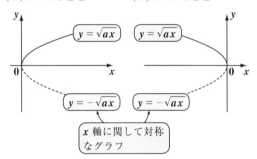

図 4　無理関数の基本形

（ⅰ）$a > 0$ のとき　　　（ⅱ）$a < 0$ のとき

$y = \sqrt{ax}$　　$y = \sqrt{ax}$

$y = -\sqrt{ax}$　　$y = -\sqrt{ax}$

x 軸に関して対称なグラフ

また，$y = \sqrt{ax}$ に対して，$y = -\sqrt{ax}$ は，x 軸に関して対称なグラフとなるのも覚えておこう。$y = -\sqrt{ax}$ のグラフは，図 4（ⅰ）（ⅱ）それぞれに，破線で示しておいた。

　そして，これら基本形を (p, q) だけ平行移動したものが，図 5 に示すように，

（Ⅱ）**標準形**：$y = \sqrt{a(x - p)} + q$

のグラフとなるんだね。

　図 5 では，$a > 0$ の場合のグラフを描いている。

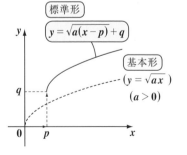

図 5　無理関数の標準形

標準形

$y = \sqrt{a(x - p)} + q$

基本形

$(y = \sqrt{ax})$

$(a > 0)$

例題として，$y = \sqrt{1-x} - 2$ のグラフを描いてみよう。これを変形して，$y = \sqrt{-1 \cdot (x-1)} - 2$ となるから，これは $y = \sqrt{-1 \cdot x}$ （基本形）を，$(1, -2)$ だけ平行移動したものになる。よって，図 6 の実線で示したようなグラフになるね。

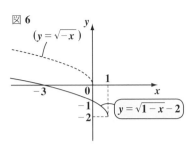

図 6

$(y = \sqrt{-x})$

$y = \sqrt{1-x} - 2$

● 逆関数では，x と y を入れ替えよう！

関数 $y = f(x)$ が与えられたとき，図 7 (ⅰ) のように，1 つの y の値 (y_1) に対して，1 つの x の値 (x_1) が対応するとき，この関数を，**1 対 1 対応**の関数という。

図 7 (ⅱ) のように，1 つの

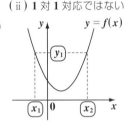

図 7

(ⅰ) 1 対 1 対応

$y = f(x)$

(ⅱ) 1 対 1 対応ではない

$y = f(x)$

y の値 (y_1) に対して，複数の x の値 (x_1, x_2) が対応する場合，当然これは 1 対 1 対応の関数ではない。

そして，$y = f(x)$ が 1 対 1 対応の関数のとき，x と y を入れ替え，さらにこれを $y = (x$ の式$)$ の形に変形したものを，$y = f(x)$ の**逆関数**と呼び，$y = f^{-1}(x)$ で表す。この $y = f(x)$ と $y = f^{-1}(x)$ は，直線 $y = x$ に関して対称なグラフになることも要注意だ。

逆関数の公式

$y = f(x)$：1 対 1 対応の関数のとき，

$y = f(x)$ $\xrightarrow[\substack{直線 y = x に \\ 関して対称な \\ グラフ}]{逆関数}$ $x = f(y)$ 〔元の関数の x と y をチェンジしたもの〕

$y = f^{-1}(x)$ 〔これを，$y = (x$ の式$)$ の形に，書き変える。〕

〔**逆関数**の出来上がり！〕

◆例題11◆

$y = f(x) = \sqrt{1-x} - 2$ $(x \leqq 1, \ y \geqq -2)$ の逆関数 $y = f^{-1}(x)$ を求めて，xy 座標平面上にそのグラフを描け。

解答

$y = f(x) = \sqrt{1-x} - 2$ $(x \leqq 1, \ y \geqq -2)$
これは 1 対 1 対応の関数より，この逆関数を次のように求める。

$x = \sqrt{1-y} - 2$ $(y \leqq 1, \ x \geqq -2)$
$\sqrt{1-y} = x + 2$

（ⅰ）x と y を入れ替える。

このグラフは P105 でやったね。

両辺を 2 乗して，

$1 - y = (x+2)^2$
$y = -(x+2)^2 + 1$

（ⅱ）$y = f^{-1}(x)$ の形に変形する。

$\therefore y = f^{-1}(x) = -(x+2)^2 + 1$ ………（答）
$(x \geqq -2, \ y \leqq 1)$

逆関数 $y = f^{-1}(x)$ $(x \geqq -2, \ y \leqq 1)$
のグラフを右に示す。…………………（答）
($y = f^{-1}(x)$ は，$y = f(x)$ と直線 $y = x$ に関して対称なグラフになる。)

● **合成関数は，東京発，SF 経由，NY 行き？**

それでは次，**合成関数**について解説しよう。まず，次の公式の模式図を見てくれ。

合成関数の公式

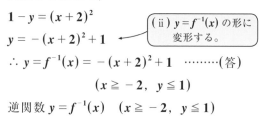

東京
x $\xrightarrow{f}$ SF t $\xrightarrow{g}$ NY y

$g \circ f$ 合成関数
（後）（先）

$\begin{cases} t = f(x) \ \cdots\cdots① \\ y = g(t) \ \cdots\cdots② \end{cases}$

$\therefore$ ①を②に代入して

$y = g(f(x)) = g \circ f(x)$

　この公式の x を東京，t を SF（サンフランシスコ），y を NY（ニューヨーク）とみると，上の図は，"東京発，SF 経由，NY 行き" ってことになるね。まず，(ⅰ) f という飛行機で x（東京）から t（SF）に行き，次に(ⅱ) g という飛行機で，中継地の t（SF）から最終目的地の y（NY）に行くわけだ。

　この (ⅰ) $x \longrightarrow t$，(ⅱ) $t \longrightarrow y$　の代わりに，x（東京）から y（NY）に直航便を飛ばすのが合成関数なんだね。これを数式で表すと，

(ⅰ) $t = f(x)$ ……① 　$[x \longrightarrow t]$

(ⅱ) $y = g(t)$ ……② 　$[t \longrightarrow y]$

①を②に代入して，直接 x と y の関係式にしたものが，**合成関数**なんだね。

　$y = g(f(x))$ 　$[x \longrightarrow y$ の直航便 $]$

これは，$y = g \circ f(x)$ と書くこともある。ここで，$g \circ f(x)$ は，x に f が先に

　　　　　　 (後)　(先)

作用して，g が後で作用することに注意しよう。これを間違えて，$f \circ g(x)$ とやっちゃうと，g が先で，f が後だから，"東京発，台北経由，トンガ行き(??)" なんてことになるかも知れないんだね。この $g \circ f(x)$ と $f \circ g(x)$ の違いを，次の例題でシッカリ確認しておこう。

◆例題 12 ◆

$f(x) = x - 1$，$g(x) = 2x^2$ のとき，$g \circ f(x)$ と $f \circ g(x)$ を求めよ。

解答

(ⅰ) $g \circ f(x) = g(f(x)) = 2 \cdot \{f(x)\}^2 = 2(x - 1)^2$ …………………………(答)

(ⅱ) $f \circ g(x) = f(g(x)) = g(x) - 1 = 2x^2 - 1$ 　…………………………(答)

この違い，納得いった？

無理関数と直線が 2 交点をもつ条件

直線 $y = ax - 1$ が，曲線 $y = \sqrt{x - 1}$ と異なる 2 点で交わるような a の値の範囲を求めよ。　　　　　　　　　　　　　　　　　　　（法政大 ＊）

ヒント！ $y = ax - 1$ は y 切片 −1，傾き a の直線だ。$y = \sqrt{x - 1}$ は $y = \sqrt{x}$ を $(1, 0)$ だけ平行移動したものだから，グラフを使って異なる 2 交点をもつための a の範囲を求めていけばいいよ。

解答 & 解説

$y = ax - 1$ ……① 　　 $y = \sqrt{x - 1}$ ……②

①の直線は，傾き a，y 切片 −1 の直線であり，②の曲線は $y = \sqrt{x}$ を x 軸方向に 1 だけ平行移動したものだ。これらが，異なる 2 点で交わるための条件は，図 1 のように，傾き a が $\underset{\sim}{a_1} \leqq a < \underset{\sim}{a_2}$ をみたすことなのがわかる。

(i) $y = ax - 1$ が，点 $(1, 0)$ を通るときの a の値が a_1 なので，　∴ $a_1 = \underset{\sim}{1}$

(ii) ①と②が接するときの a の値が a_2 より，①，②から y を消去して，

$ax - 1 = \sqrt{x - 1}$ ……③　　③の両辺を 2 乗して

$(ax - 1)^2 = x - 1$

$a^2 x^2 - (2a + 1)x + 2 = 0$

これは重解をもつので，

判別式 $D = (2a + 1)^2 - 8a^2 = 0$

$-4a^2 + 4a + 1 = 0$ 　　$4a^2 - 4a - 1 = 0$

$a = \dfrac{2 \pm \sqrt{8}}{4} = \dfrac{1 \pm \sqrt{2}}{2}$ 　　∴ $a_2 = \dfrac{1 + \sqrt{2}}{2}$

以上 (i)(ii) より，求める a の値の範囲は，

$\underset{\sim}{1} \leqq a < \dfrac{1 + \sqrt{2}}{2}$ ……………………………………（答）

ココがポイント

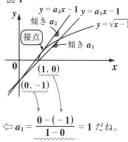

図1

$\Leftarrow a_1 = \dfrac{0 - (-1)}{1 - 0} = 1$ だね。

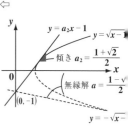

③を 2 乗したことにより，$y = -\sqrt{x - 1}$ の接線の傾き $a = \dfrac{1 - \sqrt{2}}{2}$ が無縁解として出てきたんだね。でも，これは当然ボツなので，$a_2 = \dfrac{1 + \sqrt{2}}{2}$ だ！

分数関数と合成関数の応用

$f(x) = \dfrac{-3x+2}{x-2}$, $g(x) = \dfrac{x-1}{x+2}$ がある。また, 数列 $\{x_n\}$ を

$x_1 = -3$, $x_{n+1} = f(x_n)$ $(n = 1, 2, \cdots)$ で定義する。

(1) $g(f(x)) = 4g(x)$ であることを示せ。

(2) 数列 $\{g(x_n)\}$ $(n = 1, 2, \cdots)$ の一般項 $g(x_n)$ を求めよ。(東京都市大 ＊)

ヒント！　(1) は簡単だね。$g(f(x)) = \dfrac{f(x)-1}{f(x)+2}$ を計算するんだね。(2) は, $g(x_n)$

を新たに $a_n = g(x_n)$ とおくと, $\{a_n\}$ は公比 4 の等比数列となる。

解答&解説

(1) $g(f(x)) = \dfrac{f(x)-1}{f(x)+2} = \dfrac{\dfrac{-3x+2}{x-2} - 1}{\dfrac{-3x+2}{x-2} + 2}$ ← 分子・分母に $x-2$ をかける！

$= \dfrac{-3x+2-(x-2)}{-3x+2+2(x-2)} = \dfrac{-4x+4}{-x-2}$ ← 分子・分母に -1 をかける！

$= 4 \cdot \dfrac{x-1}{x+2} = 4g(x)$ ……………………(終)

(2) $g(x_n) = a_n$ とおくと,

$\underline{a_1} = g(\underset{-3}{(x_1)}) = g(-3) = \dfrac{-3-1}{-3+2} = \dfrac{-4}{-1} = \underline{4}$

また, $x_{n+1} = f(x_n)$ より, この両辺の g の関数

をとって, $g(x_{n+1}) = \boxed{g(f(x_n))}$ ← $4 \cdot g(x_n)$ ((1) より)

(1) の結果より, $\boxed{g(x_{n+1})} = 4 \cdot \boxed{g(x_n)}$

以上より, $\underline{a_1 = 4}$, $a_{n+1} = 4 \cdot a_n$ となって, 数列

$\{a_n\}$, すなわち $\{g(x_n)\}$ は初項 4, 公比 4 の等

比数列となるので,

$g(x_n) = a_n = \underset{4}{\boxed{a_1}} \cdot 4^{n-1} = 4^n$ ……………………(答)

ココがポイント

$\Leftarrow g \circ f(x) = g(\boxed{f(x)})$

$= \dfrac{\boxed{t}-1}{\boxed{t}+2}$ t とおくと,

$= \dfrac{\boxed{f(x)}-1}{\boxed{f(x)}+2}$ となる。

$\Leftarrow a_n = g(x_n)$ とおくと

$\begin{cases} a_1 = g(x_1) \\ a_{n+1} = g(x_{n+1}) \end{cases}$ となる。

$\Leftarrow x_{n+1} = f(x_n)$ より

$g(x_{n+1}) = g(f(x_n))$

$= 4 \cdot g(x_n)$

となるんだね。

後は, $a_n = g(x_n)$ とおくと,

$a_{n+1} = 4 \cdot a_n$ となるね。

合成関数のグラフの応用

関数 $f(x)$ $(0 \leq x \leq 1)$ が次のように定義されるとき，合成関数
$y = f \circ f(x)$ $(0 \leq x \leq 1)$ のグラフを xy 座標平面上に描け。

$$f(x) = \begin{cases} 2x & \left(0 \leq x \leq \dfrac{1}{2} \text{ のとき}\right) \\ -2x+2 & \left(\dfrac{1}{2} \leq x \leq 1 \text{ のとき}\right) \end{cases}$$

（金沢大＊）

ヒント！ $y = f(\boxed{f(x)})^{t}$ のグラフを求めるために，これを分解して $t = f(x)$，
$y = f(t)$ とおいて考えるといい。つまり，中継点 t を考えるんだね。すると，x の
区間を **4** つに分けないといけなくなる。

解答＆解説

$$y = f(x) = \begin{cases} 2x & \left(0 \leq x \leq \dfrac{1}{2}\right) \\ -2x+2 & \left(\dfrac{1}{2} \leq x \leq 1\right) \end{cases}$$

よって，$y = f(x)$ のグラフは図 **1** のようになる。
次に，合成関数 $y = f(\boxed{f(x)})$ は，次のように中継点
t をとって考えると，

$$x \xrightarrow{\ t = f(x)\ } \underset{\text{中継点}}{\boxed{t}} \xrightarrow{\ y = f(t)\ } y$$
$$\underset{y = f(f(x))}{}$$

$\begin{cases} t = f(x) & \cdots\cdots① \\ y = f(t) & \cdots\cdots② \end{cases}$ に分解できる。

図 **2** に，$t = f(x)$ の，また図 **3** に，$y = f(t)$ のグラ
フを示した。ここで，図 **3** のグラフから，

$\begin{cases} (ア)\ 0 \leq t \leq \dfrac{1}{2}\ \text{のとき，}\ y = 2t \\[2mm] (イ)\ \dfrac{1}{2} \leq t \leq 1\ \text{のとき，}\ y = -2t+2 \quad \text{となる。} \end{cases}$

ココがポイント

図 1 　$y = f(x)$ のグラフ

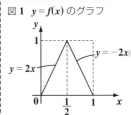

図 2 　$t = f(x)$ のグラフ

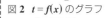
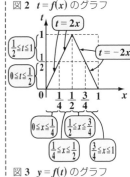

図 3 　$y = f(t)$ のグラフ

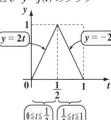

　この t が $0 \leqq t \leqq \dfrac{1}{2}$, $\dfrac{1}{2} \leqq t \leqq 1$ となるとき, 図 2 で t はたて軸より, これに対応して, x は次の 4 通りに場合分けしないといけない。

(i) $0 \leqq x \leqq \dfrac{1}{4}$, (ii) $\dfrac{1}{4} \leqq x \leqq \dfrac{1}{2}$, (iii) $\dfrac{1}{2} \leqq x \leqq \dfrac{3}{4}$, (iv) $\dfrac{3}{4} \leqq x \leqq 1$

以上より,

(i) $\boxed{0 \leqq x \leqq \dfrac{1}{4}}$ のとき, $t = 2x$, $y = 2t$ より,

⇦ このとき, $0 \leqq t \leqq \dfrac{1}{2}$ より, $y = 2t$ を使う。

$\quad y = 2 \cdot 2x \qquad \therefore \boxed{y = 4x}$

(ii) $\boxed{\dfrac{1}{4} \leqq x \leqq \dfrac{1}{2}}$ のとき, $t = 2x$, $y = -2t + 2$ より,

⇦ このとき, $\dfrac{1}{2} \leqq t \leqq 1$ より, $y = -2t + 2$ を使う。

$\quad y = -2 \cdot 2x + 2 \qquad \therefore \boxed{y = -4x + 2}$

(iii) $\boxed{\dfrac{1}{2} \leqq x \leqq \dfrac{3}{4}}$ のとき, $t = -2x + 2$, $y = -2t + 2$ より,

⇦ このとき, $\dfrac{1}{2} \leqq t \leqq 1$ より, $y = -2t + 2$ を使う。

$\quad y = -2(-2x + 2) + 2 \qquad \therefore \boxed{y = 4x - 2}$

(iv) $\boxed{\dfrac{3}{4} \leqq x \leqq 1}$ のとき, $t = -2x + 2$, $y = 2t$ より,

⇦ このとき, $0 \leqq t \leqq \dfrac{1}{2}$ より, $y = 2t$ を使う。

$\quad y = 2(-2x + 2) \qquad \therefore \boxed{y = -4x + 4}$

以上 (i) ～ (iv) より, 合成関数 $y = f \circ f(x) = f(f(x))$ $(0 \leqq x \leqq 1)$ のグラフを, 図 4 に示す。…………(答)

図 4　$y = f \circ f(x)$ のグラフ

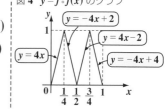

　どう？　難しかった？　確かに頭が混乱したかも知れないね。でも, これは意外と試験ではよく狙われる関数なので, シッカリ練習しておくといいよ。エッ, 結果のグラフが, マックの **M** みたいだって !?　そうかなァ, ボクにはマセマの **M** に見えるんだけど…。

§2. 関数の極限では，$\dfrac{0}{0}$ の不定形を押さえよう！

さァ，プロローグが終わったので，いよいよ "**関数の極限**" の本格的な解説に入ろう。エッ，難しそうだって？ そんなことないよ。本質的な部分は，すでに "**数列の極限**" のところで説明しているからね。

でも，"**関数の極限**" のポイントとなるところも確かにあるので，それを予め列挙しておくから，まず頭に入れておいてくれ。

- $\dfrac{0}{0}$ の不定形の意味を知ること

- 無理関数や分数関数の極限の具体的な計算法をマスターすること

- 三角関数や，自然対数の底 e の極限の公式をマスターすること

● まず，$\dfrac{0}{0}$ の不定形の意味を理解しよう！

数列の極限のところで，$\underline{\dfrac{\infty}{\infty}}$ の不定形について学習したね。次に，これ

> これは，関数の極限でももちろん出てくるよ！

から関数の極限のところでは，$\dfrac{0}{0}$ の不定形の問題が沢山出てくるので，まずこの大体のイメージを押さえておこう。

(i) $\dfrac{0.000000001}{0.03} \longrightarrow 0$ （収束）$\left[\dfrac{\text{強い}\,0}{\text{弱い}\,0} \longrightarrow 0\right]$

(ii) $\dfrac{0.003}{0.000000002} \longrightarrow \infty$ （発散）$\left[\dfrac{\text{弱い}\,0}{\text{強い}\,0} \longrightarrow \infty\right]$

(iii) $\dfrac{0.00001}{0.00002} \longrightarrow \dfrac{1}{2}$ （収束）$\left[\dfrac{\text{同じ強さの}\,0}{\text{同じ強さの}\,0} \longrightarrow \text{有限な値}\right]$

$\dfrac{0}{0}$ の極限なので，分母，分子がともに 0 に近づいていくのは大丈夫だね。

> **注意** ここで，"強い 0" とは "0 に収束する速さが大きい 0 のこと" で，"弱い 0" とは "0 に収束する速さが小さい 0 のこと" だ。これらも，理解を助けるための便宜上の表現なので，答案には "強い 0" や "弱い 0" は記述しない方がいい。

一般に極限では，数値が動くので，これを紙上に書き表すことはできないんだけれど，この動きのあるもののスナップ写真が（ i ），（ ii ），（ iii ）のイメージなんだ。

（ i ）$\dfrac{強い\,\mathbf{0}}{弱い\,\mathbf{0}}$ の形では，分子の方が分母より相対的にずっとずっと小さくなるので，**0** に収束してしまうんだね。

（ ii ）これは，（ i ）の逆数のパターンなので，割り算したら∞に発散する。この符号は，－∞になることもあるので要注意だ。

（ iii ）これは，分子・分母ともに同じ強さの **0** なので，割り算をした結果，有限なある値に近づくんだね。一般の問題はほとんどがこの形だ。

◆例題 **13** ◆

極限値 $\displaystyle\lim_{x\to 0}\dfrac{\sqrt{1+x}-\sqrt{1-x}}{x}$ を求めよ。

解答

$$\lim_{x\to 0}\dfrac{\overset{1}{\overbrace{\sqrt{1+x}}}-\overset{1}{\overbrace{\sqrt{1-x}}}}{\underset{0}{\underbrace{x}}}\quad\left[=\dfrac{1-1}{0}=\dfrac{0}{0}\ \text{の不定形だね。}\right]$$

$$=\lim_{x\to 0}\dfrac{(\sqrt{1+x}-\sqrt{1-x})(\sqrt{1+x}+\sqrt{1-x})}{x(\sqrt{1+x}+\sqrt{1-x})}$$

（$\sqrt{\ }-\sqrt{\ }$ の形がきたら，分子・分母に $\sqrt{\ }+\sqrt{\ }$ をかける。これは定石だ！）

$$=\lim_{x\to 0}\dfrac{\cancel{1}+x-(\cancel{1}-x)}{x(\sqrt{1+x}+\sqrt{1-x})}$$

$$=\lim_{x\to 0}\dfrac{2\cancel{x}}{\cancel{x}(\sqrt{1+x}+\sqrt{1-x})}$$

（これで，$\dfrac{0}{0}$ の不定形の要素が消えた！）

$$=\lim_{x\to 0}\dfrac{2}{\underset{\sqrt{1}}{\underbrace{\sqrt{1+x}}}+\underset{\sqrt{1}}{\underbrace{\sqrt{1-x}}}}=\dfrac{2}{\sqrt{1}+\sqrt{1}}=\dfrac{2}{2}=1\quad\text{となって，答えだ！}$$

$\dfrac{0}{0}$ の関数の極限の問題では，式をうまく変形して，この $\dfrac{0}{0}$ の要素を消去してしまうことがポイントなんだね。

● 3つの三角関数の極限公式を覚えよう！

それでは，三角関数 sin, tan, cos の 3 つの極限の公式を書いておくから，まず頭に入れてくれ。ここで出てくる角 x の単位は，当然 **ラジアン** だよ。

$$180° = \pi \,(\,\text{ラジアン}\,)$$

三角関数の極限の公式

(1) $\displaystyle\lim_{x \to 0} \frac{\sin x}{x} = 1$ (2) $\displaystyle\lim_{x \to 0} \frac{\tan x}{x} = 1$

(3) $\displaystyle\lim_{x \to 0} \frac{1 - \cos x}{x^2} = \frac{1}{2}$

$x \to 0$ のとき，$\underbrace{\dfrac{\overbrace{\sin x}^{\sin 0 = 0}}{\underset{0}{x}}}$，$\underbrace{\dfrac{\overbrace{\tan x}^{\tan 0 = 0}}{\underset{0}{x}}}$，$\underbrace{\dfrac{\overbrace{1 - \cos x}^{1 - \cos 0 = 1 - 1 = 0}}{\underset{0^2 = 0}{x^2}}}$ はすべて $\dfrac{0}{0}$ の不定形になるんだけれど，公式で示す通り，これらはすべて有限な値に収束するんだね。

(1) の公式は，2 つの三角形と扇形の面積の大小関係から導ける。(「元気が出る数学 III」(マセマ) 参照) ここでは，この (1) の公式は与えられたものとして，これを使えば (2)，(3) の公式が証明できることを，以下に示す。これは重要なので，シッカリ頭に入れておこう。

(2) $\displaystyle\lim_{x \to 0} \overbrace{\frac{\tan x}{x}}^{\frac{\sin x}{\cos x}} = \lim_{x \to 0} \left(\underbrace{\frac{\sin x}{x}}_{1\,(公式\,(1)\,より)} \cdot \underbrace{\frac{1}{\cos x}}_{1}\right) = 1 \times \frac{1}{1} = 1$

(3) $\displaystyle\lim_{x \to 0} \frac{1 - \cos x}{x^2} = \lim_{x \to 0} \frac{\overbrace{(1 - \cos x)(1 + \cos x)}^{1 - \cos^2 x = \sin^2 x}}{x^2(1 + \cos x)}$ ← 分子・分母に $1 + \cos x$ をかけた！

$\displaystyle = \lim_{x \to 0} \frac{\sin^2 x}{x^2(1 + \cos x)}$

$\displaystyle = \lim_{x \to 0} \left(\underbrace{\left(\frac{\sin x}{x}\right)^2}_{1\,(公式\,(1)\,より)} \cdot \frac{1}{1 + \underbrace{\cos x}_{1}}\right) = 1^2 \times \frac{1}{1 + 1} = \frac{1}{2}$ と，証明できる。

納得いった？

(1), (2) は，スナップ写真だと $\dfrac{0.0001}{0.0001} \to 1$ のパターンだから，逆数の極

$\boxed{\dfrac{0.0001}{0.0001} \text{のパターン}}$ $\boxed{\dfrac{0.0001}{0.0001} \text{のパターン}}$

限も，$\lim\limits_{x \to 0} \boxed{\dfrac{x}{\sin x}} = 1$, $\lim\limits_{x \to 0} \boxed{\dfrac{x}{\tan x}} = 1$ なんだね。これに対して，(3) は

$\dfrac{0.0001}{0.0002} \to \dfrac{1}{2}$ のパターンだから，この逆数の極限は，当然，

$\boxed{\dfrac{0.0002}{0.0001} \text{のパターンだ！}}$

$\lim\limits_{x \to 0} \boxed{\dfrac{x^2}{1 - \cos x}} = 2$ となるのも大丈夫？

それでは，次の例題にチャレンジしよう！

◆例題14◆

次の極限を求めよ。

(1) $\lim\limits_{\theta \to 0} \dfrac{\sin 3\theta}{\theta}$

(2) $\lim\limits_{x \to 0} \dfrac{x \cdot \tan 2x}{1 - \cos x}$

解答

(1) $\lim\limits_{\theta \to 0} \dfrac{\sin 3\theta}{\theta} = \lim\limits_{\substack{\theta \to 0 \\ (x \to 0)}} \dfrac{\sin 3\theta}{3\theta} \times 3$

$\theta \to 0$ のとき，3 倍しても 0 に近づくので $3\theta \to 0$ だ！ よって $3\theta = x$ と考えると，$x \to 0$ なんだね。

$1 \left(\lim\limits_{x \to 0} \dfrac{\sin x}{x} = 1 \text{ だ！} \right)$

$= 1 \times 3 = 3$ ……………………………………………………(答)

(2) $\lim\limits_{x \to 0} \dfrac{x \cdot \tan 2x}{1 - \cos x} = \lim\limits_{x \to 0} \dfrac{x^2}{1 - \cos x} \times \dfrac{\tan 2x}{x}$

まず，$\dfrac{x^2}{1 - \cos x}$ の形を作った！

$= \lim\limits_{\substack{x \to 0 \\ (\theta \to 0)}} \dfrac{x^2}{1 - \cos x} \times \dfrac{\tan 2x}{2x} \times 2$

$x \to 0$ より，$2x = \theta$ とおくと $\theta \to 0$ となる。

$\left(\lim\limits_{x \to 0} \dfrac{x^2}{1 - \cos x} = 2, \ \lim\limits_{\theta \to 0} \dfrac{\tan \theta}{\theta} = 1 \text{ だ！} \right)$

$= 2 \times 1 \times 2 = 4$ ………………………………………………(答)

どう？ これで，三角関数の極限の計算にも自信がついた？

115

● $e = 2.718\cdots$ は，微積分の要（かなめ）だ！

それでは次，**自然対数の底 e** に近づく極限の公式を書いておこう。

---

e に近づく極限の公式

$$(1)\ \lim_{x \to \pm\infty}\left(1 + \frac{1}{x}\right)^x = e \qquad (2)\ \lim_{h \to 0}(1 + h)^{\frac{1}{h}} = e$$

---

(1) の公式は，$x \to \pm\infty$ のときに成り立つ公式だけれど，ここでは，$x \to +\infty$ のときについて考えよう。具体的に，$x = 10, 100, 1000, \cdots\cdots$ と大きくしていくと，$\left(1 + \frac{1}{x}\right)^x$ は，$\underset{\boxed{1.1^{10}}}{\underline{\underline{2.59\cdots}}},\ \underset{\boxed{1.01^{100}}}{\underline{\underline{2.70\cdots}}},\ \underset{\boxed{1.001^{1000}}}{\underline{\underline{2.71\cdots}}}$ と限りなく，

$2.718281\cdots$ という数に近づいていくんだ。この数を"**自然対数の底**"または"**ネイピア数**"といい，これを e で表す。

ここで，(1) と (2) は同じことだってわかる？ $\dfrac{1}{x} = h$ とおくと，当然，$x = \dfrac{1}{h}$ となるね。また，$x \to \pm\infty$ のとき，$h = \dfrac{1}{\boxed{x}} \longrightarrow 0$ だね。

よって，$\lim_{x \to \pm\infty}\left(1 + \boxed{\dfrac{1}{x}}^{\,h}\right)^{\overset{\frac{1}{h}}{\boxed{x}}} = \lim_{h \to 0}(1 + h)^{\frac{1}{h}} = e$ となる。

この e は，微積分のさまざまな問題で顔を出す。たとえば，この e を底にもつ対数を**自然対数**といい，$\log_e x$ の底 e を略して，$\log x$ と書く。図1に，$y = \log x$ のグラフを描いておくから，頭に入れておこう。数学Ⅲで扱う対数関数は，一般にこの自然対数関数なんだ。

図1 $y = \log x$ のグラフ

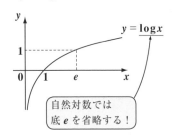

自然対数では底 e を省略する！

また，指数関数 $y = e^x$ も，微積分では常連の関数だ。$y = e^{-x}$ のグラフと共に図 2 に示しておくから，頭に入れてくれ。

図 2 $y = e^x$ と $y = e^{-x}$ のグラフ

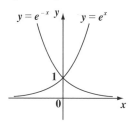

注意

x の代わりに，$-x$ を代入すると，y 軸に関して対称なグラフになるんだね。よって，$y = e^x$ と $y = e^{-x}$ は，y 軸に関して対称なグラフになる。

● $x \to 0$ のとき，1 に近づく 3 つの極限公式を覚えよう！

三角関数 $(\sin x)$，対数関数 $(\log x)$，指数関数 (e^x) の関係した極限で，

（自然対数）

$x \to 0$ のとき，1 に近づく極限の公式を書いておくから，これも頭にたたき込んでおくといいよ。エッ，覚えることが多すぎるって？ でも，関数の極限の公式としては，これが最後の公式だから，シッカリ覚えよう。

極限の応用公式

これ自然対数だ！

$$(1)\ \lim_{x \to 0} \frac{\sin x}{x} = 1 \qquad (2)\ \lim_{x \to 0} \frac{\log(1+x)}{x} = 1 \qquad (3)\ \lim_{x \to 0} \frac{e^x - 1}{x} = 1$$

(1) については，既に知っているね。

(2)，(3) も，$x \to 0$ のとき，それぞれ $\dfrac{\overset{0}{\log 1}}{0}$，$\dfrac{\overset{1}{e^0} - 1}{0}$ となって，(1) と同様に，$\dfrac{0}{0}$ の不定形だけれど，みんな 1 に近づくんだよ。この公式の利用の仕方は演習問題でマスターできるはずだ。

117

有理化と関数の極限値

演習問題 **34**　　難易度 ★　　CHECK *1*　　CHECK*2*　　CHECK*3*

次の極限値を求めよ。

$$(1)\ \lim_{x \to 1} \frac{x-1}{\sqrt{x}-1} \qquad (2)\ \lim_{x \to -\infty} \left(\sqrt{x^2+x+1} - \sqrt{x^2+1}\right)$$

（宮崎大）

> **ヒント!** (1)は，分子・分母に $\sqrt{x}+1$ をかけるとうまくいくね。(2)では，まず $x = -t$ と置換して $t \to \infty$ として解く方がいい。

解答 & 解説

(1)
$$\lim_{x \to 1} \underbrace{\frac{x-1}{\sqrt{x}-1}}_{\substack{1-1=0 \\ \sqrt{1}-1=0}} = \lim_{x \to 1} \frac{(x-1)(\sqrt{x}+1)}{\underbrace{(\sqrt{x}-1)(\sqrt{x}+1)}_{x-1}}$$

分子・分母に $\sqrt{x}+1$ をかけた！

$$= \lim_{x \to 1} \frac{(x-1)(\sqrt{x}+1)}{x-1} = \lim_{x \to 1} (\sqrt{x}+1) = 2 \cdots (答)$$

(2) $x = -t$（すなわち $t = -x$）とおくと，

$x \to -\infty$ のとき，$t \to +\infty$ より，与式は，

$$\lim_{x \to -\infty} \left(\sqrt{x^2+x+1} - \sqrt{x^2+1}\right)$$

$$= \lim_{t \to +\infty} \left\{\sqrt{(-t)^2+(-t)+1} - \sqrt{(-t)^2+1}\right\}$$

$$= \lim_{t \to \infty} \left(\sqrt{t^2-t+1} - \sqrt{t^2+1}\right) \quad [= \infty - \infty]$$

$$t^2-t+1-(t^2+1) = -t$$

$$= \lim_{t \to \infty} \frac{\left(\sqrt{t^2-t+1} - \sqrt{t^2+1}\right)\left(\sqrt{t^2-t+1} + \sqrt{t^2+1}\right)}{\sqrt{t^2-t+1} + \sqrt{t^2+1}}$$

分子・分母に $\sqrt{} + \sqrt{}$ をかけた！

$$= \lim_{t \to \infty} \frac{-t}{\sqrt{t^2-t+1} + \sqrt{t^2+1}} \quad \left[= \frac{1 \text{次の} \infty}{1 \text{次の} \infty}\right]$$

$$= \lim_{t \to \infty} \frac{-1}{\sqrt{1 - \frac{1}{t} + \frac{1}{t^2}} + \sqrt{1 + \frac{1}{t^2}}}$$

分子・分母を t で割った。

$$= \frac{-1}{\sqrt{1} + \sqrt{1}} = -\frac{1}{2} \quad \cdots (答)$$

ココがポイント

$\Leftarrow x \to 1$ のとき
$$\frac{x-1}{\sqrt{x}-1} \to \frac{0}{0}$$
の不定形だ。

$\Leftarrow -\infty$ より $+\infty$ の方が考えやすいので，
$x \to -\infty$ ときたら，
$t = -x$ とおいて，
$t \to +\infty$ で考えるといいんだね。

$\Leftarrow \infty - \infty$ も不定形だ。
(i) $1000000 - 100 \to +\infty$
(ii) $100 - 3000000 \to -\infty$
(iii) $10001 - 10000 \to 1$
などのイメージからわかるだろう？

118

$\dfrac{0}{0}$ の不定形が極限値をもつ条件

$\displaystyle\lim_{\theta \to \pi} \dfrac{\sqrt{a+\cos\theta}-b}{(\theta-\pi)^2} = \dfrac{1}{4}$ ……① のとき，定数 a, b の値を求めよ。

ヒント！ $\theta - \pi = x$ とおくと $\theta \to \pi$ のとき $x \to 0$ となり，また $\cos\theta = \cos(x+\pi)$ $= -\cos x$ となる。すると $x \to 0$ のとき，①の左辺の分母は 0 に近づくが，それにも関わらず，この極限が $\dfrac{1}{4}$ に収束するためには，分子も 0 に近づかないといけないんだね。

解答＆解説

$\displaystyle\lim_{\theta \to \pi} \dfrac{\sqrt{a+\cos\theta}-b}{(\theta-\pi)^2} = \dfrac{1}{4}$ について，

$\theta - \pi = x$ とおくと，$\theta = x+\pi$ より，$\theta \to \pi$ のとき

$x \to 0$ であり，また，$\cos\theta = \cos(x+\pi) = -\cos x$

となるので，①は，$\displaystyle\lim_{x \to 0} \dfrac{\sqrt{a-\cos x}-b}{x^2} = \dfrac{1}{4}$ ……①′

となる。①′の左辺について，

分母：$\displaystyle\lim_{x \to 0} x^2 = 0^2 = 0$ より，

分子：$\displaystyle\lim_{x \to 0}\left(\sqrt{a-\cos x}-b\right) = \boxed{\sqrt{a-1}-b = 0}$ となる。

$\therefore b = \sqrt{a-1}$ ……②

よって，②を①′に代入して，

(①′の左辺) $= \displaystyle\lim_{x \to 0} \dfrac{\sqrt{a-\cos x}-\sqrt{a-1}}{x^2} \left[= \dfrac{0}{0}\text{の不定形}\right]$

$= \displaystyle\lim_{x \to 0} \dfrac{\left(\sqrt{a-\cos x}-\sqrt{a-1}\right)\left(\sqrt{a-\cos x}+\sqrt{a-1}\right)}{x^2\left(\sqrt{a-\cos x}+\sqrt{a-1}\right)}$

$= \displaystyle\lim_{x \to 0} \dfrac{1-\cos x}{x^2} \cdot \dfrac{1}{\sqrt{a-\cos x}+\sqrt{a-1}}$

$= \dfrac{1}{2} \cdot \dfrac{1}{\sqrt{a-1}+\sqrt{a-1}} = \boxed{\dfrac{1}{4\sqrt{a-1}} = \dfrac{1}{4}}$ (①′の右辺)

となる。よって，$\dfrac{1}{4\sqrt{a-1}} = \dfrac{1}{4}$ より，$a = 2$

これを②に代入して，$b = \sqrt{2-1} = 1$

以上より，$a = 2$, $b = 1$ である。………………(答)

ココがポイント

⇐ $\dfrac{0.00\cdots 1}{0.00\cdots 4} \to \dfrac{1}{4}$ のように収束するはずだから，分母が 0 に収束するならば，分子も当然 0 に収束しなければならない。

⇐ 分子・分母に $\sqrt{}+\sqrt{}$ をかけた。
分子 $= \cancel{a}-\cos x -(\cancel{a}-1)$
$= 1-\cos x$ となる。

⇐ 公式：$\displaystyle\lim_{x \to 0} \dfrac{1-\cos x}{x^2} = \dfrac{1}{2}$

⇐ $\dfrac{1}{4\sqrt{a-1}} = \dfrac{1}{4}$ より，
$\sqrt{a-1} = 1$, $a-1 = 1$
$\therefore a = 2$

三角関数，対数関数の極限値

次の極限値を求めよ。

(1) $\displaystyle\lim_{x \to 0} \frac{(1 - \cos x) \cdot \tan 2x}{x^3}$　　　(2) $\displaystyle\lim_{x \to 0} \frac{e^x + x - 1}{\sin x}$　　（立教大）

(3) $\displaystyle\lim_{x \to \infty} x\{\log(x + 2) - \log x\}$　（ただし，対数は自然対数）

ヒント！ (1) では，cos，tan の関数の極限の公式を使うんだね。(2) では，$x \to 0$ のとき 1 に近づく極限の公式が使える。(3) は，e に収束する極限の問題だ。公式をうまく使ってくれ。

解答＆解説

ココがポイント

(1) $\displaystyle\lim_{\substack{x \to 0 \\ (\theta \to 0)}} \underbrace{\left(\frac{1 - \cos x}{x^2} \right)}_{\frac{1}{2}} \cdot \underbrace{\left(\frac{\tan 2x}{2x} \right)}_{\theta} \cdot 2$　分母の x^3 のうち x^2 を $1-\cos x$ に，x を $\tan 2x$ に振り分けた！

$= \dfrac{1}{2} \times 1 \times 2 = 1$　……………（答）

⇐ 公式より，
$\displaystyle\lim_{x \to 0} \frac{1 - \cos x}{x^2} = \frac{1}{2}$
$\displaystyle\lim_{\theta \to 0} \frac{\tan \theta}{\theta} = 1$ だね。

(2) $\displaystyle\lim_{x \to 0} \frac{e^x + x - 1}{\sin x} = \lim_{x \to 0} \left(\frac{e^x - 1}{\sin x} + \frac{x}{\sin x} \right)$

$= \displaystyle\lim_{x \to 0} \left(\underbrace{\left(\frac{e^x - 1}{x} \right)}_{1} \cdot \underbrace{\left(\frac{x}{\sin x} \right)}_{1} + \underbrace{\left(\frac{x}{\sin x} \right)}_{1} \right)$

$= 1 \times 1 + 1 = 2$　……………（答）

⇐ 公式：$\displaystyle\lim_{x \to 0} \frac{e^x - 1}{x} = 1$
$\displaystyle\lim_{x \to 0} \frac{\sin x}{x} = 1$
$\left(\displaystyle\lim_{x \to 0} \frac{x}{\sin x} = 1 \right)$
を使える形に変形するんだね。

(3) $\displaystyle\lim_{x \to \infty} x\{\log(x + 2) - \log x\}$

$= \displaystyle\lim_{x \to \infty} \boxed{x} \cdot \log\left(1 + \frac{2}{x} \right)^{\square}$

$= \displaystyle\lim_{x \to \infty} \log\left(1 + \frac{2}{x} \right)^{x}$　この分子・分母を 2 で割る！

$= \displaystyle\lim_{\substack{x \to \infty \\ (t \to \infty)}} \log\left\{ \left(1 + \frac{1}{\frac{x}{2}} \right)^{\frac{x}{2}} \right\}^{2}$

$= \log e^2 = 2$　……………（答）

⇐ $\log(x + 2) - \log x$
$= \log \dfrac{x+2}{x}$
$= \log\left(1 + \dfrac{2}{x} \right)$

⇐ $\dfrac{x}{2} = t$ とおくと $x \to \infty$ より
$t \to \infty$　よって，公式より
$\displaystyle\lim_{t \to \infty} \left(1 + \frac{1}{t} \right)^t = e$ だ。

三角関数と e に関する極限値

演習問題 37　　難易度 ★★　　CHECK 1　CHECK 2　CHECK 3

次の極限値を求めよ。

(1) $\displaystyle \lim_{x \to 0} \frac{x(1 - e^x)}{\cos 3x - \cos x}$　　(2) $\displaystyle \lim_{x \to 0} \frac{e^{x\sin 3x} - 1}{x \cdot \log(x + 1)}$

ヒント！ (1) は，分母に差→積の公式を使うと，話が見えてくるはずだ。(2) では，$x\sin 3x = t$ とおいて，$\dfrac{e^t - 1}{t}$ の形を作るといいよ。それにしても，複雑だね。

解答 & 解説

ココがポイント

$(\alpha + \beta) = A \quad (\alpha - \beta) = B \quad \alpha = \dfrac{A + B}{2} \quad \beta = \dfrac{A - B}{2}$

(1) 分母：$\cos 3x - \cos x = -2\sin 2x \cdot \sin x$ より，

⇦ 差→積の公式：
$\cos(\alpha + \beta) - \cos(\alpha - \beta)$
$= -2\sin\alpha\sin\beta$
を頭の中で導けた？

与式 $= \displaystyle \lim_{x \to 0} \frac{x(1 - e^x)}{-2\sin 2x \cdot \sin x} \left[= \frac{0}{0} \text{ の不定形だ！} \right]$

$= \displaystyle \lim_{\substack{x \to 0 \\ (t \to 0)}} \frac{1}{2} \cdot \frac{1}{2} \cdot \underbrace{\frac{2x}{\sin 2x}}_{t} \cdot \underbrace{\frac{x}{\sin x}}_{} \cdot \underbrace{\frac{e^x - 1}{x}}_{}$

⇦ 公式：$\displaystyle \lim_{t \to 0} \frac{t}{\sin t} = 1$
$\displaystyle \lim_{x \to 0} \frac{e^x - 1}{x} = 1$
を使った！

$= \dfrac{1}{4} \times 1 \times 1 \times 1 = \dfrac{1}{4}$ ……………(答)

(2) $\displaystyle \lim_{x \to 0} \frac{e^{\overbrace{x\sin 3x}^{t \text{ と考える}}} - 1}{x \cdot \log(x + 1)}$

⇦ $x \cdot \sin 3x = t$ とおくと，
$x \to 0$ のとき
$t \to 0 \cdot \sin 0 = 0$ だね。

$= \displaystyle \lim_{x \to 0} \frac{e^{x\sin 3x} - 1}{x\sin 3x} \cdot \frac{\sin 3x}{\log(x + 1)}$

$= \displaystyle \lim_{\substack{x \to 0 \\ (t \to 0) \\ (\theta \to 0)}} \underbrace{\frac{e^{x\sin 3x} - 1}{x\sin 3x}}_{t} \cdot \underbrace{\frac{\sin 3x}{3x}}_{\theta} \cdot \underbrace{\frac{x}{\log(x + 1)}}_{} \cdot 3$

⇦ 公式：$\displaystyle \lim_{t \to 0} \frac{e^t - 1}{t} = 1$
$\displaystyle \lim_{\theta \to 0} \frac{\sin\theta}{\theta} = 1$
を使った。

$= 1 \times 1 \times 1 \times 3 = 3$ …………………(答)

また，$\displaystyle \lim_{x \to 0} \frac{\log(x + 1)}{x} = 1$
より，$\dfrac{0.001}{0.001}$
$\displaystyle \lim_{x \to 0} \frac{x}{\log(x + 1)} = 1$ だ。

関数 $f(x) = \lim_{n \to \infty} \dfrac{x^{2n+2} + ax^n + bx + a - b}{x^{2n} + (2-a)x^n + a}$ （a，b : 定数 ）が，

$x > 0$ において連続となるための a，b の条件を求めよ。

レクチャー　　**関数の連続**を解説する。

> 関数 $y = f(x)$ が $x = a$ で連続となるための
> 条件は，
>
> $$\lim_{x \to a+0} f(x) = \lim_{x \to a-0} f(x) = f(a)$$ である。
>
> | a より大きい側か | a より小さい側か |
> | ら a に近づける。 | ら a に近づける。 |

図 1 のように，$y = f(x)$ が，$x = a$ で連続となる
ためには，a に ⊕ 側から近づく極限と，⊖ 側から
近づく極限が，実際の $x = a$ での値 $f(a)$ と一致し
なければいけないんだね。図 2 の不連続のときの
イメージと対比すれば，この意味がよくわかるは
ずだ。

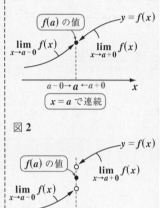

図 1

$f(a)$ の値　　　　　$y = f(x)$

$\lim_{x \to a-0} f(x)$　　　$\lim_{x \to a+0} f(x)$

$a - 0 \to a \leftarrow a + 0$　　x

$x = a$ で連続

図 2

$y = f(x)$

$f(a)$ の値　　　　$\lim_{x \to a+0} f(x)$

$\lim_{x \to a-0} f(x)$

$a - 0 \to a \leftarrow a + 0$　　x

$x = a$ で不連続

解答＆解説

$f(x) = \lim_{n \to \infty} \dfrac{x^{2n+2} + ax^n + bx + a - b}{x^{2n} + (2-a)x^n + a}$　$(x > 0)$

について，

(i) $0 < x < 1$ のとき，

$$f(x) = \lim_{n \to \infty} \frac{\overset{0}{\cancel{x^{2n+2}}} + \overset{0}{\cancel{ax^n}} + bx + a - b}{\underset{0}{\cancel{x^{2n}}} + (2-a)\underset{0}{\cancel{x^n}} + a}$$

$$= \frac{1}{a}(bx + a - b)$$

ココがポイント

⇦ $\lim_{n \to \infty} x^n$ の形の問題で
$x > 0$ だから，今回は次の
3 つに場合分けだね。
(i) $0 < x < 1$
(ii) $x = 1$
(iii) $1 < x$

(ⅱ) $x = 1$ のとき，

$$f(1) = \lim_{n \to \infty} \frac{1^{2n+2} + a \cdot 1^n + b \cdot 1 + a - b}{1^{2n} + (2 - a) \cdot 1^n + a}$$

$$= \frac{1 + a \cdot 1 + b + a - b}{1 + (2 - a) \cdot 1 + a} = \frac{1}{3}(2a + 1)$$

(ⅲ) $1 < x$ のとき，

$$f(x) = \lim_{n \to \infty} \frac{x^2 + a\left(\frac{1}{x}\right)^n + b\left(\frac{1}{x}\right)^{2n} + (a - b)\left(\frac{1}{x}\right)^{2n}}{1 + (2 - a)\left(\frac{1}{x}\right)^n + a\left(\frac{1}{x}\right)^{2n}}$$

$$= x^2$$

⇦ $x > 1$ のとき，

$$\lim_{n \to \infty}\left(\frac{1}{x}\right)^n = 0$$ より，

分子・分母を x^{2n} で割った！

以上 (ⅰ)(ⅱ)(ⅲ) より，

$$f(x) = \begin{cases} \dfrac{1}{a}(bx + a - b) & (0 < x < 1) \\[2mm] \dfrac{1}{3}(2a + 1) & (x = 1) \\[2mm] x^2 & (1 < x) \end{cases}$$

⇦ これから，$y = f(x)$ が不連続になる可能性があるのは，$x = 1$ のときだけだね。だから逆に，$x = 1$ のとき，$y = f(x)$ が連続となるようにすればいいわけだ。使う公式は，次の通りだ。

$$\lim_{x \to 1+0} f(x) = \lim_{x \to 1-0} f(x)$$
$$= f(1)$$

よって，$x > 0$ で $f(x)$ が連続となるためには，$x = 1$ で連続になればいいから，

$$\lim_{x \to 1+0} \underset{x^2}{\underline{f(x)}} = \lim_{x \to 1-0} \underset{\frac{1}{a}(bx+a-b)}{\underline{f(x)}} = \overset{\frac{1}{3}(2a+1)}{f(1)}$$

$$1^2 = \frac{1}{a}(b \cdot 1 + a - b) = \frac{1}{3}(2a + 1)$$

よって，$\dfrac{1}{3}(2a + 1) = 1$ より，

$a = 1$，b は任意 ………………………………(答)

⇦ $a = 1$ の条件のみで，b はなんでもいいんだね。

どうだった？ 関数の連続性の問題にも慣れた？

ガウス記号と極限

実数 x を超えない最大の整数を $[x]$ で表し，$[\ ]$ をガウス記号という。

(1) 関数 $f(x) = [\log x]$ は，$x = e$ で不連続であることを示せ。

(2) 不等式 $x - 1 < [x] \leq x$ ……(*) が成り立つことを示せ。

(3) 次の関数の極限を求めよ。

　　(i) $\displaystyle\lim_{x \to \infty} \frac{[\log x]}{\log x}$ 　　　　(ii) $\displaystyle\lim_{x \to \infty} \frac{[e^{x+1}]}{e^x}$

（東京都市大 *）

ヒント！ (1) $\displaystyle\lim_{x \to e - 0} f(x) \neq \lim_{x \to e + 0} f(x)$ を示せばいい。(2) $[x] = n$ (整数) とおくと，$n \leq x < n + 1$ であることを利用しよう。(3) は (2) の不等式 (*) を用いて，はさみ打ちにより極限を求めればいいんだね。頑張ろう！

解答＆解説

(1)(i) $1 \leq x < e$ のとき，$0 \leq \log x < 1$ より

　　　　$f(x) = [\log x] = 0$

　(ii) $e \leq x < e^2$ のとき，$1 \leq \log x < 2$ より

　　　　$f(x) = [\log x] = 1$

　　よって，

　　$\displaystyle\lim_{x \to e - 0} f(x) = \lim_{x \to e - 0} [\log x] = 0$

　　$\displaystyle\lim_{x \to e + 0} f(x) = \lim_{x \to e + 0} [\log x] = 1$ より

　　$\displaystyle\lim_{x \to e - 0} f(x) \neq \lim_{x \to e + 0} f(x)$

　　よって，$y = f(x) = [\log x]$ は，$x = e$ で不連続である。 ……………………………………(終)

(2) $[x] = n$ (整数) …① のとき，

　　$n \leq x < n + 1$ …② である。

　　よって，①を②に代入すると，

　　$\underline{[x]}_{(i)} \leq \underline{x < [x] + 1}_{(ii)}$

　　$\begin{cases} (i)\ [x] \leq x \\ (ii)\ x < [x] + 1\ \text{より，}\ x - 1 < [x] \end{cases}$

ココがポイント

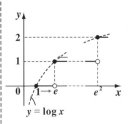

$y = \log x$

⇐ $f(x)$ が，$x = a$ で連続である条件は，

$\displaystyle\lim_{x \to a - 0} f(x) = \lim_{x \to a + 0} f(x) = f(a)$

だね。

⇐ たとえば，$[x] = 2$ ならば x は，$2 \leq x < 3$ の範囲の数なんだね。

124

以上 (ⅰ)(ⅱ) より,

$x - 1 < [x] \leqq x$ ……(*) は成り立つ。………(終)

(3)(ⅰ) $[\log x]$ について, (*) の不等式を用いると,

$\log x - 1 < [\log x] \leqq \log x$ ……③

ここで, $x \to \infty$ の極限を考えるので, $\underline{x \gg 1}$

〔"x は 1 より十分大きい" の意味〕

として, $\log x > 0$ より, ③の各辺を $\log x$

で割ると,

$1 - \dfrac{1}{\log x} < \dfrac{[\log x]}{\log x} \leqq 1$

各辺の $x \to \infty$ の極限を求めると,

$\lim\limits_{x \to \infty} \left(1 - \underbrace{\dfrac{1}{\log x}}_{0} \right) \leqq \lim\limits_{x \to \infty} \dfrac{[\log x]}{\log x} \leqq 1$

〔等号を付ける〕

「人間ならば,動物である」が真であるように範囲を広げることは許される。だから,$a < x \leqq b \Rightarrow a \leqq x \leqq b$ としてもいいんだね。

よって, はさみ打ちの原理より,

$\lim\limits_{x \to \infty} \dfrac{[\log x]}{\log x} = 1$ である。 …………………(答)

(ⅱ) $[e^{x+1}]$ に (*) の不等式を用いると,

$e^{x+1} - 1 < [e^{x+1}] \leqq e^{x+1}$ ……④

$e^x > 0$ より, ④の各辺を e^x で割って, さら

に $x \to \infty$ の極限を求めると,

$\lim\limits_{x \to \infty} \left(e - \underbrace{\dfrac{1}{e^x}}_{0} \right) \leqq \lim\limits_{x \to \infty} \dfrac{[e^{x+1}]}{e^x} \leqq e$

〔等号を付ける〕

よって, はさみ打ちの原理より,

$\lim\limits_{x \to \infty} \dfrac{[e^{x+1}]}{e^x} = e$ である。 …………………(答)

⇦ ガウス記号の入った関数の極限の問題は, この不等式 (*) により, はさみ打ちの原理を用いて解けばいい。

注意

もし, 等号を付けなかったら,

$1 < \lim\limits_{x \to \infty} \dfrac{[\log x]}{\log x} \leqq 1$ となって, 形式

〔この 1 は, 極限値の 1 なので, 本当は 0.999…のような数だから矛盾ではないんだけどね。〕

的に矛盾した不等式になるので, このような "はさみ打ち" の極限の問題では, 等号を付けるようにしよう。

⇦ $\dfrac{e^{x+1} - 1}{e^x} < \dfrac{[e^{x+1}]}{e^x} \leqq \dfrac{e^{x+1}}{e^x}$

$e - \dfrac{1}{e^x} < \dfrac{[e^{x+1}]}{e^x} \leqq e$

中間値の定理

x の 3 次方程式 $(x-a)(x-3a)(x-4a) = (x-2a)^2$ …① (a：正の定数)
が，$a < x < 2a$，$2a < x < 3a$，$4a < x$ の範囲にそれぞれ 1 つずつ実数解
をもつことを示せ。

レクチャー

中間値の定理を示そう。

$a \leqq x \leqq b$ で連続な関数 $f(x)$ について，$f(a) \neq f(b)$ ならば，$f(a)$ と $f(b)$ の間の実数 k に対して，$f(c) = k$ をみたす c が，a と b の間に少なくとも 1 つ存在する。

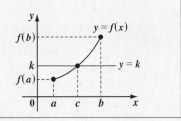

これは，グラフを見れば，明らかな定理だと思う。

そして，これは，方程式 $f(x) = 0$ が実数解をもつことの証明に利用できる。たとえば，$a \leqq x \leqq b$ で関数 $f(x)$ が連続で，かつ $\underset{\ominus}{f(a)} < 0 < \underset{\oplus}{f(b)}$ であったとすると，中間値の定理により $f(c) = 0$ をみたす c が a と b の間に必ず存在する。つまり右図のように方程式 $f(x) = 0$ は，

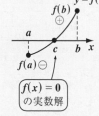

$f(x) = 0$ の実数解

$a < x < b$ の範囲に少なくとも 1 つの実数解 c をもつことが示せるんだね。大丈夫?

解答&解説

①の x の 3 次方程式を変形して，

$$(x-a)(x-3a)(x-4a) - (x-2a)^2 = 0 \quad \cdots\cdots ①'$$

とし，①′ を分解して，

$$\begin{cases} y = f(x) = (x-a)(x-3a)(x-4a) - (x-2a)^2 \\ y = 0 \quad (x\,軸) \end{cases}$$

とおくと，$y = f(x)$ は，x の 3 次関数なので，$-\infty < x < \infty$ の全範囲に渡って，連続な関数である。

ココがポイント

⇦ 中間値の定理を利用するために，$f(a)$, $f(2a)$, $f(3a)$, $f(4a)$ の符号を求めればいいんだね。

126

ここで，a は正の定数であることを考慮に入れて，$f(a)$，$f(2a)$，$f(3a)$，$f(4a)$ の符号を調べると

・$f(a) = (a-a)(a-3a)(a-4a) - (a-2a)^2 = -a^2 < 0$

◁ $f(a) < 0$，$f(2a) > 0$，$f(3a) < 0$ より，
・$f(a) < 0 < f(2a)$ から，$f(x) = 0$ は，$a < x < 2a$ の範囲に実数解をもつ。
・$f(2a) > 0 > f(3a)$ から，$f(x) = 0$ は，$2a < x < 3a$ の範囲に実数解をもつ。

・$f(2a) = (2a - a)(2a - 3a)(2a - 4a) - (2a - 2a)^2$
$= a \cdot (-a) \cdot (-2a) = 2a^3 > 0$

・$f(3a) = (3a - a)(3a - 3a)(3a - 4a) - (3a - 2a)^2$
$= -a^2 < 0$

・$f(4a) = (4a - a)(4a - 3a)(4a - 4a) - (4a - 2a)^2$
$= -4a^2 < 0$

以上より，方程式 $f(x) = 0$ …①′，すなわち①の方程式は，

(i) $f(a) < 0 < f(2a)$ より，中間値の定理から，
$a < x < 2a$ の範囲に実数解をもつ。

(ii) $f(2a) > 0 > f(3a)$ より，中間値の定理から，
$2a < x < 3a$ の範囲に実数解をもつ。

(iii) $f(4a) < 0$，かつ $\lim_{x \to \infty} f(x)$ を調べると，

x^3 をくくり出した。

$$\lim_{x \to \infty} f(x) = \lim_{x \to \infty} x^3 \left\{ \left(1 - \frac{a}{x}\right)\left(1 - \frac{3a}{x}\right)\left(1 - \frac{4a}{x}\right) - \frac{1}{x}\left(1 - \frac{2a}{x}\right)^2 \right\}$$

$= \infty \cdot (1 \times 1 \times 1 - 0 \times 1) = \infty$

よって，$4a < x$ の範囲に実数解をもつ。

3 次方程式 $f(x) = 0$ …①′，すなわち①の方程式は，最大で 3 つの相異なる実数解をもつので，(i)(ii)(iii) より，$a < x < 2a$，$2a < x < 3a$，および，$4a < x$ の範囲にそれぞれ 1 つずつ，計 3 つの相異なる実数解をもつ。 ……………………………………(終)

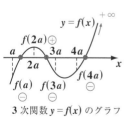

3 次関数 $y = f(x)$ のグラフのイメージがあれば一目瞭然だね。

1. 分数関数

（Ⅰ）基本形：$y = \dfrac{k}{x}$　　（Ⅱ）標準形：$y = \dfrac{k}{x-p} + q$

> 基本形を (p, q) だけ平行移動したもの

2. 無理関数

（Ⅰ）基本形：$y = \sqrt{ax}$　　（Ⅱ）標準形：$y = \sqrt{a(x-p)} + q$

3. 逆関数

$y = f(x)$：1 対 1 対応の関数のとき，

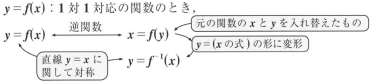

> 元の関数の x と y を入れ替えたもの

> $y = (x \text{の式})$ の形に変形

> 直線 $y = x$ に関して対称

4. 合成関数

$t = f(x) \cdots$ ①，$y = g(t) \cdots$ ②

①を②に代入して，合成関数：

$$y = g \circ f(x) = g(f(x))$$

5. 三角関数の極限（角度の単位：ラジアン）

(1) $\displaystyle\lim_{x\to 0} \dfrac{\sin x}{x} = 1$　　(2) $\displaystyle\lim_{x\to 0} \dfrac{\tan x}{x} = 1$　　(3) $\displaystyle\lim_{x\to 0} \dfrac{1 - \cos x}{x^2} = \dfrac{1}{2}$

6. 自然対数の底 e に関する極限（対数は自然対数）

(1) $\displaystyle\lim_{x\to \pm\infty} \left(1 + \dfrac{1}{x}\right)^x = e$　　　　(2) $\displaystyle\lim_{h\to 0} (1 + h)^{\frac{1}{h}} = e$

(3) $\displaystyle\lim_{x\to 0} \dfrac{\log(1 + x)}{x} = 1$　　　　(4) $\displaystyle\lim_{x\to 0} \dfrac{e^x - 1}{x} = 1$

7. 関数の連続

関数 $y = f(x)$ が $x = a$ で連続 $\Longleftrightarrow \displaystyle\lim_{x\to a+0} f(x) = \lim_{x\to a-0} f(x) = f(a)$

8. 中間値の定理

区間 $a \leqq x \leqq b$ で連続な関数 $f(x)$ について，$f(a) \neq f(b)$ ならば，$f(a)$ と $f(b)$ の間の実数 k に対して，$f(c) = k$ をみたす c が，a と b の間に少なくとも 1 つ存在する。

微分法と
その応用

▶ 微分係数・導関数の定義と計算

▶ グラフの概形を描くテクニック

▶ 微分法の方程式・不等式への応用

▶ 速度・加速度，近似式

講義⑤ 微分法とその応用

これから，**微分法**の講義に入る。"**微分する**"ってことは，"**導関数を求める**"ってことなんだね。そして，この導関数を求めることにより，曲線の接線や法線，関数のグラフの概形，そして方程式の実数解の個数など，さまざまな問題が解けるようになるんだね。

この導関数を求める方法は，実は 2 通り，つまり (i) 定義式から極限として求める方法と，(ii) 公式を駆使してテクニカルに求める方法の 2 つがある。このどちらも大切だけれど，最終的には，(ii) のテクニカルに，スイスイと導関数が計算できるように指導するつもりだ。

それでは，微分法の講義の重要ポイントを挙げておこう。

・微分係数 $f'(a)$，導関数 $f'(x)$ を，極限の定義式で求めること。
・導関数や微分係数を，公式を駆使してテクニカルに求めること。
・微分法のさまざまな応用問題に慣れること。

§1. 導関数は，テクニカルに攻略しよう！

● 微分係数を定義式から求めよう！

微分係数を定義式で求めるための公式を書いておくから，まず頭に入れておこう。

微分係数の定義式

$$f'(a) = \lim_{h \to 0} \frac{f(a+h) - f(a)}{h} \qquad (i) の定義式$$

$$= \lim_{h \to 0} \frac{f(a) - f(a-h)}{h} \qquad (ii) の定義式$$

$$= \lim_{b \to a} \frac{f(b) - f(a)}{b - a} \qquad (iii) の定義式$$

右辺の定義式の極限は，すべて $\frac{0}{0}$ の不定形だ！

この右辺の $\frac{0}{0}$ の極限がある値に収束するとき，それを $f'(a)$ とおく。
もし，これがある値に収束しないときは，微分係数 $f'(a)$ は存在しないという。

まず，（ⅰ）の定義式から解説する。
図1のように，曲線 $y = f(x)$ 上に2点
$\mathrm{A}(a, f(a))$，$\mathrm{B}(a+h, f(a+h))$ をとり，直線
AB の傾きを求めると，$\dfrac{f(a+h)-f(a)}{h}$ とな

るね。これを**平均変化率**と呼ぶ。

ここで，$h \to 0$ として，極限を求めると，

$$\lim_{h \to 0} \frac{f(a+\overset{0}{\underset{}{(h)}})-f(a)}{\underset{0}{\underbrace{(h)}}} = \frac{0}{0}$$ の不定形になる。

そして，これが極限値をもつときに，これ
を**微分係数** $f'(a)$ とおく。

つまり，$f'(a) = \lim_{h \to 0} \dfrac{f(a+h)-f(a)}{h}$ となる

わけだ。

> これが極限値をもつと
> き，$f'(a)$ は存在する。

これをグラフで見ると，図2のように，
$h \to 0$ のとき，$a+h \to a$ となるので，点 B
は限りなく点 A に近づくね。結局，図3の
ように，直線 AB は，曲線 $y = f(x)$ 上の点
$\mathrm{A}(a, f(a))$ における**接線**に限りなく近づく
から，$f'(a)$ はこの点 A における接線の傾
きを表すんだね。わかった？

ここで，図1の $a+h$ を，$a+h=b$ とお
くと，平均変化率は，図4のように

$\dfrac{f(b)-f(a)}{b-a}$ となる。ここで，$b \to a$ とする

と，同様に $f'(a)$ が得られるのがわかるね。
これが，（ⅲ）の定義式だ。

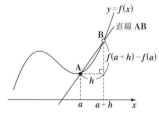

図1 平均変化率は直線 AB の
　　傾き

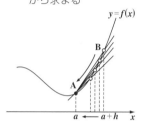

図2 微分係数 $f'(a)$ は，極限
　　から求まる

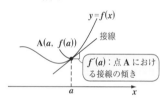

図3 微分係数 $f'(a)$ は，接線
　　の傾き

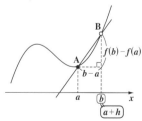

図4 $a+h=b$ とおいても，
　　$f'(a)$ は求まる

また，（ⅱ）の定義式は，$A(a, f(a))$，$B(a-h, f(a-h))$ とおいて，平均変化率を求め，$h \to 0$ として $f'(a)$ を求めたものなんだ。

これらの定義式の意味を詳しく話したけれど，実際に問題を解く場合は，これらの公式をうまく使いこなすことが重要なんだ。次の例題で，ウォーミング・アップしよう。

◆例題15◆

微分係数 $f'(a)$ が存在するとき，次の極限を $f'(a)$ で表せ。

$$\lim_{h \to 0} \frac{f(a+3h) - f(a-2h)}{h}$$

解答

$$\lim_{h \to 0} \frac{f(a+3h) - f(a-2h)}{h}$$

$f(a)$ を引いた分，$f(a)$ をたす！

$$= \lim_{h \to 0} \frac{\{f(a+3h) - f(a)\} + \{f(a) - f(a-2h)\}}{h}$$

（ⅰ）の定義式　　　（ⅱ）の定義式

$$= \lim_{\substack{h \to 0 \\ h' \to 0 \\ h'' \to 0}} \left\{ \frac{f(a+3h) - f(a)}{3 \cdot h} \times 3 + \frac{f(a) - f(a-2h)}{2 \cdot h} \times 2 \right\}$$

h'　　h''

$f'(a)$　　$f'(a)$

$h \to 0$ のとき $3h \to 0$ より，$h' \to 0$ となる。

$h \to 0$ のとき $2h \to 0$ より，$h'' \to 0$ となるね。

$$= f'(a) \times 3 + f'(a) \times 2 = 5f'(a) \quad \cdots\cdots\cdots\cdots\cdots\text{（答）}$$

微分係数の定義式と，その使い方にも慣れた？　この問題では，$h \to 0$ のとき，$3h \to 0$，$2h \to 0$ だから $h' \to 0$，$h'' \to 0$ となって，2つの微分係数の定義式を導くことがポイントだったんだね。

それでは次，導関数の解説に入ろう。ステップ・バイ・ステップにマスターしていけば，数学って，どんどん強くなっていくからね。焦ることはないよ。

132

● 導関数の定義式は，微分係数とよく似ている！

次，導関数 $f'(x)$ の定義式を下に示そう。

導関数の定義式

$$f'(x) = \lim_{h \to 0} \frac{f(x+h) - f(x)}{h}$$

$$= \lim_{h \to 0} \frac{f(x) - f(x-h)}{h}$$

右辺の定義式の極限は，いずれも $\dfrac{0}{0}$ の不定形だ！

この右辺の $\dfrac{0}{0}$ の極限が，ある $\overset{..}{x}$ の関数に収束するとき，それを $f'(x)$ とおく。もし，これがある x の関数に収束しないときは，導関数 $f'(x)$ は存在しないという。

微分係数 $f'(a)$ の定義式とソックリだね。定数 a の代わりに，変数 x を使ったものが，導関数 $f'(x)$ の定義式になっているんだね。

ただし，$f'(x)$ は，x の関数なのに対して，微分係数 $f'(a)$ は，この変数 x に定数 a を代入して求まるある値 (接線の傾き) なんだね。

それでは，$f(x) = \sqrt{x}$ の導関数 $f'(x)$ を，この定義式を使って求めてみよう。公式って，使いながら覚えるのが一番いいんだよ。

$$f'(x) = \lim_{h \to 0} \frac{f(x+h) - f(x)}{h} = \lim_{h \to 0} \frac{\overset{0}{\sqrt{x+\boxed{h}}} - \sqrt{x}}{\underset{0}{\boxed{h}}} \quad \left[= \frac{0}{0} \text{ の不定形} \right]$$

$$= \lim_{h \to 0} \frac{\overset{x+h-x=h}{\boxed{\left(\sqrt{x+h} - \sqrt{x}\right)\left(\sqrt{x+h} + \sqrt{x}\right)}}}{h\left(\sqrt{x+h} + \sqrt{x}\right)}$$

分子・分母に $\sqrt{x+h} + \sqrt{x}$ をかけて分子を有理化した。

$$= \lim_{h \to 0} \frac{\overset{1}{\cancel{h}}}{\cancel{h}\left(\sqrt{x+h} + \sqrt{x}\right)}$$

$\dfrac{0}{0}$ の不定形の要素が消えた！

なるほど導関数って，x の関数だね。

$$= \lim_{h \to 0} \frac{1}{\sqrt{x+\underset{0}{\boxed{h}}} + \sqrt{x}} = \frac{1}{\sqrt{x} + \sqrt{x}} = \frac{1}{2\sqrt{x}} \qquad \therefore f'(x) = \frac{1}{2\sqrt{x}}$$

このようにして，導関数が求まったら，この x にある値 a を代入して，微分係数 $f'(a)$ が計算できる。でも，実は導関数の計算って，こんな極限の式を使わなくても，公式からアッという間に求められるんだ。

● 導関数 $f'(x)$ をテクニックで求めよう！

導関数 $f'(x)$ を極限から求める方法を示したけれど，実践的に導関数を求める場合，こんな極限の式は使わない。次に示す**微分計算の 8 つの知識と 3 つの公式**を使って，テクニカルに求めることになる。これらの公式を使えば，どんな複雑な関数だって，簡単に微分できるようになるんだ。まず，これらの公式を下にまとめて示すから，頭に入れてくれ。

▌ 微分計算 (8 つの知識)

(1) $(x^{\alpha})' = \alpha x^{\alpha-1}$ (2) $(\sin x)' = \cos x$

(3) $(\cos x)' = -\sin x$ (4) $(\tan x)' = \dfrac{1}{\cos^2 x}$

(5) $(e^x)' = e^x$ $(e \fallingdotseq 2.7)$ (6) $(\underline{a}^x)' = \underline{a}^x \cdot \log \underline{a}$

(7) $(\log x)' = \dfrac{1}{x}$ $(x > 0)$ (8) $\{\log f(x)\}' = \dfrac{f'(x)}{f(x)}$ $(f(x) > 0)$

(ただし，対数はすべて自然対数，$\underline{a > 0}$ かつ $\underline{a \neq 1}$)

---

(7)，(8) は，$x < 0$ や $f(x) < 0$ のときでも対応できるように，次の公式も覚えておこう。

(7)′ $(\log|x|)' = \dfrac{1}{x}$ $(x \neq 0)$ (8)′ $\{\log|f(x)|\}' = \dfrac{f'(x)}{f(x)}$ $(f(x) \neq 0)$

▌ 微分計算 (3 つの公式)

$f(x) = f$，$g(x) = g$ と簡単に表すことにする。

(1) $(f \cdot g)' = f' \cdot g + f \cdot g'$

(2) $\left(\dfrac{g}{f}\right)' = \dfrac{g' \cdot f - g \cdot f'}{f^2}$ ◀── $\left(\dfrac{分子}{分母}\right)' = \dfrac{(分子)' \cdot 分母 - 分子 \cdot (分母)'}{(分母)^2}$
と口ずさみながら覚えるといい！

(3) 合成関数の微分

$y' = \dfrac{dy}{dx} = \dfrac{dy}{dt} \cdot \dfrac{dt}{dx}$ 複雑な関数の微分で威力を発揮する！

まず，微分計算の **8** つの知識は，理屈抜きで覚えてくれ。そうすれば，さっきやった $\sqrt{x}$ の微分なんて，この **(1)** の知識だけで求まる。

$$(\sqrt{x})' = \left(x^{\overset{\alpha}{\frac{1}{2}}}\right)' = \overset{\alpha}{\left(\frac{1}{2}\right)} \cdot x^{\overset{\alpha}{\frac{1}{2}}-1} = \frac{1}{2}x^{-\frac{1}{2}} = \frac{1}{2} \cdot \frac{1}{\sqrt{x}} = \frac{1}{2\sqrt{x}}$$

どう？　アッサリ計算できるでしょ。威力がわかった？

それでは，簡単な微分計算の練習をして，**3** つの公式も使う，より本格的な例題にチャレンジしてみよう。

(1) $y = 3\sin x - 2\cos x$ を微分すると，次のようになる。

$$\begin{aligned} y' &= (3\sin x - 2\cos x)' \\ &= 3(\sin x)' - 2\underline{(\cos x)'} \\ &= 3\underline{\cos x} - 2(\underline{-\sin x}) \\ &= 3\cos x + 2\sin x \end{aligned}$$

> たし算や引き算は項別に微分できる！
> 係数は，別にして後でかける！

(2) $y = \log(x^2 + 1)$ も微分すると，

> $(\log f)' = \dfrac{f'}{f}$ を使った！

$$y' = \{\log(x^2+1)\}' = \frac{(x^2+1)'}{x^2+1} = \frac{2x}{x^2+1} \quad \text{となって答えだね。}$$

それでは，次の例題を解いてみてごらん。これで，微分計算に必要な **8** つの知識と，**3** つの公式が使いこなせるようになるはずだ。この微分計算に強くなると，後で出てくる積分計算も楽にこなせるようになるんだ。頑張ろう！

◆例題 16◆

次の関数を微分して，導関数を求めよ。

(1) $y = e^x \cdot \sin x$　　　**(2)** $y = x \cdot 2^x$　　　**(3)** $y = \dfrac{\log x}{x}$

(4) $y = \dfrac{\sin x}{\cos x}$　　　**(5)** $y = (x^2+1)^4$　　　**(6)** $y = e^{-x^2}$

解答

(1)，**(2)** では公式 $(f \cdot g)' = f' \cdot g + f \cdot g'$ を使い，**(3)**，**(4)** は分数関数の微分公式 $\left(\dfrac{g}{f}\right)' = \dfrac{g' \cdot f - g \cdot f'}{f^2}$ を使う。**(5)**，**(6)** は合成関数の微分だ！

(1) $y' = (e^x \cdot \sin x)' = \overset{e^x}{\underset{\shortparallel}{(e^x)'}} \cdot \sin x + e^x \cdot \overset{\cos x}{\underset{\shortparallel}{(\sin x)'}}$ ← $\boxed{(f \cdot g)' = f' \cdot g + f \cdot g' \text{ だね。}}$

$\qquad = \underset{\sim}{e^x} \sin x + e^x \underline{\cos x} = e^x (\sin x + \cos x)$ $\cdots\cdots\cdots\cdots\cdots\cdots\cdots\cdots$(答)

(2) $y' = (x \cdot 2^x)' = \overset{1}{\underset{\shortparallel}{x'}} \cdot 2^x + x \overset{2^x \cdot \log 2}{\underset{\shortparallel}{(2^x)'}}$ ← $\boxed{(f \cdot g)' = f' \cdot g + f \cdot g'}$

$\qquad = 1 \cdot 2^x + x \cdot 2^x \cdot \log 2 = 2^x(1 + x \cdot \log 2)$ $\cdots\cdots\cdots\cdots\cdots\cdots$(答)

(3) $y' = \left(\dfrac{\log x}{x} \right)'$ ←

$\qquad\qquad\qquad$ $\boxed{\begin{array}{l} \text{公式} \left(\dfrac{g}{f} \right)' = \dfrac{g' \cdot f - g \cdot f'}{f^2} \text{ は} \\[2mm] \left(\dfrac{\text{分子}}{\text{分母}} \right)' = \dfrac{(\text{分子})' \cdot \text{分母} - \text{分子} \cdot (\text{分母})'}{(\text{分母})^2} \\[2mm] \text{と，言葉で覚えると忘れないと思う！} \end{array}}$

$\qquad = \dfrac{\overset{\frac{1}{x}}{\overbrace{(\log x)'}} \cdot x - \log x \cdot \overset{1}{\overbrace{(x')}}}{x^2}$

$\qquad = \dfrac{1 - \log x}{x^2}$ $\cdots\cdots\cdots\cdots\cdots\cdots\cdots\cdots\cdots\cdots\cdots\cdots\cdots\cdots$(答)

(4) $y' = \left(\overset{\tan x}{\overbrace{\dfrac{\sin x}{\cos x}}} \right)' = \dfrac{\overset{\cos x}{\overbrace{(\sin x)'}}\cos x - \sin x \overset{-\sin x}{\overbrace{(\cos x)'}}}{\cos^2 x}$

$\qquad = \dfrac{\overset{1 \text{ だ！}}{\overbrace{\cos^2 x + \sin^2 x}}}{\cos^2 x} = \dfrac{1}{\cos^2 x}$ $\cdots$(答)

$\qquad\qquad\qquad$ $\boxed{\begin{array}{l} \text{実は，これって，} (\tan x)' = \dfrac{1}{\cos^2 x} \\ \text{を示したんだよ。気付いた？} \end{array}}$

(5) これは，合成関数の微分を使うとウマクいくよ。導関数 y' は，

$\qquad y' = \boxed{\dfrac{dy}{dx}}$ と表すんだけれど，これに dt をからめて次のように表せる。

$\qquad\qquad$ $\overset{\text{"} y \text{ を } x \text{ で微分する" という意味}}{}$

$\qquad y' = \dfrac{dy}{dx} = \overset{\boxed{y \text{ を } t \text{ で微分}}}{\boxed{\dfrac{dy}{dt}}} \times \overset{\boxed{t \text{ を } x \text{ で微分}}}{\boxed{\dfrac{dt}{dx}}}$ $\boxed{\begin{array}{l} \text{見かけ上，} dt \text{ で割った} \\ \text{分，} dt \text{ をかけている。} \end{array}}$ これが，合成関数の微分だ。

$\qquad$ 今回，$y = (\underset{t}{\boxed{x^2 + 1}})^4$ の $x^2 + 1$ を $x^2 + 1 = t$ とおくよ。すると，$y = t^4$

だね。よって，

$\qquad y' = \dfrac{dy}{dx} = \dfrac{d\overset{(t^4)}{\overbrace{(y)}}}{dt} \cdot \dfrac{d\overset{(x^2+1)}{\overbrace{(t)}}}{dx} = \dfrac{\overset{\boxed{t^4 \text{ を } t \text{ で微分}}}{d(t^4)}}{dt} \cdot \dfrac{\overset{\boxed{x^2+1 \text{ を } x \text{ で微分}}}{d(x^2+1)}}{dx} = 4 \cdot \overset{(x^2+1) \text{ にもどす。}}{\underset{\sim}{\boxed{(t)}^3}} \times \underline{2x}$

$\qquad = 8x \cdot (x^2 + 1)^3$ となって答えだ。

$\qquad$ 複雑な関数の微分に，この合成関数の微分は威力を発揮する！

(6) $y = e^{\overset{t}{\overbrace{-x^2}}}$ の微分でも合成関数の微分を使うよ。$-x^2 = t$ とおく。

y を x で微分すると,

$$y' = \left(e^{\overset{t}{\overbrace{-x^2}}}\right)' = e^{-x^2} \cdot \underline{(-2x)} = -2x \cdot e^{-x^2} \quad \text{となって答えだ。}$$

> 慣れると,t は頭の中だけで処理できるので,このペースで微分できる。

この種あかしをすると,

$$y' = \frac{dy}{dx} = \frac{dy}{dt} \cdot \frac{dt}{dx} = \frac{d(e^t)}{dt} \cdot \frac{d(-x^2)}{dx} = e^t \cdot (-2x) = e^{-x^2} \cdot (-2x) \text{ だ!}$$

● $\displaystyle\lim_{x \to 0} \frac{\sin x}{x} = 1$ **はこうして導ける!**

$(\sin x)' = \cos x$ を基にすると,$\displaystyle\lim_{x \to 0} \frac{\sin x}{x} = 1$ は次のように導ける。x を h

におきかえても,極限に変化はないので,

> これは **0** だから,引いても変化しない。

$$\lim_{x \to 0} \frac{\sin x}{x} = \lim_{h \to 0} \frac{\sin h}{h} = \lim_{h \to 0} \frac{\overset{f(0+h)}{\overbrace{(\sin(0+h))}} - \overset{f(0)}{\overbrace{(\sin 0)}}}{h} \quad \text{とおける。}$$

ここで,$f(x) = \sin x$ とおくと,これを x で微分して,

$f'(x) = (\sin x)' = \cos x$ だね。これに $x = 0$ を代入して,微分係数 $f'(0)$ は,

$f'(0) = \cos 0 = \underline{1}$ となる。

サァ,これでオシマイだ! なぜって?

$$\lim_{x \to 0} \frac{\sin x}{x} = \lim_{h \to 0} \frac{f(0+h) - f(0)}{h} = f'(0) = \underline{1} \quad \text{となるからだ。}$$

> これは,微分係数 $f'(0)$ の定義式だ!

$\therefore \displaystyle\lim_{x \to 0} \frac{\sin x}{x} = 1$ だ!

これと同様に,$\displaystyle\lim_{x \to 0} \frac{e^x - 1}{x} = 1$,$\displaystyle\lim_{x \to 0} \frac{\log(x+1)}{x} = 1$ も導ける。これらに

ついては,演習問題 **42** でやってみよう。微分係数の定義式と,導関数の公式

をうまく組み合わせるといいんだ。だんだん面白くなってきたでしょう?

● 対数微分法も利用しよう！

関数 $y = f(x)$ の導関数が直接求めづらいとき，両辺の絶対値をとり，さらにその自然対数をとって，$\log|y| = \log\left|f(x)\right|$ とした上で，この両辺を x で微分して，導関数 y' を求める手法を，"**対数微分法**" という。

◆例題17◆

関数 $y = \sqrt[3]{\dfrac{(x+1)^3}{(x-1)^2(x+2)}}$ …① $(x \neq 1,\ -2)$ の導関数 $y' = \dfrac{dy}{dx}$ を対数微分法を使って，求めよ。

解答

①の両辺の絶対値をとって，さらに，その自然対数をとると，

$$\log|y| = \log\left|\frac{(x+1)^3}{(x-1)^2(x+2)}\right|^{\frac{1}{3}} = \frac{1}{3}\log\frac{|x+1|^3}{|x-1|^2|x+2|} \quad \text{より}$$

$$\log|y| = \frac{1}{3}\{3\log|x+1| - 2\log|x-1| - \log|x+2|\} \cdots ② \quad \text{となる。}$$

②の両辺を x で微分すると，

$$\frac{1}{y}\cdot\frac{dy}{dx} = \frac{1}{3}\left(3\cdot\frac{1}{x+1} - 2\cdot\frac{1}{x-1} - \frac{1}{x+2}\right)$$

$\boxed{\dfrac{d}{dx}(\log|y|) = \dfrac{dy}{dx}\cdot\dfrac{d}{dy}(\log|y|) = \dfrac{dy}{dx}\cdot\dfrac{1}{y}}$

$$\frac{1}{y}\cdot\frac{dy}{dx} = -\frac{\cancel{3}}{\cancel{3}}\cdot\frac{x+3}{(x+1)(x-1)(x+2)}$$

よって，求める導関数 $y' = \dfrac{dy}{dx}$ は，

$$\frac{dy}{dx} = -y\frac{x+3}{(x+1)(x-1)(x+2)}$$

$$= -\left\{\frac{(x+1)^3}{(x-1)^2(x+2)}\right\}^{\frac{1}{3}}\cdot\frac{x+3}{(x+1)(x-1)(x+2)}$$

$$= -\frac{\cancel{(x+1)}(x+3)}{\cancel{(x+1)}(x-1)^{\frac{5}{3}}(x+2)^{\frac{4}{3}}}$$

$$= -\frac{x+3}{(x-1)^{\frac{5}{3}}(x+2)^{\frac{4}{3}}} \quad\cdots\cdots\cdots\cdots\cdots\cdots\cdots\text{(答)}$$

右辺の（ ）内
$$= \frac{3}{x+1} - \frac{2}{x-1} - \frac{1}{x+2}$$
$$= \frac{3x-3-2x-2}{(x+1)(x-1)} - \frac{1}{x+2}$$
$$= \frac{x-5}{(x+1)(x-1)} - \frac{1}{x+2}$$
$$= \frac{(x-5)(x+2)-(x^2-1)}{(x+1)(x-1)(x+2)}$$
$$= \frac{-3x-9}{(x+1)(x-1)(x+2)}$$

● 高次導関数は，表記法に要注意だ！

$y = f(x)$ が，x で n 回微分可能な関数であるとき，$y = f(x)$ を順に n 回 x で微分した導関数を**第 n 次導関数**と呼び，

$$y^{(n)} = f^{(n)}(x) = \frac{d^n y}{dx^n} = \frac{d^n}{dx^n} f(x) \quad (n = 1, \ 2, \ 3, \ \cdots) \text{ などと表す。そして，}$$

> したがって，第 1 次導関数 $y' = f'(x)$ は，$y^{(1)} = f^{(1)}(x)$ と表せる。また，第 2 次導関数 $y'' = f''(x)$ は，$y^{(2)} = f^{(2)}(x)$ と表してもいいし，第 3 次導関数 $y''' = f'''(x)$ は，$y^{(3)} = f^{(3)}(x)$ と表すこともある。

$n \geqq 2$ のとき，$y^{(n)} = f^{(n)}(x)$ を**高次導関数**と呼ぶことも覚えておこう。

$(ex1)$ $y = \cos x$ の第 n 次導関数を求めよう。

$$y' = y^{(1)} = (\cos x)' = -\sin x, \quad y'' = y^{(2)} = \underbrace{(-\sin x)'}_{y'} = -\cos x$$

$$y''' = y^{(3)} = \underbrace{(-\cos x)'}_{y''} = \sin x, \quad y'''' = y^{(4)} = \underbrace{(\sin x)'}_{y'''} = \underline{\cos x}$$

4 回目の微分で元に戻った！

以降の微分は 4 回毎に同様の結果となるので，$k = 1, \ 2, \ 3, \ \cdots$ のとき

$$y^{(n)} = (\cos x)^{(n)} = \begin{cases} -\sin x & (n = 4k - 3 \text{ のとき}) \\ -\cos x & (n = 4k - 2 \text{ のとき}) \\ \sin x & (n = 4k - 1 \text{ のとき}) \\ \cos x & (n = 4k \text{ のとき}) \end{cases} \text{ となる。}$$

$(ex2)$ $y = x^n$ の第 n 次導関数を求めよう。

$$y' = y^{(1)} = (x^n)' = n \cdot x^{n-1}, \quad y'' = y^{(2)} = \underbrace{(n \cdot x^{n-1})'}_{y'} = n(n-1)x^{n-2}$$

$$y''' = y^{(3)} = \underbrace{\{n(n-1)x^{n-2}\}'}_{y''} = n(n-1)(n-2)x^{n-3}$$

以下同様にして，第 n 次導関数 $y^{(n)} = (x^n)^{(n)}$ は

$$y^{(n)} = (x^n)^{(n)} = n \cdot (n-1) \cdot (n-2) \cdot \cdots \cdot 3 \cdot 2 \cdot 1 \cdot x^{\overset{n-n}{\underset{\{n-(n-1)\}}{0}}}$$

$$= n \cdot (n-1) \cdot (n-2) \cdot \cdots \cdot 3 \cdot 2 \cdot 1 = n! \text{ となる。}$$

微分係数・導関数の定義と極限

(1) $f'(0) = 1$ のとき，次の極限を求めよ。

$$\lim_{x \to 0} \frac{f(\sin 3x) - f(0)}{x}$$

(2) 微分可能な関数 $f(x)$ について，次の極限を $f'(x)$ で表せ。

$$\lim_{h \to 0} \frac{f(x + 2h) - f(x)}{\sin h}$$

（東京電機大）

ヒント！ **(1)**，**(2)** ともに，微分係数や導関数の定義式を使って，極限を求める問題だ。**(1)** は，$\sin 3x = h$ とおくと話が見えてくるだろう。**(2)** は，導関数の定義式にもち込み，さらに $2h = h'$ とおくとうまくいく。

解答＆解説

(1) $f'(0) = 1$ は与えられているね。

$$\lim_{x \to 0} \frac{f(\sin 3x) - f(0)}{x} = \lim_{x \to 0} \frac{f(0 + \overbrace{\sin 3x}^{h}) - f(0)}{x}$$

よって，

【1番目の微分係数の定義式】

$$与式 = \lim_{\substack{x \to 0 \\ h \to 0 \\ x' \to 0}} \underbrace{\frac{f(0 + \overbrace{\sin 3x}^{h}) - f(0)}{\underbrace{\sin 3x}_{h}}}_{f'(0)} \times \underbrace{\frac{\sin \overbrace{3x}^{x'}}{\underbrace{3x}_{x'}}}_{1} \times 3$$

$$= \underbrace{f'(0)}_{1} \times 1 \times 3 = 1 \times 1 \times 3 = 3 \quad \cdots\cdots (答)$$

(2) 与式を変形して，

$$\lim_{h \to 0} \frac{f(x + 2h) - f(x)}{\sin h}$$

$$= \lim_{h \to 0} 2 \cdot \underbrace{\left[\frac{h}{\sin h}\right]}_{1} \cdot \underbrace{\left[\frac{f(x + 2h) - f(x)}{2h}\right]}_{f'(x)}$$

公式 : $\lim_{x \to 0} \dfrac{x}{\sin x} = 1$

$$= 2 \cdot 1 \cdot f'(x) = 2f'(x) \quad \cdots\cdots\cdots (答)$$

ココがポイント

⇦ $\sin 3x = h$ とおくと，$x \to 0$ のとき，$h \to \boxed{0}$ となるね。
　　$\sin 3 \cdot 0$

⇦ $3x = x'$ とおくと，$x \to 0$ のとき，$x' \to 0$ だね。

⇦ 導関数の定義式
$$f'(x) = \lim_{h \to 0} \frac{f(x + h) - f(x)}{h}$$
にもち込む。

⇦ $2h = h'$ とおくと，
$$\lim_{h' \to 0} \frac{f(x + h') - f(x)}{h'} = f'(x)$$
となる。

微分係数の定義と極限

| 演習問題 42 | 難易度 ★★ | CHECK 1 | CHECK 2 | CHECK 3 |

$(e^x)' = e^x$, $(\log x)' = \dfrac{1}{x}$ を利用して，次の極限を求めよ。

(1) $\displaystyle\lim_{x \to 0} \dfrac{e^x - 1}{x}$　　(2) $\displaystyle\lim_{x \to 0} \dfrac{\log(x+1)}{x}$　　(3) $\displaystyle\lim_{x \to 1} \dfrac{\log x}{x-1}$

ヒント！ (1), (2) の極限が 1 になることは知っているはずだ。これを，微分係数の定義式を使って導くんだね。(1) は，$f(x) = e^x$, (2), (3) は $f(x) = \log x$ とおくとうまくいくよ。頑張れ！

解答&解説

ココがポイント

(1) x を h でおきかえても同じだから，

$$\lim_{x \to 0} \frac{e^x - 1}{x} = \lim_{h \to 0} \frac{e^h - 1}{h} = \lim_{h \to 0} \frac{e^{0+h} - e^0}{h}$$

（$\frac{0}{0}$ の不定形）　$f(0+h)$　$f(0) = 1$

ここで，$f(x) = e^x$ とおくと，$f'(x) = e^x$

よって，$f'(0) = e^0 = \underline{\underline{1}}$

$\therefore$ 与式 $= \displaystyle\lim_{h \to 0} \dfrac{f(0+h) - f(0)}{h} = f'(0) = \underline{\underline{1}}$ ……(答)

⇦ $f(x) = e^x$ とおくと，
与式 $= [f'(0)$ の定義式 $]$
となるんだね。

⇦ $\displaystyle\lim_{x \to 0} \dfrac{e^x - 1}{x} = 1$ を導いたんだね。

(2) x を h でおきかえてもいいので，

$$\lim_{x \to 0} \frac{\log(x+1)}{x} = \lim_{h \to 0} \frac{\log(1+h) - \log 1}{h}$$

$f(1+h)$　　$f(1)$

（$\frac{0}{0}$ の不定形）　これは 0 だから引いてもいいよね。

$f(x) = \log x$ とおくと，$f'(x) = \dfrac{1}{x}$　$\therefore f'(1) = \underline{\underline{1}}$

$\therefore$ 与式 $= \displaystyle\lim_{h \to 0} \dfrac{f(1+h) - f(1)}{h} = f'(1) = \underline{\underline{1}}$ ……(答)

⇦ $f(x) = \log x$ とおくと，
与式 $= [f'(1)$ の定義式 $]$
となるんだね。

⇦ $\displaystyle\lim_{x \to 0} \dfrac{\log(x+1)}{x} = 1$ を導いたんだね。

(3) $\displaystyle\lim_{x \to 1} \frac{\log x}{x-1} = \lim_{x \to 1} \frac{\log x - \log 1}{x-1}$

$f(x)$　$f(1) = 0$

（$\frac{0}{0}$ の不定形）

ここで，$f(x) = \log x$ とおくと，$f'(x) = \dfrac{1}{x}$

$\therefore f'(1) = \underline{\underline{1}}$

$\therefore$ 与式 $= \displaystyle\lim_{x \to 1} \dfrac{f(x) - f(1)}{x-1} = f'(1) = \underline{\underline{1}}$ ……(答)

⇦ これは，(2) と同様だ。

⇦ $f'(1)$ の (iii) の定義式だ！

どう？ 微分係数の定義式にも慣れた？

関数の積と商の微分，合成関数の微分

次の関数を微分せよ。

$(1)\ y = e^x \cos x$　　　　$(2)\ y = x \log x$　　　　$(3)\ y = \dfrac{x}{x^2 + 1}$

$(4)\ y = e^{-x}$　　　　　　$(5)\ y = \dfrac{1}{\sqrt{x^2 + 1}}$

ヒント!　$(1), (2)$ は，関数の積の微分，(3) は，関数の商の微分公式を使う。(4)，(5) は，合成関数の微分公式で求める。

解答＆解説

$(1)\ y' = (e^x \cos x)' = \overbrace{(e^x)'}^{e^x} \cos x + e^x \overbrace{(\cos x)'}^{-\sin x}$

$\qquad = e^x(\cos x - \sin x)$ ……………………(答)

$(2)\ y' = (x \cdot \log x)' = \overbrace{(x')}^{1} \cdot \log x + x \cdot \overbrace{(\log x)'}^{\frac{1}{x}}$

$\qquad = \log x + 1$ …………………………(答)

$(3)\ y' = \left(\dfrac{x}{x^2+1}\right)' = \dfrac{\overbrace{(x')}^{1}(x^2+1) - x\overbrace{(x^2+1)'}^{2x}}{(x^2+1)^2}$

$\qquad = \dfrac{-x^2+1}{(x^2+1)^2}$ ……………(答)

$(4)\ y = e^{\overbrace{-x}^{t}}$ の $-x$ を t とおいて，

$\qquad y' = \dfrac{dy}{dx} = \dfrac{d(\overbrace{e^t}^{y})}{dt} \cdot \dfrac{d(\overbrace{-x}^{t})}{dx} = e^{\overbrace{t}^{-x}}(-1) = -e^{-x}$

$\qquad\qquad\qquad\qquad\qquad\qquad$ ……(答)

$(5)\ y = \dfrac{1}{\sqrt{x^2+1}} = (\overbrace{x^2+1}^{t})^{-\frac{1}{2}}$　　$t = x^2+1$ とおいて

$\qquad y' = \dfrac{dy}{dx} = \dfrac{d(\overbrace{t^{-\frac{1}{2}}}^{y})}{dt} \cdot \dfrac{d(\overbrace{x^2+1}^{t})}{dx} = -\dfrac{1}{2}t^{-\frac{3}{2}} \cdot 2x$

$\qquad = -\dfrac{x}{(x^2+1)^{\frac{3}{2}}} = -\dfrac{x}{(x^2+1)\sqrt{x^2+1}}$ ……(答)

どう？　微分計算にも少しは慣れた？

ココがポイント

⇦ $(f \cdot g)' = f' \cdot g + f \cdot g'$
の公式を使った！

⇦ $(f \cdot g)' = f' \cdot g + f \cdot g'$
の公式を使った！

⇦ 公式 :
$\left(\dfrac{g}{f}\right)' = \dfrac{g' \cdot f - g \cdot f'}{f^2}$
を使った！

⇦ 合成関数の微分公式 :
$\dfrac{dy}{dx} = \dfrac{d\overset{(e^t)}{y}}{dt} \cdot \dfrac{d\overset{(-x)}{t}}{dx}$
を使った。

⇦ 合成関数の微分公式 :
$\dfrac{dy}{dx} = \dfrac{d\overset{(t^{\frac{1}{2}})}{y}}{dt} \cdot \dfrac{d\overset{(x^2+1)}{t}}{dx}$
を使った。

合成関数の微分

次の関数を微分せよ。

(1) $y = \sin 2x$

(2) $y = \sin^3(2x+1)$ （北見工大）

(3) $y = \tan^2 x$

(4) $y = x(\log x)^2$

(5) $y = \dfrac{e^{-x}}{x}$

ヒント！ すべて，合成関数の微分の公式 $\dfrac{dy}{dx} = \dfrac{dy}{dt} \cdot \dfrac{dt}{dx}$ を使うよ。さらに (4), (5) は $(f \cdot g)'$ や $\left(\dfrac{g}{f}\right)'$ の公式とも組み合わせている。

解答＆解説

(1) $y' = (\sin 2x)' = \cos 2x \times (2x)'$

$= 2\cos 2x$ ················(答)

(2) $y' = (\sin^3(2x+1))'$

$= 3\sin^2(2x+1) \times (\sin(2x+1))'$ ←これがさらに合成関数の微分だね。

$= 3\sin^2(2x+1) \times \cos(2x+1) \times (2x+1)'$

$= 6\sin^2(2x+1) \cdot \cos(2x+1)$ ··········(答)

(3) $y' = (\tan^2 x)' = 2\tan x \times (\tan x)'$

$= \dfrac{2\tan x}{\cos^2 x}$ ···············(答)

(4) $y' = (x')(\log x)^2 + x\{((\log x))^2\}'$ ←ここに合成関数の微分を使った！ $2(\log x)\cdot\frac{1}{x}$

$= (\log x)^2 + 2\log x$ ···········(答)

(5) $y' = \left(\dfrac{e^{-x}}{x}\right)' = \dfrac{(e^{-x})'\cdot x - e^{-x}\cdot (x')}{x^2}$ ←合成関数の微分！ $e^{-x}\cdot(-x)' = -e^{-x}$, $x'=1$

$= \dfrac{-x\cdot e^{-x} - e^{-x}}{x^2} = -\dfrac{(x+1)e^{-x}}{x^2}$ ··········(答)

ココがポイント

$\Leftarrow 2x = t$ とおくと，
$\dfrac{dy}{dx} = \dfrac{d(\sin t)}{dt} \times \dfrac{d(2x)}{dx}$ だ。
$\cos t$, 2

$\Leftarrow \sin(2x+1) = u$ とおくと，
$\dfrac{dy}{dx} = \dfrac{d(u^3)}{du} \times \dfrac{du}{dx}$
$3u^2$

$\Leftarrow \tan x = u$ とおくと，
$\dfrac{dy}{dx} = \dfrac{d(u^2)}{du} \times \dfrac{d(\tan x)}{dx}$

$\Leftarrow (f\cdot g)' = f'g + f\cdot g'$ の公式を使った！

$\Leftarrow \left(\dfrac{g}{f}\right)' = \dfrac{g'\cdot f - g\cdot f'}{f^2}$ の公式を使った。

$\Leftarrow (e^{-x})'$ は，$-x = t$ とおいて，
$\dfrac{d(e^t)}{dt} \times \dfrac{d(-x)}{dx} = e^{-x}\cdot(-1)$ だ。

対数関数の微分，対数微分法

次の関数を微分せよ。

$(1) y = \log\left(x + \sqrt{x^2+1}\right)$ 　　　　$(2) y = (\sqrt{x})^x$ 　$(x>0)$ 　（東京理科大）

ヒント！ **(1)** は対数関数の微分と合成関数の微分の融合問題だ。**(2)** は，両辺の自然対数をとった後で，微分するとうまくいく。

解答＆解説

ココがポイント

$(1)\ y' = \dfrac{\overbrace{\left(x+\sqrt{x^2+1}\right)'}^{f'}}{\underbrace{x+\sqrt{x^2+1}}_{f}} = \dfrac{x'+\left\{\left((x^2+1)\right)^{\frac{1}{2}}\right\}'}{x+\sqrt{x^2+1}}$

t とおいて合成関数の微分

$\dfrac{1}{2}t^{-\frac{1}{2}}$

分子・分母に $\sqrt{x^2+1}$ をかける。

⇦ $(\log f)' = \dfrac{f'}{f}$ だね。

$= \dfrac{1 + \dfrac{1}{2}(x^2+1)^{-\frac{1}{2}} \cdot 2x}{x+\sqrt{x^2+1}} = \dfrac{1 + \dfrac{x}{\sqrt{x^2+1}}}{x+\sqrt{x^2+1}}$

$(x^2+1)'$

⇦ $\left\{(x^2+1)^{\frac{1}{2}}\right\}'$
$= \dfrac{1}{2}t^{-\frac{1}{2}} \cdot (x^2+1)'$
$= \dfrac{1}{2}(x^2+1)^{-\frac{1}{2}} \cdot 2x$
となる。

$= \dfrac{\sqrt{x^2+1}+x}{\sqrt{x^2+1}\left(x+\sqrt{x^2+1}\right)} = \dfrac{1}{\sqrt{x^2+1}}$ …………（答）

これ，真数条件

$(2)\ y = \left(x^{\frac{1}{2}}\right)^x = x^{\frac{x}{2}}$ $(x>0)$ の両辺は正より，この両辺
の自然対数をとって，$\log y = \log x^{\frac{x}{2}}$

⇦ $y = x^{(xの式)}$ の形の微分が出てきたら，両辺の自然対数をとることだ！ これは重要なポイントだ。

$\therefore \log y = \dfrac{x}{2} \cdot \log x$ 　　$2\log y = x\log x$ ……①

この両辺を x で微分すると，

①の右辺 $= (x\log x)' = x' \log x + x(\log x)'$

$\dfrac{1}{x}$

⇦ $(f \cdot g)' = f' \cdot g + f \cdot g'$ だ。

$= \log x + 1$

①の左辺 $= 2(\log y)' = 2\dfrac{d(\log y)}{dx}$

$= 2\dfrac{d(\log y)}{dy} \cdot \dfrac{dy}{dx}$ これ y' のこと $= \dfrac{2}{y} \cdot y'$

⇦ $\log y$ は，x の直接の関数ではないので，まず y で微分して，それに $\dfrac{dy}{dx}$ をかける。これも，合成関数の微分の考え方と同じだね。

以上より，$\dfrac{2}{y} \cdot y' = \log x + 1$

$x^{\frac{x}{2}}$ に戻す！

$\therefore y' = \dfrac{1}{2}y(\log x + 1) = \dfrac{1}{2}x^{\frac{x}{2}}(\log x + 1)$ …（答）

対数微分法

演習問題 46 　　難易度 ★★　　CHECK 1　　CHECK 2　　CHECK 3

次の関数の導関数 $y' = \dfrac{dy}{dx}$ を，対数微分法を用いて求めよ。（ $x > 0$ とする）

$(1)\ y = \left(\sqrt[3]{x}\right)^{x^2}$ （関西大）　　　　$(2)\ y = (1+x)^{\frac{1}{1+x}}$ 　　（東京理科大）

ヒント！ 対数微分法を利用しよう。(1)，(2) 共に，正の関数なので，絶対値をとる必要はない。両辺の自然対数をとって，微分しよう。

解答&解説

$(1)\ x > 0$ より，$y = \left(x^{\frac{1}{3}}\right)^{x^2} = x^{\frac{x^2}{3}} > 0$ である。

よって，この両辺の自然対数をとって，

$$\log y = \frac{1}{3} x^2 \log x$$

この両辺を x で微分して，

$$\frac{1}{y} \cdot y' = \frac{1}{3}\left(2x \cdot \log x + x^2 \cdot \frac{1}{x}\right)$$

$$\therefore y' = \frac{1}{3} \cdot y \cdot (2x \cdot \log x + x)$$

$$= \frac{1}{3} \cdot x^{\frac{x^2}{3}+1} \cdot (2\log x + 1) \cdots\cdots\cdots\cdots\cdots (答)$$

$(2)\ x > 0$ より，$y = (1+x)^{\frac{1}{1+x}} > 0$ である。

よって，この両辺の自然対数をとって，

$$\log y = \frac{\log(1+x)}{1+x}$$

この両辺を x で微分して，

$$\frac{1}{y} \cdot y' = \frac{\dfrac{1}{1+x} \cdot (1+x) - \log(1+x) \cdot 1}{(1+x)^2}$$

$$\therefore y' = y \cdot \frac{1 - \log(1+x)}{(1+x)^2}$$

$$= (1+x)^{\frac{1}{1+x}} \cdot \frac{1 - \log(1+x)}{(1+x)^2}$$

$$= (1+x)^{-\frac{1+2x}{1+x}} \{1 - \log(1+x)\} \cdots\cdots (答)$$

ココがポイント

$\Leftarrow \log x^{\frac{x^2}{3}} = \dfrac{x^2}{3} \log x$

$\Leftarrow \dfrac{d}{dx}(\log y) = \dfrac{dy}{dx} \cdot \underbrace{\dfrac{d}{dy}(\log y)}_{\boxed{\frac{1}{y}}}$

$\Leftarrow \log(1+x)^{\frac{1}{1+x}}$
$\quad = \dfrac{1}{1+x} \cdot \log(1+x)$

$\Leftarrow \left(\dfrac{g}{f}\right)' = \dfrac{g' \cdot f - g \cdot f'}{f^2}$

$\Leftarrow \dfrac{(1+x)^{\frac{1}{1+x}}}{(1+x)^2} = (1+x)^{\frac{1}{1+x}-2}$
$\quad = (1+x)^{\frac{-1-2x}{1+x}}$

陰関数の微分，媒介変数表示関数の微分

(1) 次の陰関数の導関数 y' を，x と y で表せ。

$$x^2 + xy + y^2 = 1$$

(2) 次の媒介変数表示された関数の導関数 y' を，θ で表せ。

$$x = \cos^3\theta, \ \ y = \sin^3\theta$$

レクチャー　**(1) 陰関数の微分**

一般に，$y = f(x)$ の形で表されるものを**陽関数**といい，**(1)** のように x と y が入り組んだ形の関数を**陰関数**という。

陰関数の場合，その両辺を強引に x で微分することがコツだ。

(2) 媒介変数表示された関数の微分

$$\begin{cases} x = f(\theta) \ \ \boxed{x \, も \, y \, も \, \theta \, の関数} \\ y = f(\theta) \ \ (\theta：媒介変数) \end{cases}$$

のとき，

$$y' = \frac{dy}{dx} = \frac{\dfrac{dy}{d\theta}}{\dfrac{dx}{d\theta}}$$

$\dfrac{dx}{d\theta}$ と $\dfrac{dy}{d\theta}$ を別々に計算した後，このように割り算の形にして導関数 y' を求める！

解答＆解説

(1) $\underline{x^2} + \underline{xy} + \underline{y^2} = \underline{1}$ ……① の両辺を x で微分する。

$(x^2)' = 2x, \quad (xy)' = x' \cdot y + x \cdot y' = y + xy'$

$(y^2)' = 2y \cdot y', \quad (1)' = 0$ より，

$\underline{2x} + \underline{y + xy'} + \underline{2y \cdot y'} = \underline{0}$　　これをまとめて，

$(x + 2y) \cdot y' = -2x - y \quad \therefore y' = -\dfrac{2x + y}{x + 2y}$ …(答)

$\boxed{y' \, を \, x \, と \, y \, の式で表した！}$

ココがポイント

$\Leftarrow (y^2)' = \dfrac{d(y^2)}{dx}$ 　$\boxed{y^2 \, はまず，\\ y \, で微分する}$

$= \dfrac{d(y^2)}{dy} \cdot \dfrac{dy}{dx}$

$= 2y \cdot y'$

（合成関数の微分だ！）

(2) $x = \cos^3\theta, \ \ y = \sin^3\theta$ （θ：媒介変数）

$$\dfrac{dx}{d\theta} = \overset{u}{(\cos^3\theta)'} = \overset{\frac{du}{du}}{(3\cos^2\theta)} \cdot \overset{\frac{du}{d\theta}}{(\cos\theta)'} = -3\sin\theta\cos^2\theta$$

$$\dfrac{dy}{d\theta} = \overset{v}{(\sin^3\theta)'} = \overset{\frac{dy}{dv}}{(3\sin^2\theta)} \cdot \overset{\frac{dv}{d\theta}}{(\sin\theta)'} = 3\sin^2\theta\cos\theta$$

以上より，求める導関数 y' は，

$$y' = \dfrac{dy}{dx} = \dfrac{\dfrac{dy}{d\theta}}{\dfrac{dx}{d\theta}} = \dfrac{3\sin^2\theta\cos\theta}{-3\sin\theta\cos^2\theta} = -\tan\theta$$

………(答)

$\Leftarrow u = \cos\theta$ とおくと，

$\dfrac{dx}{d\theta} = \dfrac{d(\overset{x}{u^3})}{du} \cdot \dfrac{d(\overset{u}{\cos\theta})}{d\theta}$

$\Leftarrow v = \sin\theta$ とおくと，

$\dfrac{dy}{d\theta} = \dfrac{d(\overset{y}{v^3})}{dv} \cdot \dfrac{d(\overset{v}{\sin\theta})}{d\theta}$

$\Leftarrow$ 結局，

$\dfrac{\sin\theta}{-\cos\theta} = -\tan\theta$

だね。

逆関数の微分

| 演習問題 48 | 難易度 ★★ | CHECK 1 | CHECK 2 | CHECK 3 |

関数 $x = \sin y \left(-1 < x < 1, \ -\dfrac{\pi}{2} < y < \dfrac{\pi}{2} \right)$ について，導関数

$y' = \dfrac{dy}{dx}$ を求めよ。

レクチャー　関数が，$x = f(y)$ の形で
与えられたとき，$y' = \dfrac{dy}{dx}$ は，$y = \underline{f^{-1}(x)}$
　　　　　　　　　　　　　　　↑
　　　　　　　　　$f(x)$ の逆関数

の導関数のことなんだね。でも，与え
られているのは $x = f(y)$ の形の式なの

で，まず，$\dfrac{dx}{dy}$ ($= (x \text{ の式})$) を求め，こ
れから，導関数

$y' = \dfrac{dy}{dx} = \dfrac{1}{\dfrac{dx}{dy}}$ ← 分子・分母を dy で
　　　　　　　　　　割った形だ。
　　　　　　(x の式) にする

を求めればいいんだね。大丈夫？

解答&解説

$x = \sin y$ ……① より，まず $\dfrac{dx}{dy}$ を求めると，

$\dfrac{dx}{dy} = \dfrac{d}{dy}(\sin y) = (\sin y)' = \underline{\cos y}$
　　　　　　　　　　　　　　　　　↑
　　$-\dfrac{\pi}{2} < y < \dfrac{\pi}{2}$ より，これは $\oplus$

$= \sqrt{1 - \sin^2 y} = \underline{\sqrt{1 - x^2}}$ ……② (①より)

　このように，$\dfrac{dx}{dy}$ を (x の式) で表せば，後は，
　$y' = \dfrac{dy}{dx} = \dfrac{1}{\dfrac{dx}{dy}}$ として，y' が求まるんだね。
　　　　　　　(x の式)

よって，求める導関数 y' は，②より，

$y' = \dfrac{dy}{dx} = \dfrac{1}{\dfrac{dx}{dy}} = \dfrac{1}{\sqrt{1 - x^2}}$ となる。 …………(答)

ココがポイント

⇦ $\dfrac{dx}{dy}$ は，x を y で微分した
もの。

⇦ $\cos^2 y + \sin^2 y = 1$ より，
$\cos y = \pm\sqrt{1 - \sin^2 y}$ だ
けれど，$-\dfrac{\pi}{2} < y < \dfrac{\pi}{2}$ より，
$\cos y > 0$ だね。よって，
$\cos y = \sqrt{1 - \sin^2 y}$

高次導関数

関数 $f(x) = \log\left(x + \sqrt{x^2+1}\right)$ について，次の問いに答えよ。

(1) $f'(x)$ と $f''(x)$ を求め，$(x^2+1)f''(x) + xf'(x) = 0$ ……(* 1) が成り立つことを示せ。

(2) 任意の自然数 n に対して，次の等式が成り立つことを，数学的帰納法を用いて証明せよ。

$$(x^2+1)f^{(n+1)}(x) + (2n-1)x \cdot f^{(n)}(x) + (n-1)^2 \cdot f^{(n-1)}(x) = 0 \cdots(* 2)$$

$\left(\begin{array}{l}\text{ただし，} f^{(0)}(x) = f(x)\text{，また自然数 } k \text{ に対して，} f^{(k)}(x) \text{ は } f(x) \\ \text{の第 } k \text{ 次導関数を表す。}\end{array}\right)$

（東京都立大学＊）

ヒント！　(1) の $f'(x)$ と $f''(x)$ は，微分公式通りに求めよう。(2) は，まず，n ＝1 のときに成り立つことを示す。次に，$n = k$ のとき成り立つと仮定して，$n = k+1$ のときも成り立つことを示せばいい。これが数学的帰納法だ。

解答＆解説

ココがポイント

(1) $f(x) = \log\left\{x + (x^2+1)^{\frac{1}{2}}\right\}$ を x で微分する。

$$\underline{\underline{f'(x)}} = \frac{\left\{x + (x^2+1)^{\frac{1}{2}}\right\}'}{x + (x^2+1)^{\frac{1}{2}}} = \frac{1 + \frac{1}{2}(x^2+1)^{-\frac{1}{2}} \cdot 2x}{x + \sqrt{x^2+1}}$$

$$= \frac{\sqrt{x^2+1} + x}{\left(x + \sqrt{x^2+1}\right)\sqrt{x^2+1}}$$

分子・分母に $\sqrt{x^2+1}$ をかけた。

$$= \frac{1}{\sqrt{x^2+1}} = (x^2+1)^{-\frac{1}{2}} \cdots\cdots① \text{ となる。}$$

⇦分子の $\left\{(x^2+1)^{\frac{1}{2}}\right\}'$ は，$x^2+1 = t$ とおいて，合成関数の微分を行えばいいんだね。これは，演習問題 45(1) と同じ問題だね。

①をさらに x で微分して，

$$\underline{f''(x)} = \left\{(x^2+1)^{-\frac{1}{2}}\right\}' = -\frac{1}{2}(x^2+1)^{-\frac{3}{2}} \cdot 2x$$

$$= -\frac{x}{(x^2+1)\sqrt{x^2+1}} \cdots\cdots② \text{ となる。}$$

①，②を $(x^2+1) \cdot f''(x) + x \cdot f'(x)$ に代入すると

$$\cancel{(x^2+1)} \cdot \left\{ -\frac{x}{(x^2+1)\sqrt{x^2+1}} \right\} + x \cdot \frac{1}{\sqrt{x^2+1}} = 0$$

よって，$(x^2+1) \cdot f''(x) + x \cdot f'(x) = 0$ ……$(*1)$

は成り立つ。 ……………………………………(終)

(2) $n = 1, 2, 3, \cdots$ のとき

$(x^2+1)f^{(n+1)}(x) + (2n-1)x \cdot f^{(n)}(x) + (n-1)^2 \cdot f^{(n-1)}(x) = 0$ …$(*2)$

が成り立つことを，数学的帰納法により証明する。

(i) $n = 1$ のとき，$(*2)$ の左辺は，

$\qquad (x^2+1)f^{(2)}(x) + x \cdot f^{(1)}(x) + 0 \cdot f^{(0)}(x)$

$\qquad = (x^2+1)f''(x) + x \cdot f'(x) = 0 \quad ((*1) \text{ より})$

よって，$(*2)$ は成り立つ。

(ii) $n = k$ $(k = 1, 2, 3, \cdots)$ のとき $(*2)$ が成

り立つ，すなわち

$(x^2+1)f^{(k+1)}(x) + (2k-1)\underline{x \cdot f^{(k)}(x)} + (k-1)^2 \cdot f^{(k-1)}(x) = 0$ …③

が成り立つものとして，$n = k+1$ のときにつ

いて調べる。③の両辺を x で微分して，

$2x \cdot f^{(k+1)}(x) + (x^2+1)f^{(k+2)}(x)$

$\qquad + (2k-1)\{1 \cdot f^{(k)}(x) + x \cdot f^{(k+1)}(x)\} + (k-1)^2 f^{(k)}(x) = 0$

これをまとめて，

$(x^2+1)f^{(k+2)}(x) + \{2x + (2k-1)x\}f^{(k+1)}(x)$

$\qquad\qquad + \{2k-1 + (k-1)^2\}f^{(k)}(x) = 0$

$(x^2+1)f^{(k+2)}(x) + (2k+1)x \cdot f^{(k+1)}(x) + k^2 f^{(k)}(x) = 0$

> $n = k+1$ のときの
> $(*2)$ の式だね。

よって，$n = k+1$ のときも $(*2)$ は成り立つ。

以上 (i)，(ii) から，数学的帰納法により，任意

の自然数 n に対して，$(*2)$ は成り立つ。 …(終)

§2. 微分法を応用すれば，グラフも楽に描ける！

　みんな，微分計算にも慣れた？　それでは，これから，"**微分法の応用**"の講義に入ろう。文字通り，微分法を応用して，次のようなさまざまなテーマの問題が解けるようになるんだ。

- 平均値の定理
- 曲線の接線・法線 (2 曲線の共接条件など)
- 関数のグラフの概形

　エッ？　難しそうだって？　大丈夫。また，わかりやすく教えるからね。特に関数のグラフの描き方については，とっておきの方法を教えるので，楽しみにしてくれ。

● 導関数の符号から，元の関数の増減がわかる！

　ある関数 $y = f(x)$ の導関数 $f'(x)$ は，曲線 $y = f(x)$ の接線の傾きを表すわけだから，$f'(x)$ の符号によって，$y = f(x)$ のグラフの**増加・減少**が次のように決まる。

(i) $f'(x) > 0$ のとき，$y = f(x)$ は**増加**する。

(ii) $f'(x) < 0$ のとき，$y = f(x)$ は**減少**する。

図 1 にこの様子を示しておいたので，よくわかるだろう。また $f'(x) = 0$ のとき，$y = f(x)$ はそこで，極大 (山) や極小 (谷) をとる可能性が出てくるんだね。ただし，$f'(x) = 0$ のときでも，そこで極大や極小にならない場合もあるので，要注意だ。

図 1　$f'(x)$ の符号と $f(x)$ の増減

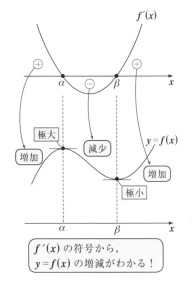

● 平均値の定理は，微分係数とペアで覚えよう！

平均値の定理の解説に入る前に，(ⅰ) **不連続** (ⅱ) **連続** (ⅲ) **微分可能**な
関数のグラフの概形を下に示すから，まず頭に入れておこう。

図2　不連続・連続・微分可能

"連続"がなくて"微分可能"だけでも同じ意味だ！

(ⅰ) 不連続　　　　　　　(ⅱ) 連続　　　　　　　(ⅲ) 連続かつ微分可能

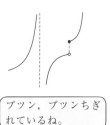

プツン，プツンちぎ
れているね。

とがっているところ
は微分不能！

連続でなめ
らかな曲線

それで，これから話す**"平均値の定理"**は，(ⅲ) の連続かつ微分可能な
関数についての定理なんだ。まず，下の定理をみてくれ。　微分可能と同じ

（"微分可能"の概念の中に"連続"という条件は含まれているので，"連続か
つ微分可能"の代わりに，"微分可能"と言っても同じ意味になる。）

平均値の定理

関数 $f(x)$ が微分可能な関数のとき，
$$\frac{f(b) - f(a)}{b - a} = f'(c)$$
をみたす c が，$a < x < b$ の範囲に少なくとも 1 つ存在する。

図3のように，微分可能な曲線 $y = f(x)$
上に2点 $A(a,\ f(a))$, $B(b,\ f(b))(a < b)$ を
とると，直線 AB の傾きは，

これは平均変化率だ。

$\dfrac{f(b) - f(a)}{b - a}$ となるね。すると，$y = f(x)$ は

連続でなめらかな曲線だから，直線 AB と
平行な，つまり傾きの等しい接線の接点で，

図3　平均値の定理

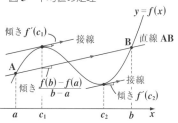

その x 座標が $a<x<b$ の範囲にあるようなものが，少なくとも 1 つは存在することがわかるだろう。図 3 では，$x=c_1$，c_2 と 2 つ存在する例を示しておいた。これで，平均値の定理の意味がよくわかっただろう。

ところで，平均値の定理は，微分係数の (iii) の定義式とよく似ているので，対比して覚えておくと忘れないと思う。並べて書いておくよ。

・微分係数：$\displaystyle\lim_{b\to a}\frac{f(b)-f(a)}{b-a}=f'(a)$

> $\lim$ がなければ "平均値の定理" と覚えておこう！

・平均値の定理：$\dfrac{f(b)-f(a)}{b-a}=f'(c)$　$(a<c<b)$

◆ 例題 18 ◆

$a<b$ のとき $e^b-e^a \leqq e^b(b-a)$ が成り立つことを示せ。

解答

$b-a>0$ より，与式の両辺を $b-a$ で割った式：$\dfrac{\overbrace{e^b}^{f(b)}-\overbrace{e^a}^{f(a)}}{b-a}\leqq e^b$ ……($*$)

が成り立つことを示せばいい。

> $\dfrac{f(b)-f(a)}{b-a}$ で，$\lim$ がないから "平均値の定理" の問題だ！

> $f(x)$ は微分できる関数だ！

ここで，$f(x)=e^x$ とおくと，$f'(x)=(e^x)'=e^x$

$f(x)$：微分可能より，平均値の定理から，$\dfrac{f(b)-f(a)}{b-a}=f'(c)$，

すなわち，$\dfrac{e^b-e^a}{b-a}=\underline{e^c}$ ……① をみたす c が

$\underline{a<x<b}$ の範囲に存在する。

$y=e^x$ は単調増加関数なので，右図より，

$\underline{c<b}$ から $\underline{e^c<e^b}$ ……②

以上①，②より，$\dfrac{e^b-e^a}{b-a}=e^c\leqq e^b$ となる。

よって，($*$) は成り立つ。……………………(終)

> 等号を付けてもいい！

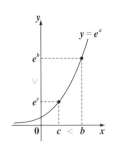

● 接線・法線は公式を確実に使いこなそう！

曲線 $y = f(x)$ 上の点 $(t, f(t))$ における接線の傾きは $f'(t)$ だね。また，この点において，接線と直交する直線のことを**法線**という。したがって，法線の傾きは $-\dfrac{1}{f'(t)}$（ただし，$f'(t) \neq 0$）となる。以上より，次のような接線と法線の公式が導かれる。

接線と法線の公式

曲線 $y = f(x)$ 上の点 $(t, f(t))$ における

（ⅰ）接線の方程式は，

傾き　点 $(t, f(t))$ を通る。

$$y = f'(t)(x - t) + f(t)$$

（ⅱ）法線の方程式は，

傾き　点 $(t, f(t))$ を通る。

$$y = -\frac{1}{f'(t)}(x - t) + f(t) \quad (ただし，f'(t) \neq 0)$$

曲線 $y = f(x)$

法線　$(t, f(t))$　接線

傾き $f'(t)$

傾き $-\dfrac{1}{f'(t)}$

◆例題19◆

曲線 $y = \tan^2 x$ 上の点 $\left(\dfrac{\pi}{4}, 1\right)$ における接線と法線の方程式を求めよ。

解答

u とおいて合成関数の微分だね。

$y = f(x) = \tan^2 x$ とおく。

$\left(f\left(\dfrac{\pi}{4}\right) = \tan^2 \dfrac{\pi}{4} = 1^2 = 1$ より，点 $\left(\dfrac{\pi}{4}, 1\right)$ は曲線 $y = f(x)$ 上の点である。$\right)$

$f(x)$ を x で微分して，

$$f'(x) = 2\tan x \cdot (\tan x)' = 2\tan x \cdot \frac{1}{\cos^2 x}$$

153

よって，$f'\left(\dfrac{\pi}{4}\right) = 2\underset{\underset{1}{\parallel}}{\boxed{\tan\dfrac{\pi}{4}}}\cdot\dfrac{1}{\underset{\left(\frac{1}{\sqrt{2}}\right)^2}{\boxed{\cos^2\dfrac{\pi}{4}}}} = 2\cdot 1\cdot\dfrac{1}{\underset{\boxed{2}}{\frac{1}{2}}} = 4$

(i) 求める接線の方程式は，

$$y = \underset{\substack{\uparrow \\ \text{傾き } f'\left(\frac{\pi}{4}\right)}}{\boxed{4}}\left(x - \dfrac{\pi}{4}\right) + \underset{\substack{\uparrow \\ \text{通る点}\left(\frac{\pi}{4},\ 1\right)}}{\overset{\overset{\displaystyle f\left(\frac{\pi}{4}\right)=\tan^2\frac{\pi}{4}}{}}{\underline{\boxed{1}}}} \qquad \therefore\ y = 4x - \pi + 1 \quad\cdots\cdots\cdots\text{(答)}$$

(ii) 求める法線の方程式は，

$$y = \underset{\substack{\uparrow \\ \text{傾き } -\frac{1}{f'\left(\frac{\pi}{4}\right)}}}{\boxed{-\dfrac{1}{4}}}\left(x - \dfrac{\pi}{4}\right) + \underset{\substack{\uparrow \\ \text{通る点}\left(\frac{\pi}{4},\ 1\right)}}{\underline{1}} \qquad \therefore\ y = -\dfrac{1}{4}x + \dfrac{\pi}{16} + 1 \quad\cdots\cdots\cdots\text{(答)}$$

これで，接線・法線の公式の使い方にも自信がついた？

● 接線の応用問題にも慣れよう！

ここでは，(i) 2 曲線の共接条件と，(ii) 媒介変数表示された曲線の接線，(iii) 陰関数表示された曲線の接線についても解説しよう。どれも受験ではよく顔を出す問題なので，シッカリ，マスターしておこう。

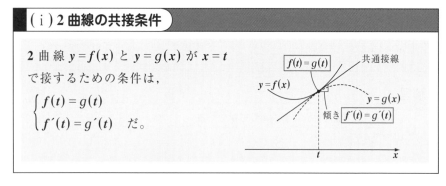

2 曲線 $y=f(x)$ と $y=g(x)$ は，$x=t$ で接する，つまり共有点をもつわけだから，当然その y 座標は等しい。

$\therefore \underline{f(t)=g(t)}$ だ！

　また，この共有点 (接点) における $y = f(x)$ と $y = g(x)$ の接線は同じもの (共通接線) だから，当然その傾きも等しい。$\therefore f'(t) = g'(t)$ となる。この 2 つが，2 曲線が $x = t$ で接する条件だ。

次に，**媒介変数表示された曲線** $x = f(\theta)$，$y = g(\theta)$　（θ：媒介変数）上の点における接線の方程式を求める公式を次に示す。

(ⅱ) 媒介変数表示された曲線の接線

曲線 $x = f(\theta)$，$y = g(\theta)$　（θ：媒介変数）上の $\theta = \theta_1$ に対応する点 (x_1, y_1) における接線の方程式は，その傾きを m とおくと，

$$y = \underset{m}{\underline{m}}(x - \underset{f(\theta_1)}{\underline{(x_1)}}) + \underset{g(\theta_1)}{\underline{y_1}}$$

> 接線の傾き m は，傾きの公式
> $\dfrac{dy}{dx} = \dfrac{\frac{dy}{d\theta}}{\frac{dx}{d\theta}}$ に，$\theta = \theta_1$ を代入したもの。

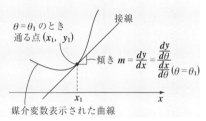

$\theta = \theta_1$ のとき
通る点 (x_1, y_1)

接線

傾き $m = \dfrac{dy}{dx} = \dfrac{\frac{dy}{d\theta}}{\frac{dx}{d\theta}}(\theta = \theta_1)$

媒介変数表示された曲線

最後に，**陰関数表示された曲線** $f(x, y) = 0$ 上の点における接線の方程式についても，その公式を下に示す。

(ⅲ) 陰関数表示された曲線の接線

陰関数表示された曲線 $\underline{f(x, y) = 0}$ 上の点 (x_1, y_1) における接線の

> x と y の入り組んだ式

方程式は，その傾きを m とおくと，

$$y = \underline{m}(x - x_1) + y_1$$

> この傾き m は，陰関数の微分で得られた $y' = \dfrac{dy}{dx}$ の式に $x = x_1$，$y = y_1$ を代入したものだ。

　(ⅱ)，(ⅲ) の媒介変数・陰関数表示された曲線の接線については，演習問題 **52** で扱うから，問題を実際に解くことによって，この解法のパターンも修得するといいと思う。

● $\log x$ は赤ちゃんの∞，e^x はT-レックスの∞？

さァ，これから関数のグラフの描き方について解説しよう。はじめから，微分を使ってグラフの概形を求めるのが，一般的な教え方なんだけれど，ここでは，もっと直感的にグラフの概形をつかんでしまうとっておきの方法を教えよう。

そのために，まず，次の極限の知識を身につけてくれ。

この知識を身につけるとグラフ描きがとても楽になる！

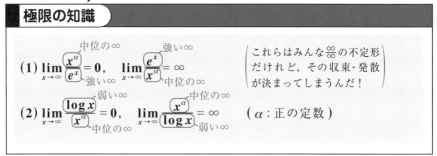

図4をみてくれ。$x \to \infty$ にしたとき，$\log x$ も，x^α も，e^x もみんな無限大に大きくなっていく。でも，その無限大になっていく強さに大きな差があるんだね。

$y = \underline{\log x}$ は，$x \to \infty$ となってもなかなか大きくならない，いわば "赤ちゃん" のように弱い∞なんだね。それに比べて，$y = \underline{e^x}$ は，x が少し大きくなっただけで，ものすごく大きくなるだろう。つまり，"T-レックス" のように強い∞なんだね。

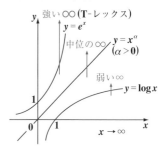

図4 強い∞，弱い∞

x^α は，α の値によって，…，$x^{\frac{1}{2}}$，x^1，x^2，…と無限大になる強さが変わる

弱い∞ ← → 強い∞

けれど，これらを一まとめにして，$\log x$ よりは強く，e^x よりは弱い，つまり中位の∞と言えるんだ。これで上の公式の意味がわかっただろう。

● 積の形の関数のグラフは，こう描ける！

例として，$y = f(x) = x \cdot e^{-x}$ のグラフ描きにチャレンジしよう。これは，$y = x$ と $y = e^{-x}$ の 2 つの関数の y 座標同士をかけたものが，新たな関数 $y = f(x)$ の y 座標になるんだね。

(i) $x = 0$ のとき，$y = x = 0$，$y = e^{-x} = e^{-0} = 1$ より，

$f(0) = 0 \times 1 = 0$　→ $y = f(x)$ は原点を通る！

・$x > 0$ のとき，$x > 0$，$e^{-x} > 0$ より，

$f(x) > 0$　→ $y = f(x)$ は第 1 象限にある。

・$x < 0$ のとき，$x < 0$，$e^{-x} > 0$ より，

$f(x) < 0$　→ $y = f(x)$ は第 3 象限にある。

(ii) $x \to -\infty$ のとき，$x \to -\infty$，$e^{-x} \to +\infty$

$\therefore f(x) \to (-\infty) \times (+\infty) = -\infty$

かけ算で強め合って強い $-\infty$ になる。

(iii) $x \to +\infty$ のとき，$x \to +\infty$，$\boxed{(e^{-x})} \to 0$　$\frac{1}{e^x}$

$f(x) \to (+\infty) \times 0$ は不定形だけれど，さっき話した極限の知識でケリがつく。

$$\lim_{x \to \infty} f(x) = \lim_{x \to \infty} x \cdot e^{-x} = \lim_{x \to \infty} \boxed{\frac{x}{e^x}} = 0$$

$\dfrac{中位の\infty}{強い\infty} \to 0$ だね。

(iv) 後は，あいてる部分をどう埋めるかだね。これはニョロニョロする程複雑な関数じゃないから，一山できるだけだろうね。エッ？　いい加減って？　ウン。でも正しい (??) いい加減なんだね。

これで，$y = f(x) = x \cdot e^{-x}$ のグラフの概形が簡単にわかってしまった！どう，面白かった？　この続きは，演習問題 **53** でやろう！

図 5

(i) $y = f(x)$ の存在領域

(ii) $x \to -\infty$ のとき，$y \to -\infty$

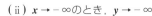
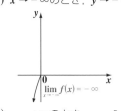

(iii) $x \to +\infty$ のとき，$y \to 0$

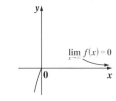

(iv) 一山できる？

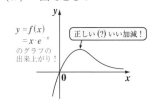

● 和の形の関数のグラフも，簡単だ！

次，関数 $y = f(x) = x^2 + \dfrac{1}{x}$ $(x \neq 0)$ のグラフにチャレンジしてみよう。

> このグラフは $x = 0$ で不連続！

この $y = f(x)$ も 2 つの関数に分解して，$y = x^2$ と $y = \dfrac{1}{x}$ の y 座標同士をた

したものが，新たな $y = f(x)$ の y 座標と考
えれば，$y = f(x)$ のグラフの概形は簡単に
つかめるんだね。図 6 のグラフの描き方は
わかったね。

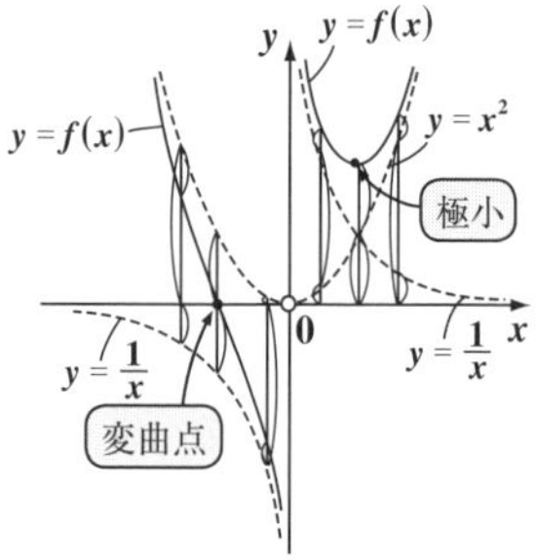

$x > 0$ のとき，2 つの関数の y 座標同士の
和だけれど，$x < 0$ では $y = \dfrac{1}{x} < 0$ だから，
実質的には引き算になっていることもわか
るね。また，極限も次のようになる。

図 6　和の形の関数のグラフ

$$\underbrace{(-\infty)^2 = +\infty}$$
$$\lim_{x \to -\infty} f(x) = \lim_{x \to -\infty} \left(x^2 + \frac{1}{x} \right) = +\infty, \quad \underbrace{(-0)^2 = 0}$$
$$\underbrace{\frac{1}{-\infty} = 0} \quad \underbrace{\ominus \text{側から } 0 \text{ に近づける}} \quad \lim_{x \to -0} f(x) = \lim_{x \to -0} \left(x^2 + \frac{1}{x} \right) = -\infty$$
$$\underbrace{\frac{1}{-0} = -\infty}$$

$$\underbrace{(+0)^2 = 0} \qquad\qquad \underbrace{(+\infty)^2 = +\infty}$$
$$\lim_{x \to +0} f(x) = \lim_{x \to +0} \left(x^2 + \frac{1}{x} \right) = +\infty, \quad \lim_{x \to +\infty} f(x) = \lim_{x \to +\infty} \left(x^2 + \frac{1}{x} \right) = +\infty$$
$$\underbrace{\oplus \text{側から } 0 \text{ に近づける}} \quad \underbrace{\frac{1}{+0} = +\infty} \qquad\qquad \underbrace{\frac{1}{+\infty} = 0}$$

$y = f(x)$ が極小値をもち，また，曲線が**下に凸**から**上に凸**に変わる境目
の**変曲点**が存在することもわかるね。ただし，この極小値や変曲点を求め
るには，当然微分して，$f'(x)$ や $f''(x)$ を調べる必要がある。

> $f'(x)$ の符号で増減，$f''(x)$ の符号で凹凸がわかる！

■ $f''(x)$ の符号と曲線の凹凸

（ i ）$f''(x) > 0$ のとき，$y = f(x)$ は**下に凸**

（ ii ）$f''(x) < 0$ のとき，$y = f(x)$ は**上に凸**の曲線になる。

また，$f''(x) = 0$ のとき，$y = f(x)$ は**変曲点**をもつ可能性がある。

● 偶関数・奇関数もグラフの重要ポイントだ！

偶関数，奇関数の定義と，それぞれのグラフの特徴を書いておくから，まず頭に入れてくれ。これも，グラフを描く上でとても大事だ！

偶関数と奇関数のグラフ

(i) $y = f(x)$：偶関数

　　定義：$f(-x) = f(x)$

　　　　　y 軸に関して左右対称！

　　このとき $y = f(x)$ は y 軸に関して対称なグラフになる。

(ii) $y = f(x)$：奇関数

　　定義：$f(-x) = -f(x)$

　　　　　原点のまわりに $180°$ 回転しても同じグラフ

　　このとき $y = f(x)$ は原点に関して対称なグラフになる。

それでは，偶関数の例として，$y = f(x) = e^{-x^2}$ のグラフを書いてみようか。まず，x に $-x$ を代入すると

偶関数の定義

$f(-x) = e^{-(-x)^2} = e^{-x^2} = f(x)$ となって，$y = f(x)$ が偶関数なのがわかるね。よって，$y = f(x)$ は，y 軸に関して左右対称なグラフとなる。つまり，これは，$x \geqq 0$ について調べればいいってことだ。

$x \leqq 0$ については，これを y 軸に関して折り返せばいいだけだからね。

(i) $x \geqq 0$ のとき，$f(x) = e^{-x^2} \geqq 0$

　　$f(0) = e^{-0^2} = e^0 = 1$

　　$\displaystyle \lim_{x \to \infty} f(x) = \lim_{x \to \infty} e^{-x^2} = \lim_{x \to \infty} \frac{1}{e^{x^2}} = 0$

　　　　x の代わりに x^2 だから T-レックスよりもっと強い ∞ ？

　　また，$y = f(x)$ は単調減少だ。

(ii) これを y 軸に関して対称に折り返せば，$y = f(x)$ のグラフの完成だ！

図7

(i) $x \geqq 0$ のとき，単調減少

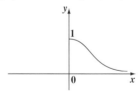

(ii) y 軸対称なグラフ

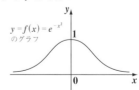

$y = f(x) = e^{-x^2}$ のグラフ

平均値の定理の応用

$a > 0$ のとき，次の不等式が成り立つことを，平均値の定理を用いて証明せよ。

$$\frac{1}{a+1} < \log(a+1) - \log a < \frac{1}{a} \quad \cdots\cdots(*)$$

ヒント！ $f(x) = \log x$ とおくと，まん中の式は $f(a+1) - f(a)$ となるね。ここで，$a+1-a=1$ より，$\dfrac{f(a+1)-f(a)}{a+1-a}$ と書けば，平均値の定理が見えてくるだろ。

解答 & 解説

$f(x) = \log x$ とおくと，$f'(x) = (\log x)' = \dfrac{1}{x}$

ここで，$\log(a+1) - \log a = f(a+1) - f(a)$

$$= \frac{f(a+1) - f(a)}{\underset{1}{(a+1-a)}} \quad より，$$

平均値の定理を用いると，

$$\frac{f(a+1) - f(a)}{\underset{1}{(a+1-a)}} = \boxed{f'(c)}, \quad すなわち$$

これが平均値の定理の式だ！

$$\underline{\log(a+1) - \log a} = \frac{1}{c} \quad \cdots\cdots ① \quad をみたす c が$$

$a < x < a+1$ の範囲に存在する。

ここで，$y = \dfrac{1}{x} \ (x>0)$ は単調減少関数より，

$a < c < a+1$ から，$\dfrac{1}{a+1} < \underline{\dfrac{1}{c}} < \dfrac{1}{a} \quad \cdots\cdots ②$

②に①を代入すると，

$$\frac{1}{a+1} < \underset{\frac{1}{c}}{\underline{\log(a+1) - \log a}} < \frac{1}{a} \quad (a>0)$$

∴ ($*$) の不等式が成り立つ。……………………(終)

どう？ 平均値の定理も慣れると簡単でしょう。

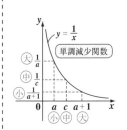

曲線外の点を通る接線と共接条件

(1) 点 $(0, -2)$ から，曲線 $y = f(x) = x \log x$ に引いた接線の方程式を求めよ。

(2) $y = \log x$ と $y = ax^2$ $(a > 0)$ のグラフが共有点をもち，その点で共通接線をもつような a の値を求めよ。

ヒント！ (1) まず曲線 $y = f(x)$ 上の点 $(t, f(t))$ における接線の方程式を立て，それが曲線外の点 $(0, -2)$ を通ると考えるんだ。(2) は，2 曲線の共接条件の問題なので，公式通りに解くんだね。

解答 & 解説

ココがポイント

(1) $y = f(x) = x \log x$　　これを x で微分して，

$f'(x) = (x \cdot \log x)' = \boxed{x'} \cdot \log x + x \cdot \boxed{(\log x)'}$
$\qquad \underset{1}{} \qquad\qquad \underset{\frac{1}{x}}{}$
$\qquad = \log x + 1$

⟸ 公式：$(f \cdot g)' = f' \cdot g + f \cdot g'$ を使った。

よって，$y = f(x)$ 上の点 $(t, f(t))$ における接線の方程式は，$y = \underset{\sim}{(\log t + 1)} \cdot \underline{(x - t)} + \underline{t \cdot \log t}$

$\qquad [\; y = \quad \underline{f'(t)} \quad \cdot \underline{(x - t)} + \underline{f(t)} \;]$

$\therefore \underline{\underline{y = (\log t + 1) \underline{x} - t}} \quad \cdots\cdots ①$

⟸ 曲線外の点から曲線に引いた接線の方程式の求め方

(i) 曲線上の点 $(t, f(t))$ における接線の方程式を立てる。

(ii) それが，曲線外の点 $(0, -2)$ を通る。

これが，点 $(\boxed{0}, \boxed{-2})$ を通るので，$-2 = -t$

$\therefore t = 2$　　これを①に代入して，求める接線の方程式は，$y = (\log 2 + 1)x - 2$ ‥‥‥‥‥(答)

(2) $y = g(x) = \log x$，$y = h(x) = ax^2$ とおくと，

$g'(x) = \dfrac{1}{x}$，$h'(x) = 2ax$

⟸ 2 曲線の共接条件にもち込むための準備だ！

2 曲線 $y = g(x)$ と $y = h(x)$ が $x = t$ で接するとき，

$\underline{\log t = \boxed{at^2}} \cdots ② \qquad \underline{\dfrac{1}{t} = 2at} \cdots ③$

⟸ 2 曲線 $y = g(x)$ と $y = h(x)$ が，$x = t$ で接するための条件：
$\begin{cases} g(t) = h(t) & \cdots\cdots ② \\ g'(t) = h'(t) & \cdots\cdots ③ \end{cases}$

③より，$at^2 = \boxed{\dfrac{1}{2}}$ $\cdots ③'$　　これを②に代入して

$t = \sqrt{e}$　　$\therefore ③'$ より，$a = \dfrac{1}{2e}$ ‥‥‥‥‥(答)

⟸ $\log t = \dfrac{1}{2}$ より，$t = \sqrt{e}$

$\therefore ③'$ より，$ae = \dfrac{1}{2}$

さまざまな曲線の接線

(1) 曲線 $x^2 + xy + y^2 = 1$ 上の点 $(1, 0)$ における接線の方程式を求めよ。

(2) 曲線 $x = \cos^3 \theta$, $y = \sin^3 \theta$ 上の $\theta = \dfrac{\pi}{4}$ に対応する点における接線の方程式を求めよ。

ヒント! (1) は陰関数表示の曲線, (2) は媒介変数表示の曲線で, それぞれの曲線上の点における接線の方程式を求める問題だ。接線, つまり直線では, 通る点と傾きの 2 つを押さえればいいんだね。頑張れ!

解答＆解説

(1) 点 $(1, 0)$ は, 曲線 $\underline{x^2} + \underline{xy} + \underline{y^2} = \underline{1}$ ……① 上の点である。①の両辺を x で微分して,

$$\underline{2x} + \underline{1 \cdot y + x \cdot y'} + \underline{2yy'} = \underline{0}$$

よって, 求める接線の傾きは,

$$y' = -\frac{2x + y}{x + 2y} = -\frac{2 \cdot 1 + 0}{1 + 2 \cdot 0} = -2$$

(x=1, y=0 を代入!)

よって, 求める接線の方程式は,

$$y = -2(x - 1) + 0 \quad \therefore y = -2x + 2 \quad \cdots\cdots(答)$$

(2) $x = \boxed{\cos^3 \theta}$, $y = \boxed{\sin^3 \theta}$, $\theta = \dfrac{\pi}{4}$ のとき,

$$x = \left(\boxed{\cos \frac{\pi}{4}}\right)^3 = \frac{1}{2\sqrt{2}}, \quad y = \left(\boxed{\sin \frac{\pi}{4}}\right)^3 = \frac{1}{2\sqrt{2}}$$

（$\frac{1}{\sqrt{2}}$）

$$\frac{dx}{d\theta} = 3\overset{u^2}{\cos^2 \theta} \cdot (\overset{u'}{-\sin \theta}), \quad \frac{dy}{d\theta} = 3\overset{v^2}{\sin^2 \theta} \cdot \overset{v'}{\cos \theta}$$

よって, この接線の傾きは,

$$\frac{dy}{dx} = -\tan \theta = -\tan \frac{\pi}{4} = -1$$

（$\theta = \frac{\pi}{4}$ を代入!）

よって, 求める接線の方程式は,

$$y = (-1) \cdot \left(x - \frac{1}{2\sqrt{2}}\right) + \frac{1}{2\sqrt{2}}$$

$$\therefore y = -x + \frac{1}{\sqrt{2}} \quad \cdots\cdots\cdots\cdots\cdots\cdots(答)$$

ココがポイント

⇦ 点 $(1, 0)$ を①に代入して $1^2 + 1 \cdot 0 + 0^2 = 1$ とみたす。

⇦ この微分は, 演習問題 47 (P 146) を見てくれ。

⇦ 傾き -2, 点 $(1, 0)$ を通る直線　〔接点〕

⇦ 通る点は $\left(\dfrac{1}{2\sqrt{2}}, \dfrac{1}{2\sqrt{2}}\right)$ だ。〔接点〕

⇦ この微分は, 演習問題 47 (P 146) を見てくれ。

⇦ 公式 $\dfrac{dy}{dx} = \dfrac{\frac{dy}{d\theta}}{\frac{dx}{d\theta}} = -\tan \theta$

（$\frac{3\sin^2 \theta \cdot \cos \theta}{3\sin \theta \cdot \cos^2 \theta}$）

⇦ 傾き -1, 点 $\left(\dfrac{1}{2\sqrt{2}}, \dfrac{1}{2\sqrt{2}}\right)$ を通る直線

積の形の関数のグラフ

演習問題 53 　　　難易度 ★★　　　CHECK 1　　　CHECK2　　　CHECK3

曲線 $y = f(x) = xe^{-x}$ の増減を調べて，グラフの概形を描け。

レクチャー　$y = f(x) = x \cdot e^{-x}$ の 導 関 数 $f'(x) = (1-x) \cdot e^{-x}$ の考え方を示す。$y = f(x)$ のグラフを描くには，$f'(x)$ の符号が必要なんだね。$f'(x) > 0$ のとき $f(x)$ は増加，$f'(x) < 0$ のとき $f(x)$ は減少するからね。今回，$f'(x)$ の e^{-x} は常に正だから，結局 $f'(x)$ の符号に関係するのは，$1-x$ だけなんだね。これを $f'(x)$ の符号に関する本質的な部分として，$\widetilde{f'(x)} = -x+1$ と表すことにすると，$\widetilde{f'(x)}$ の符号を調べれば $f'(x)$ の符号がわかるんだね。

解答＆解説

$y = f(x) = xe^{-x}$ のグラフの概形については，講義で示した通り既にわかってるね。これをキチンと調べてみよう！

$y = f(x) = xe^{-x}$ ……① 　　　①を x で微分して，

$$f'(x) = \overset{1}{(x')}e^{-x} + x\overset{-e^{-x}}{((e^{-x})')} = (1-x) \cdot \overset{\widetilde{f'(x)} = \begin{cases} \oplus \\ 0 \\ \ominus \end{cases}}{(e^{-x})}$$

$f'(x) = 0$ のとき，$e^{-x} > 0$ より，

$1 - x = 0$ 　∴ $x = 1$

$x = 1$ のとき，極大値 $f(1) = 1 \cdot e^{-1} = \dfrac{1}{e}$

増減表

x		1	
$f'(x)$	$+$	0	$-$
$f(x)$	↗	極大	↘

$$\lim_{x \to -\infty} f(x) = \lim_{x \to -\infty} x \cdot e^{-x}$$
$$= -\infty$$
$$\lim_{x \to +\infty} f(x) = \lim_{x \to +\infty} \frac{x}{e^x} = 0$$

以上より，求める $y = f(x)$ のグラフの概形を右図に示す。……………………………………(答)

どう？　グラフを描くのも楽しくなってきた？ここで話した $\widetilde{f'(x)}$ は，$f''(x)$ についても言えるんだ。要は常に正の部分を除いて，符号が変化する本質的な部分のみを考えればいいんだね。

ココがポイント

⇦ $e^{-x} > 0$ より，$f'(x)$ の符号に関する本質的部分 $\widetilde{f'(x)}$ は，$\widetilde{f'(x)} = -x+1$ だ！

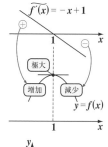

163

和の形の関数のグラフ

演習問題 54 　難易度 ★★ 　CHECK 1 　CHECK 2 　CHECK 3

曲線 $y = x^2 + \dfrac{1}{x}$ の増減・凹凸を調べて，グラフの概形を描け。

（小樽商科大）

ヒント！ この関数 $y = f(x)$ のグラフについても講義で詳しく話したね。後は，$f'(x)$, $f''(x)$ を求めて，より正確なグラフを描けばいいよ。

解答 & 解説

$y = f(x) = x^2 + x^{-1}$ ……① とおく。$(x \neq 0)$

$\cdot f'(x) = 2x - x^{-2} = 2x - \dfrac{1}{x^2} = \dfrac{\boxed{2x^3 - 1}}{\boxed{x^2}_{\oplus}}$ $\overbrace{}^{\widetilde{f'(x)}}\begin{cases}\oplus\\ \textcircled{0}\\ \ominus\end{cases}$

$f'(x) = 0$ のとき，$2x^3 - 1 = 0$ $\therefore x = \boxed{2^{-\frac{1}{3}}}$ $\frac{1}{\sqrt[3]{2}}$

このとき，① より，

$2^{-\frac{1}{3}+1} = 2^{-\frac{2}{3}} \cdot 2$

極小値 $f\left(2^{-\frac{1}{3}}\right) = 2^{-\frac{2}{3}} + \left(2^{-\frac{1}{3}}\right)^{-1} = 2^{-\frac{2}{3}} + \boxed{2^{\frac{1}{3}}}$

$= 2^{-\frac{2}{3}}(1 + 2) = 3 \cdot 2^{-\frac{2}{3}} = \dfrac{3}{\sqrt[3]{4}}$

$\cdot f''(x) = \left(2x - x^{-2}\right)' = 2 + 2 \cdot x^{-3} = \dfrac{2(x^3 + 1)}{x^3}$

$= \dfrac{\overset{\oplus}{\boxed{2(x^2 - x + 1)}}\boxed{(x + 1)}}{\boxed{x^3}} \overbrace{}^{\widetilde{f''(x)}} = \begin{cases}\oplus\\ \textcircled{0}\\ \ominus\end{cases}$

$f''(x) = 0$ のとき，$x + 1 = 0$ より，$x = -1$

$f(-1) = (-1)^2 - 1 = 0$ $\therefore$ 変曲点 $(-1,\ 0)$

増減・凹凸表 $(x \neq 0)$

x		-1		0		$2^{-\frac{1}{3}}$	
$f'(x)$	$-$	$-$	$-$		$-$	0	$+$
$f''(x)$	$+$	0	$-$		$+$	$+$	$+$
$f(x)$	↘	0	↘		↘	$\dfrac{3}{\sqrt[3]{4}}$	↗

$\displaystyle\lim_{x \to -\infty} f(x) = \lim_{x \to +0} f(x) = \lim_{x \to +\infty} f(x) = +\infty$,

$\displaystyle\lim_{x \to -0} f(x) = -\infty$ 以上より，$y = f(x)$ のグラフの概形を右に示す。………………………(答)

ココがポイント

⇦ 分母 $\neq 0$ より，$x \neq 0$ だ！

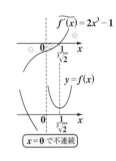

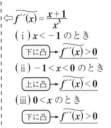

⇦ $\widetilde{f''(x)} = \dfrac{x+1}{x^3}$

（ⅰ）$x < -1$ のとき
　下に凸 → $\widetilde{f''(x)} > 0$

（ⅱ）$-1 < x < 0$ のとき
　上に凸 → $\widetilde{f''(x)} < 0$

（ⅲ）$0 < x$ のとき
　下に凸 → $\widetilde{f''(x)} > 0$

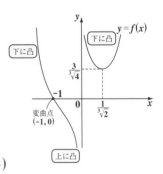

164

奇関数のグラフ

演習問題 55　難易度 ★★★　CHECK 1　CHECK 2　CHECK 3

曲線 $y = f(x) = \dfrac{x}{x^2+1}$ の増減を調べて，グラフの概形を描け。

(日本医科大*)

レクチャー　$y = f(x) = \dfrac{x}{x^2+1}$ は，

$f(-x) = \dfrac{-x}{(-x)^2+1} = -\dfrac{x}{x^2+1} = -f(x)$

より，奇関数となるね。(原点対称なグラフ) $x^2+1 > 0$ より，$f(x)$ の符号に関する本質的な部分 $\widetilde{f(x)} = x$

原点を通る

$f(0) = 0$, $\displaystyle\lim_{x\to\infty} f(x) = \lim_{x\to\infty} \dfrac{\overset{1次の\infty}{x}}{\underset{2次の\infty}{x^2+1}} = 0$

以上より，$y = f(x)$ の大体のグラフのイメージが次のようにわかるだろう。

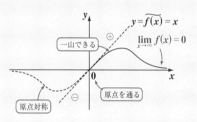

一山できる　$y = \widetilde{f(x)} = x$　$\displaystyle\lim_{x\to\infty} f(x) = 0$　原点対称　原点を通る

解答&解説

$y = f(x) = \dfrac{x}{x^2+1}$ は $f(-x) = -f(x)$ より，奇関数。

よって，まず，$x \geqq 0$ についてのみ調べる。$\widetilde{f'(x)} = \begin{cases}⊕\\0\\⊖\end{cases}$

$f'(x) = \dfrac{1\cdot(x^2+1) - x\cdot 2x}{(x^2+1)^2} = \dfrac{\overset{⊕}{(1+x)}\cdot(1-x)}{(x^2+1)^2}$　$(x \geqq 0)$

$f'(x) = 0$ のとき，$1-x = 0$　∴ $x = 1$

極大値 $f(1) = \dfrac{1}{1^2+1} = \dfrac{1}{2}$

増減表 $(0 \leqq x)$

x	0		1	
$f'(x)$		+	0	−
$f(x)$	0	↗	$\frac{1}{2}$	↘

$f(0) = 0$

$\displaystyle\lim_{x\to\infty} f(x) = \lim_{x\to\infty} \dfrac{x}{x^2+1} = 0$

$y = f(x)$ は奇関数で，原点に関して対称なグラフになる。よって，$y = f(x)$ のグラフの概形は右図のようになる。…………(答)

ココがポイント

⇦ $y = f(x)$ は原点対称なグラフになるから，まず，$x \geqq 0$ のみを調べて，後は原点のまわりに $180°$ 回転すればいいね。

⇦
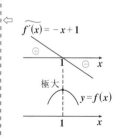
$\widetilde{f'(x)} = -x+1$　極大　$y = f(x)$

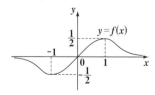
$y = f(x)$

§3. 微分法は方程式・不等式にも応用できる！

微分計算にも慣れ，接線・法線やグラフの描き方もマスターできた？ まだ，イマイチって人は，もう一度復習しなおしておくといい。

講義では，いよいよ微分法の重要テーマ，**"微分法の方程式・不等式への応用"** に入ろう。ここまでできれば，さまざまな受験問題に対応できるようになるから，頑張って勉強してくれ。それでは，これから学習する具体的な内容を書いておくから，まずチェックしておこう。

- **関数の最大・最小**
- **微分法の方程式への応用**
- **微分法の不等式への応用**

これらの内容は結局，関数のグラフと関連しているんだよ。だから，これらの内容を学習すれば，グラフの知識がさらに深まるはずだ。

● 関数の最大・最小と極大・極小を区別しよう！

$a \le x \le b$ の区間における関数 $y = f(x)$ の**最大値**，**最小値**とは，それぞれ区間内の最大の y 座標と，最小の y 座標を表す。

これに対して，**極大値**，**極小値**とは曲線 $y = f(x)$ の山の値（y 座標）と谷の値（y 座標）のことなんだね。

図 **1** に，この違いがわかるようなグラフを示しておいた。この場合，極大値と最大値は一致するけれど，極小値と最小値が一致していないのがわかるね。図 **1** では，極小値よりも，$f(a)$ の方が明らかに小さいので，これが最小値となるんだね。

図1　最大・最小と極大・極小

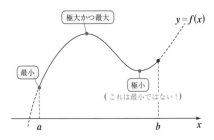

◆例題 20 ◆

関数 $y = \sin x\,(1 - \cos x)$ $(-\pi \leqq x \leqq \pi)$ の最大値・最小値を求めよ。

解答

> 三角関数のようなニョロニョロした関数同士の積の場合，前にやったような 2 つの関数の積の考え方でグラフの概形を類推しようとすると，頭が混乱すると思う。この場合はすぐに微分から入るのがいいんだ。

$y = f(x) = \sin x\,(1 - \cos x)$ $(-\pi \leqq x \leqq \pi)$ とおく。

> $f(-x) = -f(x)$ だから，$y = f(x)$ は奇関数だ！

$\underline{f(-x)} = \sin(-x)\{1 - \cos(-x)\} = -\sin x(1 - \cos x) = \underline{-f(x)}$ より，

$y = f(x)$ は奇関数だね。(原点に関して対称なグラフ)

よって，まず，$0 \leqq x \leqq \pi$ について調べる。

$$f'(x) = \overbrace{(\sin x)'}^{\cos x}(1 - \cos x) + \sin x\overbrace{(1 - \cos x)'}^{\sin x} = \cos x(1 - \cos x) + \underbrace{\sin^2 x}_{1 - \cos^2 x}$$

$$= -2\cos^2 x + \cos x + 1 = (2\cos x + 1)(1 - \cos x)$$

$f'(x) = 0$ のとき，$\cos x = -\dfrac{1}{2},\ 1$ より，$x = 0,\ \dfrac{2}{3}\pi$

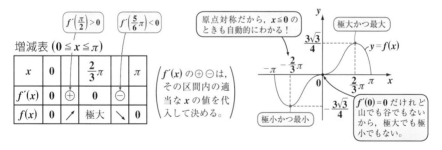

> $f'\left(\dfrac{\pi}{2}\right) > 0$

> $f'\left(\dfrac{5}{6}\pi\right) < 0$

増減表 $(0 \leqq x \leqq \pi)$

x	0		$\dfrac{2}{3}\pi$		π
$f'(x)$	0	$\oplus$	0	$\ominus$	
$f(x)$	0	↗	極大	↘	0

> $\left(\begin{array}{l}f'(x) \text{ の } \oplus \ominus \text{ は,}\\ \text{その区間内の適}\\ \text{当な } x \text{ の値を代}\\ \text{入して決める。}\end{array}\right)$

> 原点対称だから，$x \leqq 0$ のときも自動的にわかる！

> 極大かつ最大

> $y = f(x)$

> 極小かつ最小

> $f(0) = 0$ だけれど山でも谷でもないから，極大でも極小でもない。

$\therefore\ x = \dfrac{2}{3}\pi$ のとき，最大値 $f\left(\dfrac{2}{3}\pi\right) = \dfrac{\sqrt{3}}{2}\left(1 + \dfrac{1}{2}\right) = \dfrac{3\sqrt{3}}{4}$

$\qquad x = -\dfrac{2}{3}\pi$ のとき，最小値 $f\left(-\dfrac{2}{3}\pi\right) = -\dfrac{3\sqrt{3}}{4}$ ················(答)

● 方程式への応用では，文字定数を分離しよう！

さァ，いよいよ微分法の最終テーマ "**微分法の方程式への応用**" に入る。一般に，方程式 $f(x) = 0$ が与えられたとき，この方程式の実数解は，$y = f(x)$ と，$y = 0$（x 軸）との共有点の x 座標になるんだね。それで，実数解の値ではなく，実数解の個数を知りたいのならば，図 2 に示すように，曲線 $y = f(x)$ と x 軸との共有点の個数を調べればいいだけだから，グラフからヴィジュアルにすぐにわかると思う。

図 2　グラフでわかる実数解の個数

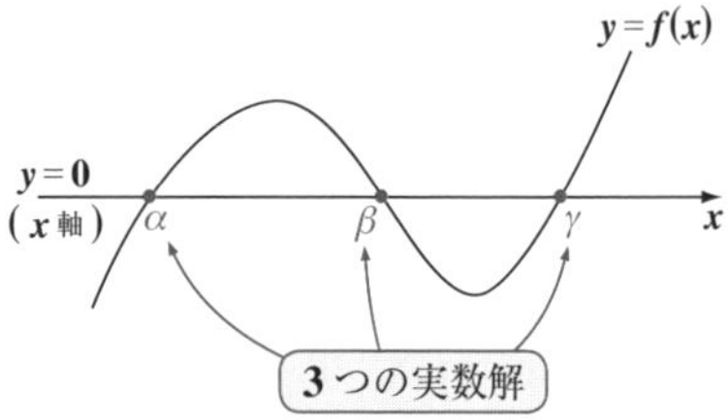

それでは，文字定数 k を含んだ方程式ではどうなるか？　この場合，文字定数 k をうまく分離して，$f(x) = k$ の形にできるのならば，上と同じように実数解の個数をグラフを使って，求めることができる。この解法のパターンを下に書いておく。これは，受験では頻出テーマの 1 つだから，シッカリマスターしよう。

微分法の方程式への応用

文字定数は分離する。

方程式：$\underline{f(x)} = \underline{\underline{k}}$ ……① の相異なる実数解の個数は，次の 2 つの関数のグラフの共有点の個数に等しい。

$$\begin{cases} y = \underline{f(x)} \\ y = \underline{\underline{k}} \quad (x \text{ 軸に平行な直線}) \end{cases}$$

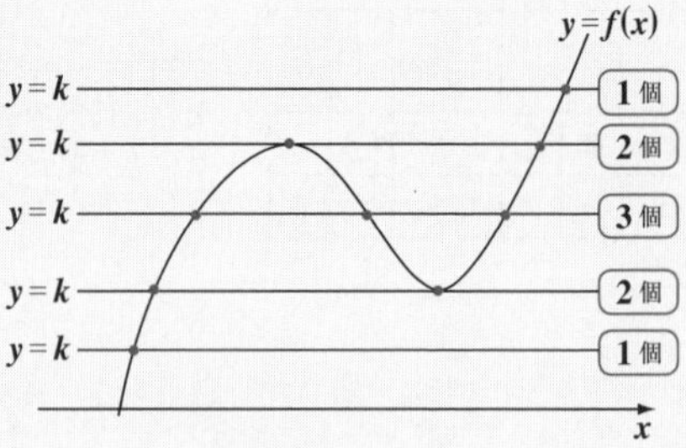

曲線 $y = f(x)$ のグラフを描いて，$y = k$（x 軸と平行な直線）との共有点の個数から，方程式①の実数解の個数を求める。

（k の値によって，実数解の個数を分類する。）

168

（Ⅰ）たとえば，方程式：$\sin x(1 - \cos x) = \underline{k}$ ……① $(-\pi \leqq x \leqq \pi)$ の場合，

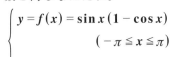
文字定数：分離されているね。

この異なる実数解の個数は，次の **2** つの関数のグラフの共有点の個

数と同じなんだね。

$$\begin{cases} y = f(x) = \sin x\,(1 - \cos x) \\ \qquad\qquad (-\pi \leqq x \leqq \pi) \\ y = k \end{cases}$$

$y = f(x)$ のグラフは，例題 **20** で求

めている。図 **3** のグラフより，①

の異なる実数解の個数は，

図3

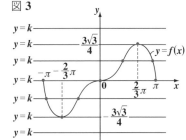

(ⅰ) $k < -\dfrac{3\sqrt{3}}{4}$, $\dfrac{3\sqrt{3}}{4} < k$ のとき，**0** 個

(ⅱ) $k = \pm\dfrac{3\sqrt{3}}{4}$ のとき，**1** 個

(ⅲ) $-\dfrac{3\sqrt{3}}{4} < k < \dfrac{3\sqrt{3}}{4}$ $(k \neq 0)$ のとき，**2** 個

(ⅳ) $k = 0$ のとき，**3** 個

（Ⅱ）方程式：$x = ae^x$ ……② （a：実数定数）のとき，両辺を e^x で割って，

$xe^{-x} = \underline{\underline{a}}$ 文字定数を分離した！　これを分解して，

$$\begin{cases} y = g(x) = xe^{-x} \quad (\text{このグラフは演習問題 } \mathbf{53}\,(\mathbf{P163}) \text{ 参照}) \\ y = a \quad (x \text{ 軸に平行な直線}) \end{cases}$$

この **2** つの関数のグラフの共有点の個

数が，②の実数解の個数と等しいので，

図4

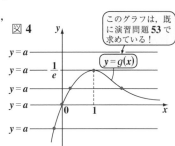

このグラフは，既に演習問題 **53** で求めている！

(ⅰ) $\dfrac{1}{e} < a$ のとき，**0** 個

(ⅱ) $a = \dfrac{1}{e}$, $a \leqq 0$ のとき，**1** 個

(ⅲ) $0 < a < \dfrac{1}{e}$ のとき，**2** 個

となる。

どう？　面白かった？　グラフをうまく使うことがコツだ。

● 不等式もグラフを使ってヴィジュアルに解ける！

次，"微分法の不等式への応用"の解説に入ろう。これも，"方程式への応用"のときと同様に，グラフを使って解いていくといいんだ。難しいと思った微分法も，実は意外と面白いものなんだね。

不等式の証明

$a \leq x \leq b$ のとき，不等式 $\underline{f(x)} \geq \underline{g(x)}$ $\cdots$ (*) が成り立つことを示したかったら，まず，大きい方から小さい方を引いた差関数 $h(x)$ を作る。

差関数 $y = h(x) = \underline{f(x)} - \underline{g(x)}$ $(a \leq x \leq b)$

（大きい方）（小さい方）

そして，$a \leq x \leq b$ のとき，$h(x) \geq 0$ を示す。

この $h(x) \geq 0$ を示すには，$a \leq x \leq b$ における $h(x)$ の最小値 m を求め，その最小値 m でさえ 0 以上，すなわち $m \geq 0$ を示せば，結局 (*) の不等式を示したことになるんだね。

この差関数 $y = h(x)$ のグラフのパターンとして，大体次の 3 つをイメージしてくれたらいい。どれも，$h(x) \geq 0$ が言えるのがわかるね。

図 5 差関数 $y = h(x) = f(x) - g(x)$ のイメージ

(i) 典型パターン

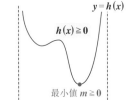

(ii) 単調増加型

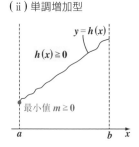

(iii) 単調減少型

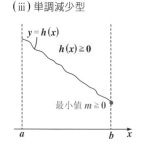

それでは次に，文字定数 k の入った不等式の証明法についても示す。この場合も，"方程式"のときと同様に，文字定数 k をまず分離してから考えるとわかりやすいんだ。

文字定数と不等式

文字定数・分離

(i) $f(x) \leqq k$ が成り立つことを示すには，

これを分解して，

$$\begin{cases} y = f(x) \\ y = k \end{cases} \quad とおき，$$

$f(x)$ の最大値 $M \leqq k$ を示す。

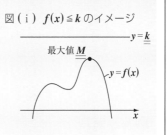

図 (i) $f(x) \leqq k$ のイメージ

$y = k$

最大値 M

$y = f(x)$

(ii) $f(x) \geqq k$ が成り立つことを示すには，

これを分解して，

$$\begin{cases} y = f(x) \\ y = k \end{cases} \quad とおき，$$

$f(x)$ の最小値 $m \geqq k$ を示す。

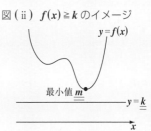

図 (ii) $f(x) \geqq k$ のイメージ

$y = f(x)$

最小値 m

$y = k$

(i) $f(x) \leqq k$ を示したかったら，定数 k が $f(x)$ の最大値 M 以上であることを示し，

(ii) $f(x) \geqq k$ を証明するには，定数 k が $f(x)$ の最小値 m 以下であることを言えばいいわけだ。

それぞれのイメージとして，グラフを付けておいたけれど，これは条件等によって，さまざまに変化する。でも，常にグラフを念頭におきながら，正確な微分の計算力を駆使して問題を解いていくことだ。すると，意外と楽に問題を解くことができるはずだ。それでは，次の演習問題で，さらに実践力を鍛えていこう。

関数の最大値と最小値

関数 $f(x) = \sqrt{2 - x^2} - x \ (-\sqrt{2} \leq x \leq \sqrt{2})$ の最大値と最小値を求めよ。

（電気通信大 ＊）

> **レクチャー** $y = f(x) = \sqrt{2 - x^2} + (-x)$ は、分解した2つの関数 $y = \sqrt{2 - x^2}$ と $y = -x$ の和と考えるといい。（引き算ではなく、たし算とみる） $y = \sqrt{2 - x^2}$ は、半径 $\sqrt{2}$ の上半円だね。よって、$y = f(x)$ は、右図のように極大値をもつグラフとなるね。

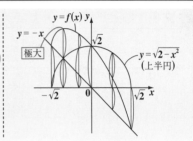

解答＆解説

$y = f(x) = \sqrt{2 - x^2} - x = (2 - x^2)^{\frac{1}{2}} - x$

> $2 - x^2 = t$ とおいて合成関数の微分だ！ $\quad (-\sqrt{2} \leq x \leq \sqrt{2})$

$f'(x) = \dfrac{1}{2}(2 - x^2)^{-\frac{1}{2}}(-2x) - 1$

$\quad = -\dfrac{x}{\sqrt{2 - x^2}} - 1 = -\dfrac{x + \sqrt{2 - x^2}}{\sqrt{2 - x^2}}$

$f'(x) = 0$ のとき、$x + \sqrt{2 - x^2} = 0$、$\sqrt{2 - x^2} = -\boxed{x}$

両辺を2乗して、$2 - x^2 = x^2$　　$x^2 = 1$

ここで、$\underline{x < 0}$ より、$x = -1$

増減表 $\left(-\sqrt{2} \leq x \leq \sqrt{2}\right)$

x	$-\sqrt{2}$		-1		$\sqrt{2}$
$f'(x)$		$\oplus$	0	$\ominus$	
$f(x)$	$\sqrt{2}$	↗	2	↘	$-\sqrt{2}$

$f(-\sqrt{2}) = \sqrt{2 - 2} + \sqrt{2}$
$\qquad = \sqrt{2}$

$f(\sqrt{2}) = \sqrt{2 - 2} - \sqrt{2}$
$\qquad = -\sqrt{2}$

$x = -1$ のとき、
極大値 $f(-1) = \sqrt{2 - 1} + 1 = 2$
以上より、

$\begin{cases} x = -1 \text{ のとき、最大値 } f(-1) = 2 \\ x = \sqrt{2} \text{ のとき、最小値 } f(\sqrt{2}) = -\sqrt{2} \end{cases}$ …………(答)

ココがポイント

> 参考
> 円：$x^2 + y^2 = r^2$ より、
> $y^2 = r^2 - x^2$
> $y = \pm\sqrt{r^2 - x^2}$ だね。

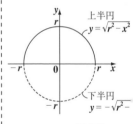

∴ 上半円：$y = \sqrt{r^2 - x^2}$
　下半円：$y = -\sqrt{r^2 - x^2}$ だ！

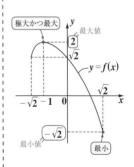

172

方程式の解の個数と文字定数の分離（Ⅰ）

方程式：$x^2 = ke^x$ ……① が異なる 3 実数解をもつような実数 k の値の範囲を求めよ。ただし，$\lim_{x \to \infty} x^2 e^{-x} = 0$ とする。（ 立教大・横浜国立大＊）

レクチャー　$y = f(x) = x^2 \cdot e^{-x}$ を，

$y = x^2$ と $y = e^{-x}$ の積と考えると，

(i) $f(0) = 0 \longrightarrow$ (0, 0) を通る

(ii) $x > 0$ のとき $f(x) > 0$
　　　$x < 0$ のとき $f(x) > 0$

(iii) $\lim_{x \to -\infty} f(x) = \lim_{x \to -\infty} \underbrace{x^2}_{+\infty} \cdot \underbrace{(e^{-x})}_{+\infty} = +\infty$

(iv) $\lim_{x \to \infty} f(x) = \lim_{x \to \infty} \dfrac{x^2}{e^x} = 0$ （中位の∞ / 強い∞）

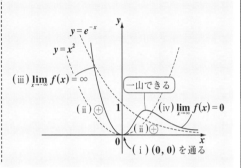

(iii) $\lim_{x \to -\infty} f(x) = \infty$　一山できる

$y = e^{-x}$　$y = x^2$

(ii) ⊕　1　(iv) $\lim_{x \to \infty} f(x) = 0$　(ii) ⊕

(i) (0, 0) を通る

解答＆解説

方程式：$x^2 = ke^x$ ……① の両辺に e^{-x} をかけて，

文字定数・分離

$x^2 e^{-x} = \underline{k}$ ∴①の方程式の実数解の個数は，次の 2 つの関数のグラフの共有点の個数に等しい。

$$\begin{cases} y = f(x) = x^2 e^{-x} \\ y = k \end{cases}$$

$f'(x) = 2x \cdot e^{-x} + x^2 \cdot (-e^{-x}) = \underbrace{(-x(x-2))}_{\widetilde{f'(x)} = \{⊕ / ⓪ / ⊖\}} \cdot \underbrace{(e^{-x})}_{⊕}$

$f'(x) = 0$ のとき，$x = 0,\ 2$

増減表

x		0		2	
$f'(x)$	−	0	+	0	−
$f(x)$	↘	極小	↗	極大	↘

極小値 $f(0) = 0$

極大値 $f(2) = \dfrac{4}{e^2}$

$\lim_{x \to -\infty} f(x) = +\infty$，$\lim_{x \to \infty} f(x) = \lim_{x \to \infty} \dfrac{x^2}{e^x} = 0$ （中位の∞ / 強い∞）

右の $y = f(x)$ のグラフより，①が異なる 3 実数解をもつための k の条件は，$0 < k < \dfrac{4}{e^2}$ …………(答)

ココがポイント

⇦文字定数 k を分離した！

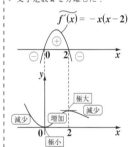

$\widetilde{f'(x)} = -x(x-2)$

⊖　0　⊕　2　⊖　x

y

減少　増加　極大　減少

極小　0　2　x

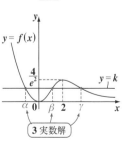

y

$y = f(x)$

$\dfrac{4}{e^2}$

$y = k$

α　0　β　2　γ　x

3 実数解

不等式の成立条件と文字定数の分離

演習問題 58	難易度 ★★	CHECK 1	CHECK 2	CHECK 3

$0 \leqq x \leqq 2\pi$ のとき, $ae^x \geqq \sin x$ ……① をみたす実数 a の最小値を求めよ。

レクチャー　$y = f(x) = e^{-x}\sin x$ を $y = e^{-x}$ と $y = \sin x$ の積と考える。

(i) $x = \cdots, 0, \pi, 2\pi, \cdots$ のとき、$y = \sin x = 0$ だから、$y = f(x)$ も x 軸と交わる。

(ii) $e^{-x} > 0$ より、$y = f(x)$ の正負は $\sin x$ で決まる。

(iii) $y = e^{-x}$ は単調減少関数なので、$y = f(x)$ は減衰しながら、振動を続ける。

よって、$y = f(x)$ のグラフは、次のようになる。

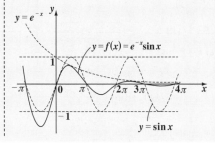

解答&解説

$ae^x \geqq \sin x$ ……① $(0 \leqq x \leqq 2\pi)$

$e^{-x} > 0$ より、①の両辺に e^{-x} をかけて、

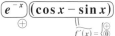

$\boxed{a} \geqq \boxed{e^{-x}\sin x}$ ……②

ここで、$y = f(x) = e^{\boxed{-x}}\sin x$ $(0 \leqq x \leqq 2\pi)$ とおく。

$f'(x) = -e^{-x}\sin x + e^{-x}\cos x$

$\quad\quad = \boxed{e^{-x}}\boxed{(\cos x - \sin x)}$ $\quad$ $f'(x) = 0$ のとき、

$-x = t$ とおいて合成関数の微分

$\tan x = 1$ $\quad 0 \leqq x \leqq 2\pi$ より、$x = \dfrac{\pi}{4}$, $\dfrac{5}{4}\pi$

$f'\left(\dfrac{\pi}{6}\right) > 0, f'\left(\dfrac{\pi}{2}\right) < 0, f'\left(\dfrac{3}{2}\pi\right) > 0$

増減表 $(0 \leqq x \leqq 2\pi)$

x	0		$\dfrac{\pi}{4}$		$\dfrac{5}{4}\pi$		2π
$f'(x)$		$+$	0	$-$	0	$+$	
$f(x)$	0	↗	極大	↘	極小	↗	0

$f(0) = f(\pi)$
$\quad = f(2\pi)$
$\quad = 0$

最大値 $f\left(\dfrac{\pi}{4}\right) = e^{-\frac{\pi}{4}}\sin \dfrac{\pi}{4} = \boxed{\dfrac{1}{\sqrt{2}}e^{-\frac{\pi}{4}}}$ より、②、すなわち①をみたす a の最小値は、$\dfrac{1}{\sqrt{2}}e^{-\frac{\pi}{4}}$ ………(答)

ココがポイント

$\Leftarrow$ $y = a$, $y = f(x)$ に分離。$f(x)$ の最大値を M とおくと、$a \geqq M$ より、M が a の最小値となる。

$\Leftarrow$ $f'(x) = 0$ のとき、$\cos x - \sin x = 0$
$\cos x = \sin x$
$\cos x \neq 0$ より、
$\dfrac{\sin x}{\cos x} = 1$
$\therefore \tan x = 1$

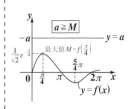

174

方程式がただ1つの実数解をもつ条件

演習問題 59	難易度 ★★★	CHECK 1	CHECK 2	CHECK 3

方程式 $\dfrac{1}{x^n} - \log x - \dfrac{1}{e} = 0$ …① (n：自然数) が，$x \geq 1$ の範囲にただ1

つの実数解 x_n をもつことを示し，$\displaystyle\lim_{n \to \infty} x_n$ を求めよ。 （東北大）

ヒント！ $f(x) = \dfrac{1}{x^n} - \log x - \dfrac{1}{e}$ とおいて，$x \geq 1$ で $f(x)$ が単調に減少し，

$f(1) > 0$, $f\left(e^{\frac{1}{n}}\right) < 0$ であることを示せばいい。

解答 & 解説

$y = f(x) = x^{-n} - \log x - \dfrac{1}{e}$ $(x \geq 1)$ とおく。

これを x で微分すると，

$$f'(x) = -nx^{-n-1} - \dfrac{1}{x} = -\boxed{\dfrac{n}{x^{n+1}}}_{(+)} - \boxed{\dfrac{1}{x}}_{(+)} < 0$$

よって，曲線 $y = f(x)$ は，$x \geq 1$ の範囲で単調に減少
する。また，

$$\begin{cases} f(1) = 1^{-n} - \underset{0}{\underline{\log 1}} - \dfrac{1}{e} = 1 - \dfrac{1}{e} > 0 \\ f\left(e^{\frac{1}{n}}\right) = \underset{\frac{1}{e}}{\underline{\left(e^{\frac{1}{n}}\right)^{-n}}} - \underset{\frac{1}{n}}{\underline{\log e^{\frac{1}{n}}}} - \dfrac{1}{e} = -\dfrac{1}{n} < 0 \end{cases}$$ より，

方程式：$f(x) = 0$ …① は，$x \geq 1$ の範囲にただ1つ
の実数解 x_n をもつ。 ……………………………(終)

以上より，この実数解 x_n は，$1 \leq x_n < e^{\frac{1}{n}}$ をみたす。

よって，$n \to \infty$ の極限をとると，

$$1 \leq \lim_{n \to \infty} x_n \leq \lim_{n \to \infty} e^{\underset{0}{\boxed{\frac{1}{n}}}} = e^0 = 1$$

よって，ハサミ打ちの原理より，

$$\lim_{n \to \infty} x_n = 1$$ ……………………………(答)

ココがポイント

⇦ $x \geq 1$ で $f'(x) < 0$ だね。

⇦ $x \geq 1$ で，$f(x)$ は単調減少より，下のグラフのように，曲線 $y = f(x)$ が $x \geq 1$ の範囲で正から負に変化することを示せばいいんだね。

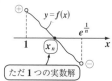

ただ1つの実数解

⇦ 右辺の "$<$" を "$\leq$" に変えて，等号を加える。

方程式の解の個数と文字定数の分離（Ⅱ）

演習問題 60　　難易度 ★★★　　CHECK 1　CHECK 2　CHECK 3

次の各問いに答えよ。

(1) $x \geqq 1$ のとき，$2\sqrt{x} \geqq \log x$ が成り立つことを示せ。

(2) (1) の結果を用いて，$\displaystyle\lim_{x \to \infty} \frac{\log x}{x}$ を求めよ。

(3) 方程式 $\log x = ax$ （a：実数）が異なる 2 実数解をもつとき，a の値の範囲を求めよ。

ヒント！　(1) の不等式は，差関数をとって示せばいいね。(2) の極限が 0 となることは知っているけれど，(1) を利用してハサミ打ちで証明する。(3) では，文字定数 a を分離するんだね。頑張れ！

レクチャー　$y = f(x) = \dfrac{\log x}{x} = \dfrac{1}{x} \times \log x$
　　　　　　　割り算ではなく，かけ算とみる

は，$y = \dfrac{1}{x}$ と $y = \log x$ の積と考える。

(i) $\log 1 = 0$ より，$f(1) = 0$
　　　点 (1, 0) を通る

(ii) $0 < x < 1$ のとき，$f(x) < 0$
　　　$1 < x$ のとき，$f(x) > 0$

(iii) $\displaystyle\lim_{x \to +0} f(x) = \lim_{x \to +0} \underbrace{\left(\frac{1}{x}\right)}_{+\infty} \cdot \underbrace{(\log x)}_{-\infty} = -\infty$
　　　　　　　　　　　　　　　　弱い∞

(iv) $\displaystyle\lim_{x \to \infty} f(x) = \lim_{x \to \infty} \underbrace{\frac{\log x}{x}}_{\text{中位の}\infty} = 0$

これで，グラフの概形がわかる。

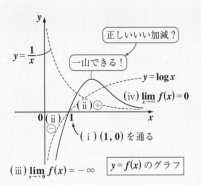

正しいいい加減？
一山できる！
$y = \dfrac{1}{x}$
$y = \log x$
(iv) $\displaystyle\lim_{x \to \infty} f(x) = 0$
(ii) ⊕
⊖
(i) (1, 0) を通る
(iii) $\displaystyle\lim_{x \to +0} f(x) = -\infty$
$y = f(x)$ のグラフ

解答 & 解説

(1) $x \geqq 1$ のとき，$2\sqrt{x} \geqq \log x$ ……(*)　を示す。

差関数 $y = g(x) = \underbrace{2\sqrt{x}}_{\text{大}} - \underbrace{\log x}_{\text{小}}$ $(x \geqq 1)$ とおく。

$g'(x) = 2 \cdot \dfrac{1}{2} x^{-\frac{1}{2}} - \dfrac{1}{x} = \dfrac{1}{\sqrt{x}} - \dfrac{1}{x} = \dfrac{\overbrace{\sqrt{x}-1}^{0\text{以上}}}{\underbrace{x}_{\oplus}}$

ここで，$x \geqq 1$ より，$g'(x) \geqq 0$

よって，$g(x)$ は単調に増加する。

ココがポイント

⇦ 差関数 $g(x)$ をとって，$x \geqq 1$ のとき $g(x) \geqq 0$ を示す。

176

最小値 $g(1) = 2\sqrt{1} - \log 1 = 2 > 0$

$\therefore$ $x \geq 1$ のとき $g(x) = \boxed{2\sqrt{x} - \log x > 0}$ より,

$2\sqrt{x} \geq \log x$ ……(*) は成り立つ。 ……(終)

$\boxed{\text{この等号はつけていい。これは, } x > 1 \text{ ならば } x \geq 1 \text{ と言えるのと同じ}}$

(2) (*) の式より, $0 \leq \log x \leq 2\sqrt{x}$ $(x \geq 1)$

x は正より, 各辺を x で割って,

$0 \leq \dfrac{\log x}{x} \leq \dfrac{2}{\sqrt{x}}$ ここで, $x \to \infty$ とすると,

$\boxed{\text{ハサミ打ち!}}$

$0 \leq \displaystyle\lim_{x \to \infty} \dfrac{\log x}{x} \leq \lim_{x \to \infty} \dfrac{2}{\sqrt{x}} = \underline{0}$

$\therefore$ $\displaystyle\lim_{x \to \infty} \dfrac{\log x}{x} = 0$ ……………………………(答)

(3) 方程式 $\log x = ax$ ……① $(a : 実数)$

①の両辺を x で割って,

$\dfrac{\log x}{x} = a$ ……② ここで,

$y = f(x) = \dfrac{\log x}{x}, \quad y = a$

とおく。

$\widetilde{f'(x)} = \begin{cases} \oplus \\ \boxed{0} \\ \ominus \end{cases}$ (符号に関する本質的部分)

$f'(x) = \dfrac{\boxed{1 - \log x}}{\underset{\oplus}{x^2}}$

$f'(x) = 0$ のとき, $1 - \log x = 0$ $\therefore$ $x = e$

増減表 $(0 < x)$

x	0		e	
$f'(x)$		$+$	0	$-$
$f(x)$		$\nearrow$	$\dfrac{1}{e}$	$\searrow$

極大値 $f(e) = \dfrac{\log e}{e}$

$= \dfrac{1}{e}$

$\displaystyle\lim_{x \to +0} f(x) = -\infty$

$\displaystyle\lim_{x \to \infty} f(x) = \lim_{x \to \infty} \dfrac{\overset{\boxed{\text{弱い}\infty}}{\log x}}{\underset{\boxed{\text{中位の}\infty}}{x}} = 0$

$\boxed{\text{今回は, (2) で, これが 0 に収束することを示した。}}$

よって, 右図より, ②, すなわち①の方程式が異なる 2 実数解をもつための a の範囲は,

$0 < a < \dfrac{1}{e}$ ……………………………(答)

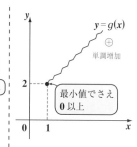

$y = g(x)$
$\oplus$
単調増加

最小値でさえ 0 以上

$\Leftarrow \displaystyle\lim_{x \to \infty} \dfrac{\log x}{x}$ は, 0 以上 0 以下と, 0 で "ハサミ打ち" されたから, 0 に収束する。

$\Leftarrow y = f(x)$ と $y = a$ の共有点の個数が①の実数解の個数だ。

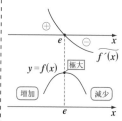

$\oplus$ e $\ominus$
$\widetilde{f'(x)}$
$y = f(x)$ $\boxed{極大}$
$\boxed{増加}$ $\boxed{減少}$
e

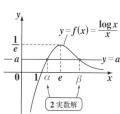

$\dfrac{1}{e}$
$-a$
$y = f(x) = \dfrac{\log x}{x}$
$y = a$
1 α e β
$\boxed{2\ 実数解}$

177

§4. 速度・加速度，近似式も押さえよう！

微分法は，**1**次元や**2**次元運動する点の**速度**，**加速度**などにも応用できる。さらに，微分係数を定義する極限の式から，**近似式**を導くこともできるんだね。では，微分法の応用の最終テーマに入ろう。

- x軸上を運動する点の速度や加速度など
- xy座標平面上を運動する点の速度や加速度など
- 近似式

これで，微分法も最後だから，みんな，頑張ろうな！

● x軸上を運動する点の速度・加速度をマスターしよう！

図**1**のようにx軸上を運動する動点を$P(x)$とおくと，**位置**xは時刻tと共に変化するので，tの関数として，$x(t)$と表せる。

図**1** x軸上を運動する点$P(x)$

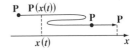

ここで，時刻tから$t+\triangle t$までの微小な時間$\triangle t$の間に移動する位置の変化量を$\triangle x$とおくと，この$\triangle t$の間の動点Pの平均速度は，

$$\frac{\triangle x}{\triangle t} = \frac{x(t+\triangle t)-x(t)}{\triangle t}$$ となる。

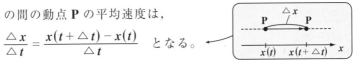

ここで，$\triangle t \to 0$の極限をとると，時刻tにおける動点Pの**速度**vとなるんだね。つまり，

$$v = \frac{dx}{dt} = \lim_{\triangle t \to 0} \frac{\triangle x}{\triangle t} = \lim_{\triangle t \to 0} \frac{x(t+\triangle t)-x(t)}{\triangle t}$$ だね。

そして，この速度vをさらに時刻tで微分したものがPの**加速度**aとなる。

つまり，$$a = \frac{dv}{dt} = \frac{d^2x}{dt^2}$$ なんだね。

$\boxed{x \text{を} t \text{で} 2 \text{回微分したもの}}$

さらに，vの絶対値$|v|$を**速さ**といい，aの絶対値$|a|$を**加速度の大きさ**と呼ぶことも覚えておこう。

● xy 平面上を運動する点の速度・加速度はベクトルになる！

図2のように，xy 座標平面上
を運動する点を $P(x, y)$ とおくと，
x も y も時刻 t の関数，つまり，
$x(t)$，$y(t)$ となる。
よって，動点 P の

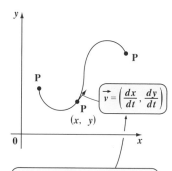

図2　xy 平面上を運動する点 $P(x, y)$

$$\vec{v} = \left(\frac{dx}{dt}, \frac{dy}{dt} \right)$$

(i) $\begin{cases} x \text{ 軸方向の速度成分は } \dfrac{dx}{dt}, \\ y \text{ 軸方向の速度成分は } \dfrac{dy}{dt} \text{ より,} \end{cases}$

P の**速度ベクトル**は $\vec{v} = \left(\dfrac{dx}{dt}, \dfrac{dy}{dt} \right)$ と

表されるし，また

(ii) $\begin{cases} x \text{ 軸方向の加速度成分は } \dfrac{d^2x}{dt^2}, \\ y \text{ 軸方向の加速度成分は } \dfrac{d^2y}{dt^2} \text{ より,} \end{cases}$

> 平面上を運動する点 P の速度
> ベクトル $\vec{v}$ は，動点 P の描く
> 曲線上の点 P における接線の
> 方向のベクトルになる。

P の**加速度ベクトル**は $\vec{a} = \left(\dfrac{d^2x}{dt^2}, \dfrac{d^2y}{dt^2} \right)$ と表されるんだね。

また，$\vec{v}$ の大きさ $|\vec{v}|$ を**速さ**といい，$|\vec{v}| = \sqrt{\left(\dfrac{dx}{dt} \right)^2 + \left(\dfrac{dy}{dt} \right)^2}$ で求められるし，

$\vec{a}$ の大きさ $|\vec{a}|$ を**加速度の大きさ**といい，$|\vec{a}| = \sqrt{\left(\dfrac{d^2x}{dt^2} \right)^2 + \left(\dfrac{d^2y}{dt^2} \right)^2}$ で計算で

きる。

では，P の位置 (x, y) が $\underline{x = t - \sin t, \ y = 1 - \cos t}$ で表されるとき，**速度**

> サイクロイド $x = a(\theta - \sin\theta)$, $y = a(1 - \cos\theta)$ の a を 1, θ を t にしたものだ。

$\vec{v}$, 速さ $|\vec{v}|$ と**加速度** $\vec{a}$ とその大きさ $|\vec{a}|$ を求めてみよう。

$\dfrac{dx}{dt} = 1 - \cos t, \ \dfrac{dy}{dt} = \sin t$, また $\dfrac{d^2x}{dt^2} = \sin t, \ \dfrac{d^2y}{dt^2} = \cos t$ より

$\vec{v} = (1 - \cos t, \ \sin t)$, $\vec{a} = (\sin t, \ \cos t)$ となるし，また，

$|\vec{v}| = \sqrt{(1 - \cos t)^2 + \sin^2 t} = \sqrt{2(1 - \cos t)}$, $|\vec{a}| = \sqrt{\sin^2 t + \cos^2 t} = 1$ だね。

> $1 - 2\cos t + \cos^2 t + \sin^2 t = 2 - 2\cos t = 2(1 - \cos t)$ ◀ $\cos^2 t + \sin^2 t = 1$

179

● 近似公式のポイントは，接線だ！

近似式は，関数の極限の公式から，簡単に導くことができる。次の**3**つの関数の極限の公式：

（ i ）$\lim\limits_{x \to 0} \dfrac{\sin x}{x} = 1$，（ ii ）$\lim\limits_{x \to 0} \dfrac{e^x - 1}{x} = 1$，（ iii ）$\lim\limits_{x \to 0} \dfrac{\log(x+1)}{x} = 1$ は，いずれも，x を限りなく **0** に近づけるときのものだけれど，この条件を少しゆるめて，$x \fallingdotseq 0$，つまり **0** 付近の式とすると，それぞれ次のような近似公式が導ける。

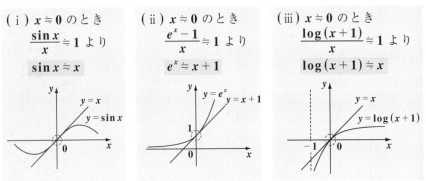

（ i ）$x \fallingdotseq 0$ のとき	（ ii ）$x \fallingdotseq 0$ のとき	（ iii ）$x \fallingdotseq 0$ のとき
$\dfrac{\sin x}{x} \fallingdotseq 1$ より	$\dfrac{e^x - 1}{x} \fallingdotseq 1$ より	$\dfrac{\log(x+1)}{x} \fallingdotseq 1$ より
$\sin x \fallingdotseq x$	$e^x \fallingdotseq x + 1$	$\log(x+1) \fallingdotseq x$

（ i ）$y = \sin x$ と $y = x$ は，まったく異なる関数だけれど，$x \fallingdotseq 0$ 付近では，グラフで見る限り，ほとんど区別がつかない。つまり，曲線 $y = \sin x$ が直線 $y = x$ で近似できることが分かると思う。（ ii ），（ iii ）も同様だね。

より一般的な**近似公式**は，微分係数の定義式：

$$\lim_{h \to 0} \frac{f(a+h) - f(a)}{h} = f'(a) \quad \text{……①} \quad \text{から導ける。}$$

これも，$h \to 0$ の条件をゆるめて，$h \fallingdotseq 0$ とすると，①より近似式

$$\frac{f(a+h) - f(a)}{h} \fallingdotseq f'(a) \quad \text{……②} \quad \text{が導ける。よって，②より，}$$

近似公式：$f(a+h) \fallingdotseq f(a) + hf'(a)$ ……（＊1）が導ける。

さらに，（＊1）の a を **0** に，h を x に置き換えると，もう **1** つの

近似公式：$f(x) \fallingdotseq f(0) + x \cdot f'(0)$ ……（＊2）も導ける。

ン？（＊2）は，$y = f(x)$ 上の点 $(0, f(0))$ における傾き $f'(0)$ の接線の公式

$y = f'(0) \cdot x + f(0)$ とソックリじゃないかっ
て!? …，その通り！よく気付いたね。実は，
さっき解説した，$x \fallingdotseq 0$ のときの近似公式
（ i ），（ ii ），（ iii ）は，すべて，この（ $*2$ ）
のパターンの近似式だったんだね。

例えば，（ i ）$f(x) = \sin x$ とおくと，$f'(x) = \cos x$　よって，点 $(0, \sin 0) = (0, 0)$
における $y = f(x)$ の接線の式は $y = \underbrace{f'(0)}\cdot x + \underbrace{f(0)} = 1 \cdot x + 0 = x$ より，$x \fallingdotseq 0$ のとき，
　　　　　　　　　　　　　　　$\boxed{\cos 0 = 1}$　$\boxed{\sin 0 = 0}$
近似式 $\sin x \fallingdotseq x$ が成り立つ。（ ii ），（ iii ）も，自分で確認してごらん。

では，（ $*1$ ）はどうか？実は，これも同様だ。$a + h = x$ とおいてみよう。
a は定数，h は，$h \fallingdotseq 0$ の変数なので，x は，$x = a$ の付近の変数になる。
また，$h = x - a$ なので，以上を，$f(\underbrace{a + h}_{x}) \fallingdotseq f(a) + \underbrace{h}_{(x-a)} \cdot f'(a)$ に代入すると，

$f(x) \fallingdotseq f'(a)(x - a) + f(a)$ ……（ $*1$ ）$'$ となるね。よって，これは曲線 $y =$
$f(x)$ 上の点 $(a, f(a))$ における傾き $f'(a)$ の接線の方程式
$y = f'(a)(x - a) + f(a)$　とソックリなんだね。
つまり，$x \fallingdotseq a$ であれば，右図のように，曲線
$y = f(x)$ は，接線 $y = f'(a)(x - a) + f(a)$ で近
似できると言っているんだね。納得いった？

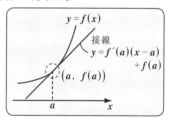

（ ex ）では，$\log(0.999e)$ の近似式を求めてみ
　　　　よう。

　　　　$f(x) = \log x$ とおくと，$f'(x) = \dfrac{1}{x}$ より，$x \fallingdotseq e$ のとき次の近似式が成
　　　　り立つ。

　　　　$\log x \fallingdotseq \dfrac{1}{e}(x - e) + \log e$　$[f(x) \fallingdotseq f'(e)(x - e) + f(e)]$

　　　　$\log x \fallingdotseq \dfrac{1}{e}(x - e) + 1$　……①

　　　　①の両辺に $x = 0.999e$ を代入して，

　　　　$\log(0.999e) \fallingdotseq \dfrac{1}{e}(0.999e - e) + 1 = 0.999 - \cancel{1} + \cancel{1} = 0.999$

　　　　$\therefore \log(0.999e) \fallingdotseq 0.999$ であることが分かったんだね。大丈夫？

らせんの位置ベクトルと速度ベクトル

xy 座標平面上を動く点 P の時刻 t における座標が,

$x = e^t \cos t,\ y = e^t \sin t\ (t \geqq 0)$ で表されるとき,

(1) 時刻 t における速度ベクトル $\vec{v}$ を求めよ。

(2) 動点 P の位置ベクトル $\overrightarrow{OP}$ と速度ベクトル $\vec{v}$ のなす角 θ は, 時刻 t の値にかかわらず常に一定であることを示せ。　　　　　(東京都市大)

ヒント! これは回転しながら半径が増加していくらせんの問題だね。媒介変数 t に時刻の意味をもたせることにより, 位置と速度の問題になったんだね。(2) では $\overrightarrow{OP} \cdot \vec{v}$ (内積) を使おう。

解答&解説

(1) $x = e^t \cos t,\ y = e^t \sin t\ (t \geqq 0)$

$$\frac{dx}{dt} = \overset{(e^t)'}{e^t} \cos t + e^t (\overset{(\cos t)'}{-\sin t}) = e^t(\cos t - \sin t)$$

$$\frac{dy}{dt} = \overset{(e^t)'}{e^t} \sin t + e^t \overset{(\sin t)'}{\cos t} = e^t(\cos t + \sin t)$$

よって, $\overrightarrow{OP} = (\overset{x_1}{e^t \cos t}, \overset{y_1}{e^t \sin t})$

$\vec{v} = (\overset{x_2}{e^t(\cos t - \sin t)}, \overset{y_2}{e^t(\cos t + \sin t)}) \cdots$ (答)

(2) (i) $|\overrightarrow{OP}| = \sqrt{e^{2t}\cos^2 t + e^{2t}\sin^2 t} = \sqrt{e^{2t}} = e^t$

　　　　　$e^{2t}(\cos^2 t + \sin^2 t) = e^{2t}$

(ii) $|\vec{v}| = \sqrt{e^{2t}(\cos t - \sin t)^2 + e^{2t}(\cos t + \sin t)^2}$

　　$e^{2t}(\cos^2 t - 2\cos t \sin t + \sin^2 t + \cos^2 t + 2\cos t \sin t + \sin^2 t)$

　　　　$= \sqrt{2e^{2t}} = \sqrt{2}\,e^t$

(iii) $\overrightarrow{OP} \cdot \vec{v} = e^{2t}\cos t(\cos t - \sin t) + e^{2t}\sin t(\cos t + \sin t)$

　　　　$= e^{2t}$　　　$e^{2t}(\cos^2 t - \cos t \sin t + \cos t \sin t + \sin^2 t)$

(i)(ii)(iii) より,

$$\cos \theta = \frac{\overrightarrow{OP} \cdot \vec{v}}{|\overrightarrow{OP}| \cdot |\vec{v}|} = \frac{e^{2t}}{e^t \sqrt{2}\,e^t} = \frac{1}{\sqrt{2}}\ (一定)$$

$\therefore \theta = \dfrac{\pi}{4}$ となり, t の値によらず一定である。…(終)

ココがポイント

$\Leftarrow \overrightarrow{OP} = (x, y)$

$\vec{v} = \left(\dfrac{dx}{dt}, \dfrac{dy}{dt}\right)$ だね。

ここで, $\overrightarrow{OP} = (x_1, y_1)$, $\vec{v} = (x_2, y_2)$ とおき, $\overrightarrow{OP}$ と $\vec{v}$ のなす角を θ とすると,

$\overrightarrow{OP} \cdot \vec{v} = |\overrightarrow{OP}| \cdot |\vec{v}| \cos \theta$

$\therefore \cos \theta = \dfrac{\overrightarrow{OP} \cdot \vec{v}}{|\overrightarrow{OP}| \cdot |\vec{v}|}\ \cdots$ ⑦

(i) $|\overrightarrow{OP}| = \sqrt{x_1{}^2 + y_1{}^2}$

(ii) $|\vec{v}| = \sqrt{x_2{}^2 + y_2{}^2}$

(iii) $\overrightarrow{OP} \cdot \vec{v} = x_1 x_2 + y_1 y_2$

以上(i)(ii)(iii) を⑦に代入して, $\cos \theta$ つまり θ が一定であることを示すんだ! 頑張れ!

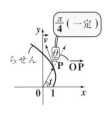

$\boxed{\dfrac{\pi}{4}\ (一定)}$

これがこの問題の
イメージだ!

$$\boxed{\text{近似式による近似解}}$$

演習問題 62	難易度 ★★	CHECK 1	CHECK 2	CHECK 3

方程式 $\tan x = 1$ $\left(0 < x < \dfrac{\pi}{2}\right)$ の解は，$x = \dfrac{\pi}{4}$ である。$x \fallingdotseq \dfrac{\pi}{4}$ のときの $\tan x$ の近似式を用いて，方程式 $\tan x = 1.001$ ……① $\left(0 < x < \dfrac{\pi}{2}\right)$ の近似解を求めよ。

$\boxed{\text{ヒント！}}$ $f(x) = \tan x$ とおいて，$x \fallingdotseq \dfrac{\pi}{4}$ における $f(x)$ の近似式：
$f(x) \fallingdotseq f'\left(\dfrac{\pi}{4}\right)\left(x - \dfrac{\pi}{4}\right) + f\left(\dfrac{\pi}{4}\right)$ を利用するんだね。

解答＆解説

$f(x) = \tan x$ $\left(0 < x < \dfrac{\pi}{2}\right)$ とおくと，

$f'(x) = (\tan x)' = \dfrac{1}{\cos^2 x}$

よって，$x \fallingdotseq \dfrac{\pi}{4}$ における $f(x)$ の近似式は，

$f(x) \fallingdotseq f'\left(\dfrac{\pi}{4}\right) \cdot \left(x - \dfrac{\pi}{4}\right) + f\left(\dfrac{\pi}{4}\right)$ より，

$\tan x \fallingdotseq \dfrac{1}{\cos^2 \dfrac{\pi}{4}}\left(x - \dfrac{\pi}{4}\right) + \tan \dfrac{\pi}{4}$

$\boxed{\begin{array}{l}\cos \dfrac{\pi}{4} = \dfrac{1}{\sqrt{2}} \\ \tan \dfrac{\pi}{4} = 1 \text{ より}\end{array}}$

$\tan x \fallingdotseq 2\left(x - \dfrac{\pi}{4}\right) + 1$ ……②

よって，方程式 $\tan x = 1.001$ ……① $\left(0 < x < \dfrac{\pi}{2}\right)$ を②に代入すると，

$1.001 \fallingdotseq 2\left(x - \dfrac{\pi}{4}\right) + 1$ より，①の近似解は，

$x \fallingdotseq \dfrac{\pi}{4} + \dfrac{1}{2000}$ である。 …………………(答)

ココがポイント

⇦ この右辺は，$y = f(x)$ 上の点 $\left(\dfrac{\pi}{4}, f\left(\dfrac{\pi}{4}\right)\right)$ における接線の方程式の右辺そのものなんだね。

⇦ $2\left(x - \dfrac{\pi}{4}\right) \fallingdotseq 0.001$

$x - \dfrac{\pi}{4} \fallingdotseq 0.0005$

$x \fallingdotseq \dfrac{\pi}{4} + 0.0005$

$= \dfrac{\pi}{4} + \dfrac{1}{2000}$

講義 5 ● 微分法とその応用　公式エッセンス

1. 微分計算の公式

(1) $(x^{\alpha})' = \alpha x^{\alpha-1}$　　　　**(2)** $(\sin x)' = \cos x$　　　　**(3)** $(\cos x)' = -\sin x$　など

2. 平均値の定理

$f(x)$ が微分可能な関数のとき，$\dfrac{f(b)-f(a)}{b-a} = f'(c)$　$(a < c < b)$

をみたす c が少なくとも **1** つ存在する。

3. 2 曲線の共接条件

2 曲線 $y = f(x)$ と $y = g(x)$ が $x = t$ で接するための条件は，

$f(t) = g(t)$ かつ $f'(t) = g'(t)$

4. 曲線の凹凸

（ⅰ）$f''(x) > 0$ のとき，$y = f(x)$ は下に凸

（ⅱ）$f''(x) < 0$ のとき，$y = f(x)$ は上に凸

> $f''(x) = 0$ のとき，$y = f(x)$ は**変曲点**をもつ可能性がある。

5. 微分法の方程式への応用

方程式 $f(x) = \underline{k}$　（k：定数）の実数解の個数は，$y = f(x)$ と $y = \underline{k}$ の **2** つのグラフの共有点の個数に等しい。

6. 微分法の不等式への応用

$f(x) \leqq \underline{k}$（k：定数）が成り立つことを示すには，これを分解して，

$\begin{cases} y = f(x) \\ y = k \end{cases}$　とおき，

$f(x)$ の最大値 $\underline{M} \leqq k$ を示す。

図（ⅰ）$f(x) \leqq k$ のイメージ

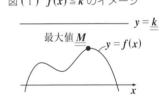

7. 速度 $\vec{v}$，加速度 $\vec{a}$　（xy 座標平面上の運動）

（ⅰ）速度 $\vec{v} = \left(\dfrac{dx}{dt}, \dfrac{dy}{dt}\right)$　　　　（ⅱ）加速度 $\vec{a} = \left(\dfrac{d^2x}{dt^2}, \dfrac{d^2y}{dt^2}\right)$

8. 近似式

（ⅰ）$x \fallingdotseq 0$ のとき，$f(x) \fallingdotseq f'(0) \cdot x + f(0)$

（ⅱ）$h \fallingdotseq 0$ のとき，$f(a+h) \fallingdotseq f(a) + hf'(a)$

講義
Lecture
6 積分法と
その応用

▶ さまざまな積分計算のテクニック

▶ 定積分で表された関数・区分求積法

▶ 面積，体積，曲線の長さの計算とその応用

講義⑥ 積分法とその応用

　さァ，微分・積分の講義もいよいよ最終テーマ，"**積分法**"の講義に入ろう。この積分法を使えば，面積や体積など，さまざまな問題が解けるようになるんだ。そのためにも，まず積分計算に強くならないといけないね。積分計算は，微分の逆の操作で，微分を楽な"下り"とすると，積分はつらい"登り"ってことになると思う。

　エッ？　大変そうって？　確かに，覚えないといけないことが沢山あるので，微分にまだ自信が持てないと思う人は，もう一度，微分法をよく復習してから，この積分法にチャレンジするといい。でも，今回もできるだけわかりやすく解説するから，それ程心配しなくても大丈夫だ。

　積分法では，"**部分積分法**"と"**置換積分法**"の**2**つの大技がある。でも，これは後で教えることにして，ここでは，まず積分法のいろんな小技のテクニックについて詳しく話すつもりだ。この小技だけでも，相当たくさんの積分計算ができるようになる。ポイントは，"**合成関数の微分**"を逆に利用することだ。それでは，積分計算の講義を始めよう！

§1. 積分計算（Ⅰ）さまざまなテクを身につけよう！
● 積分って，微分の反対の操作だ！

　微分と**積分**とは，次のようにまったく反対の操作なんだね。

微分と積分

$$f(x) \underset{微分}{\overset{積分}{\rightleftarrows}} F(x)$$

$$F'(x) = f(x)$$

$$\underline{F(x)} = \int \underline{f(x)}dx$$

[不定積分] 　[被積分関数]

それで，この $F(x)$ を $f(x)$ の**不定積分**(または，**原始関数**)と呼び，$f(x)$ を**被積分関数**という。そして，一般に積分を使って面積や体積を求める場合，次のような**定積分**の形で計算するんだね。

$$\int_a^b f(x)\, dx = \Big[F(x)\Big]_a^b = \underline{F(b) - F(a)}$$

定積分の結果，これはある定数になる。

以上のことは，数学Ⅱで既に習っているはずだ。ただし，数学Ⅱの積分と違って，数学Ⅲの積分では，いろんなテクニックが必要になるんだよ。でも，一つずつていねいに教えていくから，シッカリついてきてくれ。

まず，積分計算に絶対必要な公式(知識)を書いておくから，完璧に覚えよう。これが，すべてのベースになるからだ。

これは絶対暗記だ！

積分計算(8つの知識)

(1) $\displaystyle\int x^\alpha\, dx = \dfrac{1}{\alpha+1}x^{\alpha+1} + \underline{C}$ 　　積分定数

(2) $\displaystyle\int \cos x\, dx = \sin x + C$

(3) $\displaystyle\int \sin x\, dx = -\cos x + C$

(4) $\displaystyle\int \dfrac{1}{\cos^2 x}\, dx = \tan x + C$

(5) $\displaystyle\int e^x\, dx = e^x + C$

(6) $\displaystyle\int a^x\, dx = \dfrac{a^x}{\log a} + C$

(7) $\displaystyle\int \dfrac{1}{x}\, dx = \log|x| + C$

(8) $\displaystyle\int \dfrac{f'(x)}{f(x)}\, dx = \log|f(x)| + C$

(ただし，$\alpha \neq -1$，$a > 0$ かつ $a \neq 1$，対数は自然対数)

これらは，右辺の積分結果を微分するとすべて，左辺の元の関数(被積

分関数)になる。つまり，微分計算の **8** つの知識を逆に書いただけなんだね。この公式の使い方は，これからやる例題でマスターしよう。

まず，小手調べに，次の **3** つの積分計算をやってみよう。

> たし算は項別に積分できる！
> 係数は別にして後でかける！

(1) $\displaystyle\int (2\cos x + 3\sin x)dx = 2\int \cos x\,dx + 3\int \sin x\,dx$

（積分定数）

$\qquad = 2\underline{\sin x} + 3(\underline{-\cos x}) + C = 2\sin x - 3\cos x + \boxed{C}$

次，定積分を **2** 題やろう。

(2) $\displaystyle\int_0^{\frac{\pi}{4}} \underline{\tan^2 x}\,dx$　　これは，公式 $1 + \underline{\tan^2 x} = \dfrac{1}{\cos^2 x}$ を使うといい。

$\qquad \displaystyle\int_0^{\frac{\pi}{4}} \tan^2 x\,dx = \int_0^{\frac{\pi}{4}} \left(\dfrac{1}{\cos^2 x} - 1\right)dx = \Big[\boxed{\tan x} - x\Big]_0^{\frac{\pi}{4}}$

$\qquad = \boxed{\tan\dfrac{\pi}{4}} - \dfrac{\pi}{4} - (\tan 0 - 0) = 1 - \dfrac{\pi}{4}$

（引き算は項別に積分！）

（$\tan\dfrac{\pi}{4}$ の下に 1）

(3) $\displaystyle\int_0^1 (2e^x - 2x)dx = \big[2e^x - x^2\big]_0^1 = 2e^1 - 1^2 - (2\boxed{e^0} - 0^2)$

（e^0 の下に 1）

$\qquad\qquad = 2e - 3$

どう？　公式の使い方は大丈夫か？　では次，

> $f(x) = f, f'(x) = f'$ と略記した！

$\displaystyle\int_0^{\frac{\pi}{3}} \tan x\,dx$ をやってみよう。これは，実は，公式 $\displaystyle\int \dfrac{f'}{f}dx = \log|f|$ の応用問題なんだね。

> 定数係数は表に出せる！

$\qquad \displaystyle\int_0^{\frac{\pi}{3}} \tan x\,dx = \int_0^{\frac{\pi}{3}} \dfrac{\sin x}{\cos x}dx = -\int_0^{\frac{\pi}{3}} \dfrac{\boxed{-\sin x}}{\boxed{\cos x}}dx$

（分子 $-\sin x$ に f'，分母 $\cos x$ に f）

> 以降，積分定数 C は省略して書くよ。

$\qquad = -\Big[\boxed{\log|\cos x|}\Big]_0^{\frac{\pi}{3}} = -\left\{\log\left(\boxed{\cos\dfrac{\pi}{3}}\right) - \log\left(\boxed{\cos 0}\right)\right\}$

（$\log|\cos x|$ の上に $\log|f|$，$\cos\dfrac{\pi}{3}$ の上に $\dfrac{1}{2}$，$\cos 0$ の上に 1，下に 0）

$\qquad = -\log 2^{\boxed{-1}} = \log 2$　となる。

それでは，さらに $\displaystyle\int \dfrac{f'}{f}dx = \log|f|$ の公式を使って練習してみよう。

188

〉 これは ⊕ だから絶対値記号は要らない！

◆例題 21 ◆

次の定積分の値を求めよ。

$$(1)\ \int_0^1 \frac{x}{x^2+1}\,dx \qquad\qquad (2)\ \int_1^2 \frac{1}{x^2+x}\,dx$$

解答

　分数関数の積分では，公式 $\int \frac{f'}{f}\,dx = \log|f|$ を使うのが鉄則だ。

(1) 分母 x^2+1 の微分は $(x^2+1)' = 2x$ だから，

$$\int_0^1 \frac{x}{x^2+1}\,dx = \frac{1}{2}\int_0^1 \frac{\overset{f'}{\overbrace{2x}}}{\underset{f}{\underbrace{x^2+1}}}\,dx = \frac{1}{2}\Big[\overset{\log|f|}{\overbrace{\log(x^2+1)}}\Big]_0^1 = \frac{1}{2}\log 2\ \text{だ！}$$

定数係数は積分の外に出せる！

これは ⊕ だから絶対値記号は要らない！

……(答)

(2) それでは，分母 x^2+x の微分が，$(x^2+x)' = 2x+1$ だからといって，次のように計算しちゃ，絶対ダメだ!!

$$\int_1^2 \frac{1}{x^2+x}\,dx = \frac{1}{2x+1}\int_1^2 \frac{2x+1}{x^2+x}\,dx$$

x での積分だから，x の式は積分記号の外には絶対に出せない！

これは，$\dfrac{1}{x^2+x} = \dfrac{1}{x(x+1)} = \dfrac{1}{x} - \dfrac{1}{x+1}$ と部分分数に分解すればよかったんだ。

$$\int_1^2 \frac{1}{x^2+x}\,dx = \int_1^2 \Big(\frac{1}{x} - \frac{\overset{f'}{\overbrace{1}}}{\underset{f}{\underbrace{x+1}}}\Big)dx = \Big[\log|x| - \log|x+1|\Big]_1^2$$

$$= \log 2 - \log 3 - (\log 1 - \log 2) = 2\log 2 - \log 3$$

$$= \log 2^2 - \log 3 = \log \frac{4}{3} \quad\cdots\cdots\cdots\cdots\cdots\cdots\cdots(\text{答})$$

　少しは，積分計算にも自信が出てきた？　大いに結構だね。次は，"**合成関数の微分**" を逆手にとった "**積分テクニック**" を教えよう。

189

● 合成関数の微分を逆手にとろう！

合成関数の微分を使えば，$\sin 2x$ の微分は，

$$(\sin\underbrace{(2x)}_{t})' = (\cos\underbrace{(2x)}_{t}) \cdot \underbrace{(2)}_{(2x)'} = 2\cos 2x$$ となるね。よって，この両辺を 2 で割っ

て，積分の形で書きかえると，$\displaystyle\int \cos 2x\, dx = \frac{1}{2}\sin 2x + C$ だ。

このように，合成関数の微分を逆に考えると，次の公式が出てくる。

> 以後，積分公式では
> 積分定数 C は略して書く。

$\cos mx$, $\sin mx$ の積分公式

(1) $\displaystyle\int \cos mx\, dx = \frac{1}{m}\sin mx$ (2) $\displaystyle\int \sin mx\, dx = -\frac{1}{m}\cos mx$

これらは，右辺を微分したら，なるほど左辺の被積分関数になるだろう。
したがって，$\sin^2 x$ や $\cos^2 x$ の積分は，半角の公式

$$\sin^2 x = \frac{1-\cos 2x}{2}, \quad \cos^2 x = \frac{1+\cos 2x}{2} \quad を使うとうまくいく。$$

また，三角関数同士の積の積分も，積→和（差）の公式を使えばすぐ求まるね。積→和（差）の公式を忘れている人は，「**合格！　数学 II・B**」でもう 1 度復習しておくといい。

例を 2 つ入れておこう。

> 半角の公式

> 合成関数の微分を
> 逆手にとって積分！

(1) $\displaystyle\int_0^{\frac{\pi}{2}} \underline{\sin^2 x}\, dx = \int_0^{\frac{\pi}{2}} \frac{1-\cos 2x}{2}\, dx = \frac{1}{2}\int_0^{\frac{\pi}{2}} (1-\underline{\underline{\cos 2x}})\, dx$

> $\sin\pi = 0,\ \sin 0 = 0$

$$= \frac{1}{2}\Big[x - \frac{1}{2}\sin 2x\Big]_0^{\frac{\pi}{2}} = \frac{1}{2} \times \frac{\pi}{2} = \frac{\pi}{4}$$

> 積→和の公式だ！

(2) $\displaystyle\int_0^{\frac{\pi}{4}} \sin\underbrace{(3x)}^{\alpha}\cos\underbrace{(x)}^{\beta}\, dx = \int_0^{\frac{\pi}{4}} \frac{1}{2}(\sin\underbrace{(4x)}^{(\alpha+\beta)} + \sin\underbrace{(2x)}^{(\alpha-\beta)})\, dx$

$$\frac{1}{2}\{\sin(\alpha+\beta) + \sin(\alpha-\beta)\}$$

190

$$= \frac{1}{2}\Big[-\frac{1}{4}\cos 4x - \frac{1}{2}\cos 2x\Big]_0^{\frac{\pi}{4}} = -\frac{1}{8}\Big[\cos 4x + 2\cos 2x\Big]_0^{\frac{\pi}{4}}$$

$$= -\frac{1}{8}\Big(\underbrace{\cos\pi}_{-1} + \underbrace{2\cos\frac{\pi}{2}}_{0} - \underbrace{\cos 0}_{1} - \underbrace{2\cos 0}_{1}\Big) = \frac{1}{2}$$

それでは，もう **1** つ役に立つ公式を書いておこう。

$f^\alpha f'$ の積分

$f(x) = f$，$f'(x) = f'$ と略記すると，次の公式が成り立つ。

$$\int f^\alpha \cdot f'\, dx = \frac{1}{\alpha+1} f^{\alpha+1} \quad (\text{ただし，} \alpha \neq -1)$$

これも，合成関数の微分を逆に見るとわかるね。$\{f(x)\}^{\alpha+1}$ の $f(x)$ を t とおいて，これを微分すると，

$$[\{\overset{t}{\widehat{f(x)}}\}^{\alpha+1}]' = (\alpha+1)\cdot\{\overset{t}{\widehat{f(x)}}\}^\alpha \cdot f'(x)$$ だから，この両辺を $\alpha+1$ で割って積分の形にしたものが上の公式だ！ 納得いった？

それでは，この例題をいくつか挙げておくから，是非慣れてくれ。

(1) $\displaystyle\int_0^{\frac{\pi}{2}} \underbrace{\sin^3 x}_{f^3}\,\underbrace{\cos x}_{f'}\,dx = \Big[\underbrace{\frac{1}{4}\sin^4 x}_{\frac{1}{4}f^4}\Big]_0^{\frac{\pi}{2}} = \frac{1}{4}$

> $f = \sin x$ とおくと，$f' = \cos x$ だね。

(2) $\displaystyle\int_1^e \frac{\log x}{x}\,dx = \int_1^e (\underbrace{\log x}_{f})\underbrace{\frac{1}{x}}_{f'}\,dx = \Big[\underbrace{\frac{1}{2}(\log x)^2}_{\frac{1}{2}f^2}\Big]_1^e = \frac{1}{2}$

> $f = \log x$ とおくと，$f' = \frac{1}{x}$ だね。

どう？ これまで教えたのは積分の小技のテクニックだったんだけれど，これだけでも，ずい分沢山の積分が出来るようになっただろう。さらに，演習問題で，実力にみがきをかけるといいよ。

分数関数の積分

演習問題 63 　　難易度 ★★　　CHECK1　　CHECK2　　CHECK3

次の定積分の値を求めよ。

(1) $\displaystyle\int_0^1 \frac{4x^3-6x+9}{x^4-3x^2+9x+10}\,dx$ 　（埼玉大＊）

(2) $\displaystyle\int_0^2 \frac{3x+7}{x^2+4x+3}\,dx$ 　（信州大＊）　　(3) $\displaystyle\int_0^1 \frac{e^x-1}{e^x+1}\,dx$

ヒント！ 　分数関数の積分の問題だ。(1) は $\frac{f'}{f}$ の積分だ。(2) は $\frac{f'}{f}$ の形ではないので，部分分数に分解するんだね。(3) はテクニックをうまく使えば解ける！

解答＆解説

(1) $\displaystyle\int_0^1 \frac{\overset{f'}{\overbrace{(4x^3-6x+9)}}}{\underset{f}{\underbrace{(x^4-3x^2+9x+10)}}}\,dx$

$= \left[\log|x^4-3x^2+9x+10|\right]_0^1$

$= \log 17 - \log 10 = \log\dfrac{17}{10}$ ……………（答）

(2) $\displaystyle\int_0^2 \frac{3x+7}{(x+1)(x+3)}\,dx = \int_0^2 \left(2\cdot\underset{f}{\underbrace{\frac{\overset{f'}{\overbrace{1}}}{x+1}}}+\underset{g}{\underbrace{\frac{\overset{g'}{\overbrace{1}}}{x+3}}}\right)dx$

部分分数に分解

$= \left[2\cdot\log|x+1|+\log|x+3|\right]_0^2$

$= \log 3 + \log 5 = \log 15$ ……（答）

(3) $\displaystyle\int_0^1 \frac{e^x-1}{e^x+1}\,dx = \int_0^1 \left(\frac{e^x}{e^x+1}-\frac{1}{e^x+1}\right)dx$

分子・分母に e^{-x} をかける

$= \displaystyle\int_0^1 \left(\underset{f}{\underbrace{\frac{\overset{f'}{\overbrace{e^x}}}{e^x+1}}}+\underset{g}{\underbrace{\frac{\overset{g'}{\overbrace{-e^{-x}}}}{1+e^{-x}}}}\right)dx$

$(1+e^{-x})' = -e^{-x}$ だ！

$= \left[\log(e^x+1)+\log(e^{-x}+1)\right]_0^1$

$= \log(e+1)+\log(e^{-1}+1)-\log 2-\log 2$

$= \log\dfrac{(e+1)^2}{4e}$ …………………………（答）

ココがポイント

⇦ 公式：$\displaystyle\int\frac{f'}{f}\,dx=\log|f|$ を使えばいい。

⇦ $\dfrac{A}{x+1}+\dfrac{B}{x+3}$

$=\dfrac{\overset{3}{\overbrace{(A+B)}}x+\overset{7}{\overbrace{(3A+B)}}}{(x+1)(x+3)}$

これから，$A=2$，$B=1$ だね。

⇦ $\dfrac{1}{e^x+1}=\dfrac{e^{-x}}{e^{-x}(e^x+1)}$

$=\dfrac{e^{-x}}{1+e^{-x}}$ となる。

分子・分母に e をかける

⇦ $\log\dfrac{(e+1)(e^{-1}+1)}{2\cdot 2}$

$=\log\dfrac{(e+1)(e+1)}{4e}$

$=\log\dfrac{(e+1)^2}{4e}$ となる。

三角関数の積分

次の定積分の値を求めよ。

(1) $\displaystyle\int_0^\pi \cos^2 2x\,dx$

(2) $\displaystyle\int_0^{\frac{\pi}{4}} \cos 3x \cdot \cos x\,dx$　（宮崎大＊）

(3) $\displaystyle\int_0^{\frac{\pi}{2}} \sin 2x \cdot \sin x\,dx$

(4) $\displaystyle\int_0^{\frac{\pi}{4}} \left(\frac{\tan x}{\cos x}\right)^2 dx$　（名古屋市立大＊）

ヒント！　(1)は, $\cos^2 2x$ に半角の公式を使うんだね。(2), (3)は当然, 積→和(差)の公式を使って積分すればいい。(4)は $\tan x = f$ とみれば, $f^2 \cdot f'$ の積分になっていることに気付く？

解答＆解説

ココがポイント

(1) $\displaystyle\int_0^\pi \frac{1 + \cos 4x}{2}\,dx = \frac{1}{2}\int_0^\pi (1 + \cos 4x)\,dx$

$\boxed{\sin 4\pi = 0,\ \sin 0 = 0}$

$\displaystyle = \frac{1}{2}\left[x + \frac{1}{4}\sin 4x\right]_0^\pi = \frac{\pi}{2}$ ……………(答)

⇦ 半角の公式：
$\cos^2\theta = \dfrac{1 + \cos 2\theta}{2}$
を使った！

(2) $\displaystyle\int_0^{\frac{\pi}{4}} \cos\underset{\alpha}{(3x)} \cdot \cos\underset{\beta}{(x)}\,dx = \frac{1}{2}\int_0^{\frac{\pi}{4}} (\cos 4x + \cos 2x)\,dx$

$\frac{1}{2}\{\cos(\alpha+\beta) + \cos(\alpha-\beta)\}$

$\boxed{\sin\pi = 0,\ \sin 0 = 0}$

$\displaystyle = \frac{1}{2}\left[\frac{1}{4}\sin 4x + \frac{1}{2}\sin 2x\right]_0^{\frac{\pi}{4}} = \frac{1}{4}$ ……………(答)

⇦ 積→和の公式：
$\cos\alpha \cdot \cos\beta$
$= \dfrac{1}{2}\{\cos(\alpha+\beta) + \cos(\alpha-\beta)\}$
を使った！

(3) $\displaystyle\int_0^{\frac{\pi}{2}} \sin\underset{\alpha}{(2x)} \cdot \sin\underset{\beta}{(x)}\,dx = -\frac{1}{2}\int_0^{\frac{\pi}{2}} (\cos 3x - \cos x)\,dx$

$-\frac{1}{2}\{\cos(\alpha+\beta) - \cos(\alpha-\beta)\}$

$\displaystyle = -\frac{1}{2}\left[\frac{1}{3}\sin 3x - \sin x\right]_0^{\frac{\pi}{2}} = \frac{2}{3}$ ……………(答)

⇦ 積→和(差)の公式：
$\sin\alpha \cdot \sin\beta$
$= -\dfrac{1}{2}\{\cos(\alpha+\beta) - \cos(\alpha-\beta)\}$
を使った！

(4) $\displaystyle\int_0^{\frac{\pi}{4}} \left(\frac{\tan x}{\cos x}\right)^2 dx = \int_0^{\frac{\pi}{4}} \underset{f^2}{\boxed{\tan^2 x}}\,\underset{f'}{\boxed{\frac{1}{\cos^2 x}}}\,dx$

$\displaystyle = \left[\underset{\frac{1}{3}f^3}{\boxed{\frac{1}{3}\tan^3 x}}\right]_0^{\frac{\pi}{4}} = \frac{1}{3}$ …………(答)

(4)がスグ思いつくようになれば, プロだよ！

⇦ 公式：
$\displaystyle\int f^\alpha f'\,dx = \frac{1}{\alpha+1}f^{\alpha+1}$
を使った！

⇦ $\dfrac{1}{3}(1^3 - 0^3) = \dfrac{1}{3}$ だね。

193

合成関数の微分法を逆手にとる積分

演習問題 65 | 難易度 ★★ | *CHECK 1* | *CHECK 2* | *CHECK 3*

次の定積分の値を求めよ。

(1) $\displaystyle\int_1^e \frac{\log x}{x}\,dx$ （東北学院大） (2) $\displaystyle\int_0^1 xe^{-x^2}dx$ （久留米大＊）

(3) $\displaystyle\int_1^3 (x+1)^3 dx$ (4) $\displaystyle\int_0^1 x\sqrt{x^2+1}\,dx$

ヒント! 今回はすべて，合成関数の微分を逆に利用して積分する問題だ。$(e^{-x})' = -e^{-x}$，$(e^{-x^2})' = -2xe^{-x^2}$ などを利用して，積分結果を予想していくんだね。これだけ練習すれば十分な力がつくはずだ。

解答＆解説

(1) $\displaystyle\int_1^e \underset{f}{\underbrace{\log x}}\cdot\underset{f'}{\underbrace{\frac{1}{x}}}\,dx = \Big[\underset{\frac{1}{2}f^2}{\underbrace{\frac{1}{2}(\log x)^2}}\Big]_1^e = \frac{1}{2}$ ………（答）

ココがポイント

$\Leftarrow \Big[\frac{1}{2}(\log x)^2\Big]_1^e = \frac{1}{2}(1^2 - 0^2)$

(2) 合成関数の微分：$(e^{\overset{t}{\overbrace{-x^2}}})' = \overset{(-x^2)'}{\overbrace{(-2x)}}e^{-x^2}$ より，

$\displaystyle\int_0^1 xe^{-x^2}dx = \Big[-\frac{1}{2}e^{-x^2}\Big]_0^1 = -\frac{1}{2}(e^{-1} - e^0)$

$= \frac{1}{2}\Big(1 - \frac{1}{e}\Big)$ ……………（答）

$\Leftarrow (e^{-x^2})' = e^{-x^2}(-x^2)'$
$= -2xe^{-x^2}$ だね。
よって，
$\displaystyle\int xe^{-x^2}dx = -\frac{1}{2}e^{-x^2}$

(3) 合成関数の微分：$\{(\overset{t}{\overbrace{(x+1)}})^4\}' = 4(x+1)^3$ より，

$\displaystyle\int_1^3 (x+1)^3 dx = \Big[\frac{1}{4}(x+1)^4\Big]_1^3 = \frac{1}{4}(4^4 - 2^4)$

$= 4^3 - 2^2 = 60$ …………（答）

$\Leftarrow \{(x+1)^4\}' = 4(x+1)^3(x+1)'$
$= 4(x+1)^3$ だ。
よって，
$\displaystyle\int (x+1)^3 dx = \frac{1}{4}(x+1)^4$

(4) 合成関数の微分：$\{(\overset{t}{\overbrace{x^2+1}})^{\frac{3}{2}}\}' = 3x(x^2+1)^{\frac{1}{2}}$ より，

$\displaystyle\int_0^1 x(x^2+1)^{\frac{1}{2}}dx = \Big[\frac{1}{3}(x^2+1)^{\frac{3}{2}}\Big]_0^1$

> **(4)** がスグ思いつくようになれば，スバラシイ！

$= \frac{1}{3}(2^{\frac{3}{2}} - 1^{\frac{3}{2}}) = \frac{1}{3}(2\sqrt{2} - 1)$

…………（答）

$\Leftarrow \{(x^2+1)^{\frac{3}{2}}\}'$
$= \frac{3}{2}(x^2+1)^{\frac{1}{2}}(x^2+1)'$
$= 3x(x^2+1)^{\frac{1}{2}}$
よって，
$\displaystyle\int x(x^2+1)^{\frac{1}{2}}dx = \frac{1}{3}(x^2+1)^{\frac{3}{2}}$

絶対値記号入りの定積分

演習問題 66　難易度 ★★　CHECK 1　CHECK 2　CHECK 3

次の定積分の値を求めよ。

(1) $\displaystyle\int_0^{\frac{\pi}{2}} \left|\cos x - \frac{1}{2}\right| dx$ （琉球大）　　(2) $\displaystyle\int_{-1}^{1} |e^x - 1| dx$ （弘前大＊）

ヒント！ (1), (2) ともに絶対値記号のついた関数の積分で, 絶対値記号内の符号に注意するんだね。ポイントは, $|\text{大} - \text{小}| = \text{大} - \text{小}$, $|\text{小} - \text{大}| = -(\text{小} - \text{大})$ となることだね。納得いった？

解答＆解説

(1) $0 \leq x \leq \dfrac{\pi}{3}$ のとき, $\underset{\text{大}}{\cos x} - \underset{\text{小}}{\dfrac{1}{2}} \geq 0$

$\dfrac{\pi}{3} \leq x \leq \dfrac{\pi}{2}$ のとき, $\underset{\text{小}}{\cos x} - \underset{\text{大}}{\dfrac{1}{2}} \leq 0$ より,

与式 $= \displaystyle\int_0^{\frac{\pi}{3}} \Big(\underset{\text{大}}{\cos x} - \underset{\text{小}}{\dfrac{1}{2}}\Big) dx - \int_{\frac{\pi}{3}}^{\frac{\pi}{2}} \Big(\underset{\text{小}}{\cos x} - \underset{\text{大}}{\dfrac{1}{2}}\Big) dx$

$= \Big[\sin x - \dfrac{1}{2}x\Big]_0^{\frac{\pi}{3}} - \Big[\sin x - \dfrac{1}{2}x\Big]_{\frac{\pi}{3}}^{\frac{\pi}{2}}$

$= 2\Big(\dfrac{\sqrt{3}}{2} - \dfrac{\pi}{6}\Big) - \Big(1 - \dfrac{\pi}{4}\Big)$

$= \sqrt{3} - 1 - \dfrac{\pi}{12}$ ·····························(答)

(2) $-1 \leq x \leq 0$ のとき, $\overset{\text{小}-\text{大}}{\boxed{e^x - 1}} \leq 0$

$0 \leq x \leq 1$ のとき, $\underset{\text{大}-\text{小}}{\boxed{e^x - 1}} \geq 0$ より,

与式 $= -\displaystyle\int_{-1}^{0} \underset{\ominus}{(e^x - 1)} dx + \int_0^1 \underset{\oplus}{(e^x - 1)} dx$

$= -[e^x - x]_{-1}^0 + [e^x - x]_0^1$

$= -2(e^0 - 0) + (e^{-1} + \cancel{1}) + (e^1 - \cancel{1})$

$= e + \dfrac{1}{e} - 2$ ·····························(答)

ココがポイント

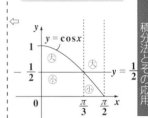

⇦ 同じ $\dfrac{\pi}{3}$ を代入したものは打ち消し合うのではなくて, たされて 2 倍になる。

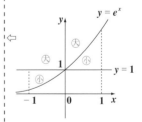

⇦ 同じ 0 を代入したものは打ち消し合うのではなくて, 2 倍になる。

講義 関数の極限 4

講義 5

講義 積分法とその応用 6

195

§2. 積分計算 (Ⅱ) 部分積分・置換積分を攻略しよう!

それでは, 積分法の大技 "**部分積分法**" と "**置換積分法**" を教えよう。これをマスターすれば, さらに計算力をパワーアップできる。

2 つの関数の和や差の積分は, 項別に積分すればいい。また, 関数の商, つまり分数関数の積分では公式を利用するんだったね。そして, 2 つの関数の積の積分では, これから話す "**部分積分法**" が大きな威力を発揮する。

さらに, 何か複雑な関数の積分が出てきたとき, 変数を置き換えることにより, スッキリ積分できる場合もあるんだ。これを, "**置換積分法**" という。

それではこれから, 例題を沢山示しながら, わかりやすく解説するから, シッカリついてきてくれ。

● 部分積分法では, 右辺の積分を簡単化しよう!

2 つの関数の積の積分に威力を発揮する**部分積分法**の公式をまず下に示す。

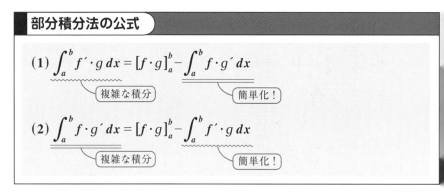

部分積分法の公式

$$(1) \int_a^b f' \cdot g \, dx = [f \cdot g]_a^b - \int_a^b f \cdot g' \, dx$$

複雑な積分 ／ 簡単化!

$$(2) \int_a^b f \cdot g' \, dx = [f \cdot g]_a^b - \int_a^b f' \cdot g \, dx$$

複雑な積分 ／ 簡単化!

公式は, 定積分の形で書いておいた。(1) と (2) は, 2 つの積分を移項しただけだから, 同じ式なんだね。ただ, どちらの式も公式として使う場合の鉄則がある。それは, 左辺の積分は難しいけれど, 変形した右辺の内の第 2 項の積分は簡単化されているってことなんだ。

例題として，$\displaystyle\int_0^{\frac{\pi}{2}} x \cdot \sin x \, dx$ について考えよう。この場合，x または $\sin x$ のいずれか一方を積分して，´ をつける (微分する) 必要があるんだ

> 積分して，微分するから元の関数と同じなんだね。

ね。どちらの場合も，公式にしたがって変形できる。

（ i ） $\displaystyle\int_0^{\frac{\pi}{2}} \left(\frac{1}{2}x^2\right)' \cdot \sin x \, dx = \left[\frac{1}{2}x^2 \cdot \sin x\right]_0^{\frac{\pi}{2}} - \int_0^{\frac{\pi}{2}} \frac{1}{2}x^2 \cdot \cos x \, dx$

> 公式 $\displaystyle\int_0^{\frac{\pi}{2}} f' \cdot g \, dx = [f \cdot g]_0^{\frac{\pi}{2}} - \int_0^{\frac{\pi}{2}} f \cdot g' \, dx$ を使った！

> より複雑になった！ 失敗！

（ ii ） $\displaystyle\int_0^{\frac{\pi}{2}} x \cdot (-\cos x)' \, dx = \left[-x \cdot \cos x\right]_0^{\frac{\pi}{2}} - \int_0^{\frac{\pi}{2}} 1 \cdot (-\cos x) \, dx$

> 公式 $\displaystyle\int_0^{\frac{\pi}{2}} f \cdot g' \, dx = [f \cdot g]_0^{\frac{\pi}{2}} - \int_0^{\frac{\pi}{2}} f' \cdot g \, dx$ を使った！

> なるほど簡単になった！
> オメデトウ，成功です！

$$= \int_0^{\frac{\pi}{2}} \cos x \, dx = [\sin x]_0^{\frac{\pi}{2}} = 1$$

この (ii) の例のように，後の定積分が簡単になるように変形するのがコツだ。それでは，もう 1 つ例題を入れておこう。

$\displaystyle\int_1^e \log x \, dx$ をやってみよう。$\log x$ の場合，$\log x$ でないもの，すなわち 1 を積分して，´ をつけるとうまくいく。

$$\int_1^e 1 \cdot \log x \, dx = \int_1^e x' \cdot \log x \, dx = [x \cdot \log x]_1^e - \int_1^e x \cdot \overset{(\log x)'}{\boxed{\frac{1}{x}}} dx$$

> 簡単化！

$$= e \cdot \underset{1}{\boxed{\log e}} - 1 \cdot \log 1 - [x]_1^e = e - (e-1) = 1 \text{ となる。}$$

$\log x$ の積分は頻出なので，$\displaystyle\int \log x \, dx = x \cdot \log x - x$ は公式として覚えて

> 積分定数 C は省略

おいた方がいいと思う。

● 置換積分法も必要なパターンは覚えよう！

チョット複雑な関数の積分になると，頭をかかえこんでしまうことが多くなるんだけれど，そんな時，役に立つのが"**置換積分法**"だ。

置換積分法では，3つのステップをとって積分しやすい形にもち込む。

例題として，$\displaystyle\int_0^1 x\sqrt{1-x}\,dx$ について考えよう。これは，合成関数の微分を逆手にとることもできないね。こういうときは，たとえば，$\sqrt{}$ 内の式を $1-x=t$ とでも置換してみるといい。その後の置換積分の手順を示す。

（ i ）$\underline{1-x=t}$ $(x=1-t)$ とおく。 ◀—— (ステップ 1 ：x の式を t で置換する)

（ ii ）$x:0\to 1$ のとき，$t=1-x$ より，

$\qquad \underline{t:1\to 0}$ ◀——————— (ステップ 2 ：t の積分区間を求める)

（ iii ）$\underline{(1-x)'\,dx} = \underline{t'\,dt}$ より，$(-1)dx = dt$ $\quad\therefore \boldsymbol{dx = (-1)dt}$

$\boxed{\begin{array}{l}x\text{ の式は }x\text{ で微分}\\\text{して，}dx\text{ をかける}\end{array}}$ $\boxed{\begin{array}{l}t\text{ の式は }t\text{ で微分}\\\text{して，}dt\text{ をかける}\end{array}}$ (ステップ 3 ：dx と dt の関係式を求める)

以上 (i)(ii)(iii) より，

$$\int_0^1 \underset{1-t}{\boxed{x}}\underset{t}{\sqrt{\boxed{1-x}}}\,dx = \int_1^0 (1-t)\sqrt{t}\,(-1)dt$$

$\boxed{\begin{array}{l}-1\text{ 倍は，積分区間を切り替える}\\\text{切り替えスイッチと思ってくれ。}\end{array}}$

$$= \int_0^1 (1-t)\cdot t^{\frac{1}{2}}\,dt$$

$\boxed{\begin{array}{l}\text{公式}\\\displaystyle\int_a^b \{-f(x)\}dx = \int_b^a f(x)dx\end{array}}$

$$= \int_0^1 \left(t^{\frac{1}{2}} - t^{\frac{3}{2}}\right)dt \quad\boxed{\text{積分できる形になった！ 成功！}}$$

$$= \left[\frac{2}{3}t^{\frac{3}{2}} - \frac{2}{5}t^{\frac{5}{2}}\right]_0^1 = \frac{2}{3} - \frac{2}{5} = \frac{4}{15} \quad\text{と，無事積分できた。}$$

どう，最初難しいと思った積分が，変数を x から t にウマク置き換えることにより，アッサリ解けたでしょう。だから，自分なりに変数を置換して積分にトライする習慣をつけておくといいんだね。

ただし，いくつかの置換積分についてはパターンの決まった公式があるので，これを予め覚えておくといい。積分計算が楽になるはずだ。

置換積分のパターン公式

$$\int \frac{1}{\sqrt{a^2-x^2}}\,dx,\ \int x^2\sqrt{a^2-x^2}\,dx\ \text{などもこのパターン}$$

(1) $\displaystyle\int \sqrt{a^2-x^2}\,dx$ などの場合, $x=a\sin\theta$ とおく。$(a:$ 正の定数$)$

> これは, $x=a\cos\theta$ とおいてもいい。

(2) $\displaystyle\int \frac{1}{a^2+x^2}\,dx$ の場合, $x=a\tan\theta$ とおく。$(a:$ 正の定数$)$

(3) $\displaystyle\int f(\sin x)\cdot\cos x\,dx$ の場合, $\sin x=t$ とおく。

(4) $\displaystyle\int f(\cos x)\cdot\sin x\,dx$ の場合, $\cos x=t$ とおく。

たとえば, $\displaystyle\int_0^{\frac{\pi}{2}} \boxed{(\sin x+1)^2}\cdot\cos x\,dx$ の場合, **(3)** のパターンだから,

$f(\sin x)$ とみる。

$(\text{i})\ \underline{\sin x=t}$ とおく。$(\text{ii})\ x:0\to\dfrac{\pi}{2}$ のとき, $t:\overset{\overset{\sin 0}{\parallel}}{\boxed{0}}\to\overset{\overset{\sin\frac{\pi}{2}}{\parallel}}{\boxed{1}}$

$(\text{iii})\ \boxed{\cos x\,dx}=\boxed{dt}$

> t を t で微分したものに, dt をかけた！

> $\sin x$ を x で微分したものに, dx をかけた！

$\therefore$ 与式 $=\displaystyle\int_0^1 (t+1)^2\,dt=\left[\dfrac{1}{3}(t+1)^3\right]_0^1=\dfrac{1}{3}(2^3-1^3)=\dfrac{7}{3}$ $\cdots\cdots\cdots\cdots\cdots$(答)

同様に, $\displaystyle\int_0^{\frac{\pi}{2}} \sin^3 x\,dx$ の場合, $\displaystyle\int_0^{\frac{\pi}{2}}(1-\cos^2 x)\sin x\,dx$ と変形すれば, **(4)**

$\sin^2 x\cdot\sin x=(1-\cos^2 x)\sin x$　　$f(\cos x)$ とみる。

のパターンだから, $\cos x=t$ とおけばいい。$x:0\to\dfrac{\pi}{2}$ のとき, $t:1\to 0$

となり, また, $-\sin x\,dx=dt$ より, $\sin x\,dx=-dt$ だね。よって,

$$\int_0^{\frac{\pi}{2}}\sin^3 x\,dx=\int_1^0 (1-t^2)(-1)\,dt=\int_0^1 (1-t^2)\,dt=\left[t-\dfrac{1}{3}t^3\right]_0^1=\dfrac{2}{3}$$

となる。大丈夫？

199

指数関数と三角関数の積の積分

次の定積分の値を求めよ。

$$I = \int_0^{\frac{\pi}{2}} e^{-x} \cdot \sin x \, dx$$

(広島市立大＊)

ヒント！

指数関数と三角関数の積の積分，すなわち，$I = \int e^{mx} \cdot \sin nx \, dx$ や $J = \int e^{mx} \cdot \cos nx \, dx$ の場合，部分積分を 2 回行って，自分自身を導き出せばいい。このとき，1 回目の部分積分で，三角関数の方を積分して ′ をつけたのなら，2 回目も三角関数を積分して ′ するんだ。もし，1 回目に指数関数を積分して ′ したのなら，2 回目も指数関数を積分して ′ する。気を付けよう！

解答＆解説

$$I = \int_0^{\frac{\pi}{2}} e^{-x} \cdot \sin x \, dx = \int_0^{\frac{\pi}{2}} e^{-x} \cdot (-\cos x)' \, dx$$

$$= \left[e^{-x}(-\cos x) \right]_0^{\frac{\pi}{2}} - \boxed{\int_0^{\frac{\pi}{2}} (-e^{-x}) \cdot (-\cos x) \, dx}$$

$$= 0 + 1 - \int_0^{\frac{\pi}{2}} e^{-x} \cdot (\sin x)' \, dx$$

これは簡単化されていないけれど，めげずにもう 1 回部分積分だ！

$$= 1 - \left\{ \left[e^{-x} \sin x \right]_0^{\frac{\pi}{2}} - \int_0^{\frac{\pi}{2}} (-e^{-x}) \cdot \sin x \, dx \right\}$$

$$= 1 - \left(e^{-\frac{\pi}{2}} - 0 + \boxed{\int_0^{\frac{\pi}{2}} e^{-x} \cdot \sin x \, dx} \right)$$

これは，元の I のことだ！

$$= 1 - e^{-\frac{\pi}{2}} - I$$

以上より，

$$I = 1 - e^{-\frac{\pi}{2}} - I, \quad 2I = 1 - e^{-\frac{\pi}{2}}$$

I の方程式を解く。

∴ 求める定積分 I の値は，

$$I = \frac{1}{2}\left(1 - e^{-\frac{\pi}{2}}\right) \quad \cdots\cdots\cdots\cdots\cdots\cdots(答)$$

ココがポイント

⇦ 今回は $\sin x = (-\cos x)'$ として部分積分した。自分で $e^{-x} = (-e^{-x})'$ とした場合の変形もやってごらん。

⇦ 2 度目の部分積分も $\cos x = (\sin x)'$ と，三角関数の方を積分して ′ した！

⇦ 2 回部分積分すると I が導き出される！

$$\boxed{I_n = \int_0^{\frac{\pi}{2}} \sin^n x\, dx \text{ の積分}}$$

| 演習問題 68 | 難易度 ★★ | CHECK 1 | CHECK 2 | CHECK 3 |

$I_n = \int_0^{\frac{\pi}{2}} \sin^n x\, dx \quad (n = 0, 1, 2, \cdots)$ のとき,

$I_n = \dfrac{n-1}{n} I_{n-2} \cdots (*) \quad (n = 2, 3, 4, \cdots)$ が成り立つことを示せ。(埼玉大＊)

ヒント！ $I_n = \int_0^{\frac{\pi}{2}} \sin^{n-1} x \cdot \sin x\, dx = \int_0^{\frac{\pi}{2}} \sin^{n-1} x \cdot (-\cos x)'\, dx$ として，部分積分にもち込むことがポイントなんだよ。頑張れ！

解答 & 解説

$I_n = \int_0^{\frac{\pi}{2}} \sin^{n-1} x \cdot \sin x\, dx \quad (n = 2, 3, 4, \cdots)$

$\quad = \int_0^{\frac{\pi}{2}} \sin^{n-1} x (-\cos x)'\, dx \longrightarrow \boxed{\text{部分積分}}$

$\quad = -[\underbrace{\sin^{n-1} x \cdot \cos x}_{\boxed{0}}]_0^{\frac{\pi}{2}} - \int_0^{\frac{\pi}{2}} \underbrace{(\sin^{n-1} x)'}_{(n-1)\sin^{n-2} x \cdot \cos x} \cdot (-\cos x)\, dx$

$\quad = (n-1)\int_0^{\frac{\pi}{2}} \sin^{n-2} x \cdot \underbrace{\cos^2 x}_{(1 - \sin^2 x)}\, dx$

$\quad = (n-1)\int_0^{\frac{\pi}{2}} \sin^{n-2} x \cdot (1 - \sin^2 x)\, dx$

$\quad = (n-1)\Big(\underbrace{\int_0^{\frac{\pi}{2}} \sin^{n-2} x\, dx}_{I_{n-2}} - \underbrace{\int_0^{\frac{\pi}{2}} \sin^n x\, dx}_{I_n}\Big)$

$\therefore I_n = (n-1)(I_{n-2} - I_n)$ より，

$n I_n = (n-1) I_{n-2}$ $\qquad \boxed{\begin{array}{l} I_{n-2} \text{ があるので,} \\ n = 2 \text{ スタートだ！} \end{array}}$

$\therefore I_n = \dfrac{n-1}{n} I_{n-2} \cdots (*) \quad (n = \underline{2}, 3, 4, \cdots)$

は成り立つ。 ……………………………………(終)

$\boxed{J_n = \int_0^{\frac{\pi}{2}} \cos^n x\, dx \text{ について，同様に } J_n = \dfrac{n-1}{n} J_{n-2} \text{ が導ける。自分で確かめてみてごらん。}}$

ココがポイント

⇦ $\sin^n x = \sin^{n-1} x \cdot (-\cos x)'$ とすることがポイント！

⇦ 合成関数の微分

$\boxed{\begin{array}{l} \text{この公式の使い方} \\ I_n = \dfrac{n-1}{n} I_{n-2} \text{ から,} \\ \cdot I_4 = \dfrac{3}{4} \cdot I_2 \qquad \boxed{\int_0^{\frac{\pi}{2}} 1\, dx = \dfrac{\pi}{2}} \\ \quad = \dfrac{3}{4} \cdot \dfrac{1}{2} \cdot I_0 \\ \quad = \dfrac{3}{4} \cdot \dfrac{1}{2} \cdot \dfrac{\pi}{2} \\ \cdot I_3 = \dfrac{2}{3} \cdot I_1 \quad \boxed{\begin{array}{l} \int_0^{\frac{\pi}{2}} \sin x\, dx \\ = [-\cos x]_0^{\frac{\pi}{2}} \end{array}} \\ \quad = \dfrac{2}{3} \cdot 1 \\ \text{などのように計算ができる。} \end{array}}$

パターン公式による置換積分（Ⅰ）

演習問題 69	難易度 ★		CHECK 1	CHECK2	CHECK3

次の定積分の値を求めよ。

(1) $\displaystyle\int_0^3 \frac{1}{9+x^2}dx$　（宮崎大）　　(2) $\displaystyle\int_0^2 \sqrt{4-x^2}\,dx$　（小樽商大＊）

ヒント！ これらはいずれも置換積分の問題だね。(1) では $x=3\tan\theta$ と置き換えるといいね。(2) は $\sqrt{a^2-x^2}$ の形の積分だから，$x=2\sin\theta$（または $x=2\cos\theta$）とおくといい。頑張ろう！

解答＆解説

(1) $\displaystyle\int_0^3 \frac{1}{9+x^2}dx$ について，$\underline{x=3\tan\theta}$ とおく。

$x:0\to3$ のとき，$\theta:0\to\dfrac{\pi}{4}$, $dx=\dfrac{3}{\cos^2\theta}d\theta$

$\therefore$ 与式 $=\displaystyle\int_0^{\frac{\pi}{4}} \frac{1}{9+(3\tan\theta)^2}\cdot\frac{3}{\cos^2\theta}d\theta$

$=\displaystyle\int_0^{\frac{\pi}{4}} \frac{1}{9(1+\tan^2\theta)}\cdot\frac{3}{\cos^2\theta}d\theta$

$\underbrace{\qquad}_{\frac{1}{\cos^2\theta}}$

公式 $1+\tan^2\theta=\dfrac{1}{\cos^2\theta}$ だ！

$=\dfrac{1}{3}\displaystyle\int_0^{\frac{\pi}{4}} 1\,d\theta=\dfrac{1}{3}\Big[\theta\Big]_0^{\frac{\pi}{4}}=\dfrac{\pi}{12}$ …………(答)

(2) $\displaystyle\int_0^2 \sqrt{4-x^2}\,dx$ について，$\underline{x=2\sin\theta}$ とおく。

$x:0\to2$ のとき，$\theta:0\to\dfrac{\pi}{2}$, $dx=2\cos\theta\,d\theta$

$2\sqrt{1-\sin^2\theta}=2\sqrt{\cos^2\theta}=2|\cos\theta|$
$=2\cos\theta$

$\therefore$ 与式 $=\displaystyle\int_0^{\frac{\pi}{2}} \boxed{\sqrt{4-(2\sin\theta)^2}}2\cos\theta\,d\theta$ $(\because\cos\theta\geqq0)$

$=4\displaystyle\int_0^{\frac{\pi}{2}} \boxed{\cos^2\theta}\,d\theta=2\int_0^{\frac{\pi}{2}}(1+\cos2\theta)d\theta$

$\underbrace{\qquad}_{\frac{1+\cos2\theta}{2}}$

$\boxed{\sin\pi=0,\ \sin0=0}$

$=2\Big[\theta+\dfrac{1}{2}\sin2\theta\Big]_0^{\frac{\pi}{2}}=\pi$ ……………(答)

ココがポイント

⇦ $\displaystyle\int\frac{1}{a^2+x^2}dx$ の場合，$x=a\tan\theta$ とおく。

⇦ $x=0$ のとき，$\tan\theta=0$
$\therefore\theta=0$
$x=3$ のとき，$\tan\theta=1$
$\therefore\theta=\dfrac{\pi}{4}$

$\left(\begin{array}{l}\tan\theta\ \text{の場合,}\theta\ \text{の値は}\\ -\dfrac{\pi}{2}<\theta<\dfrac{\pi}{2}\ \text{の範囲}\\ \text{でとる！}\end{array}\right)$

⇦ $\displaystyle\int\sqrt{a^2-x^2}dx$ の場合，$x=a\sin\theta$ とおく。

⇦ $\sin\theta$ の場合，θ は $-\dfrac{\pi}{2}\leqq\theta\leqq\dfrac{\pi}{2}$ の範囲で考える。

⇦ この積分結果は，実は，4分の1円の面積だと，直感的にすぐわかる！

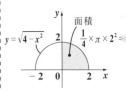

$y=\sqrt{4-x^2}$　面積 $\dfrac{1}{4}\times\pi\times2^2$

パターン公式による置換積分 (II)

演習問題 70	難易度 ★★	CHECK 1	CHECK2	CHECK3

次の定積分の値を求めよ。

$$\int_{\frac{\pi}{3}}^{\frac{\pi}{2}} \frac{1}{\sin x}\, dx$$

（香川医科大＊）

ヒント！ これは意外と難しい。$\dfrac{1}{\sin x} = \dfrac{\sin x}{\sin^2 x} = \dfrac{1}{1-\cos^2 x} \times \sin x$ とおくと，

$f(\cos x) \cdot \sin x$ の形の積分になるから，$\cos x = t$ と置換すればいいんだね。
頑張ろう！

解答＆解説

$$\int_{\frac{\pi}{3}}^{\frac{\pi}{2}} \frac{1}{\sin x}\, dx = \int_{\frac{\pi}{3}}^{\frac{\pi}{2}} \frac{\sin x}{\sin^2 x}\, dx$$

分子・分母に $\sin x$ をかけた！

$$= \int_{\frac{\pi}{3}}^{\frac{\pi}{2}} \underbrace{\frac{1}{1-\cos^2 x}}_{f(\cos x)} \cdot \sin x\, dx$$

ここで，$\underline{\cos x = t}$ とおくと，

置換積分の
3つのステップ

$x : \dfrac{\pi}{3} \to \dfrac{\pi}{2}$ のとき，$t : \dfrac{1}{2} \to 0$

$-\sin x\, dx = dt$ ∴ $\underline{\sin x\, dx = (-1)dt}$

$$\therefore 与式 = \int_{\frac{1}{2}}^{0} \frac{1}{1-t^2}\underline{(-1)}dt = \int_{0}^{\frac{1}{2}} \frac{1}{1-t^2}\, dt$$

−1倍は積分区間
を切り替える切り
替えスイッチ

$$= \frac{1}{2}\int_{0}^{\frac{1}{2}} \left(\frac{1}{1+t} + \frac{1}{1-t}\right)dt$$

$$= \frac{1}{2}\int_{0}^{\frac{1}{2}} \left(\frac{\overset{f'}{\overbrace{(1)}}}{\underset{f}{\underbrace{(1+t)}}} - \frac{\overset{g'}{\overbrace{(-1)}}}{\underset{g}{\underbrace{(1-t)}}}\right)dt$$

$$= \frac{1}{2}\Big[\log|1+t| - \log|1-t|\Big]_{0}^{\frac{1}{2}}$$

$$= \frac{1}{2}\left(\log\frac{3}{2} - \log\frac{1}{2} - \underset{0}{\underline{\log 1}} + \underset{0}{\underline{\log 1}}\right)$$

$$= \frac{1}{2}\log 3 \quad \cdots\cdots\cdots\cdots\cdots (答)$$

ココがポイント

⇐ これは，

$$\int f(\cos x)\cdot \sin x\, dx の$$

形だから，$\cos x = t$ とおくパターンだ。

⇐ $(\cos x)' dx = t'\, dt$

⇐ $\dfrac{1}{1-t^2} = \dfrac{1}{(1+t)(1-t)}$

$= \dfrac{1}{2}\left(\dfrac{1}{1+t} + \dfrac{1}{1-t}\right)$

（部分分数に分解だ！）

⇐ 公式

$$\int \frac{f'}{f}dx = \log|f|$$

を使った！

⇐ $\log\dfrac{3}{2} - \log\dfrac{1}{2}$

$= \log\dfrac{\frac{3}{2}}{\frac{1}{2}} = \log 3$ だ！

§3. 積分法を応用すれば, 解ける問題の幅がグッと広がる!

積分計算にも慣れただろうね。それでは次, "積分法の応用" の解説に入ろう。これまでに培った積分の計算力に, これから話す基本的な解法のパターンを加えていけば, これまでさっぱりわからなかったさまざまな問題が面白いように解けるようになるんだよ。

それでは, 今回の講義のポイントをまず下に列挙しておこう。

- 定積分で表された関数
- 偶関数と奇関数の積分
- 2 変数関数の積分
- 区分求積法

● 定積分で表された関数には 2 つのパターンがある!

定積分の入った式の問題は, 大きく分けて次の 2 つのパターンがあるので, まず頭に入れておこう。

定積分で表された関数

(I) $\underline{\int_a^b f(t)dt}$ 〔定数〕 $(a, b : 定数)$ の場合,

$\int_a^b f(t)dt = A$ (定数) とおく。

(II) $\underline{\int_a^x f(t)dt}$ 〔x の関数〕 $(a : 定数, \underline{x : 変数})$ の場合,

(i) x に a を代入して, $\int_a^a f(t)dt = 0$

(ii) x で微分して, $\left\{\int_a^x f(t)dt\right\}' = f(x)$

$\int f(t)dt = F(t)$ とおくと,

(I) $\int_a^b f(t)dt = \left[F(t)\right]_a^b$

$= F(b) - F(a)$

$= (定数) - (定数)$

$= $ 〔定数〕

(II) $\int_a^x f(t)dt = \left[F(t)\right]_a^x$

$= F(x) - F(a)$

$= (x の関数) - (定数)$

$= $ 〔x の関数〕

（Ⅰ）の定積分が定数となるのは大丈夫だね。それに対して，（Ⅱ）の定積分は，x の関数になることに注意してくれ。ここで，$\int f(t)dt = F(t)$ とおくと，$F'(t) = f(t)$ だね。この文字変数 t を変えて別の文字変数にしても同じことなので，$\underline{\underline{F'(x) = f(x)}}$ と書ける。

（Ⅱ）-（ⅰ）x に a を代入して，$\int_a^a f(t)dt = \left[F(t)\right]_a^a = F(a) - F(a) = 0$

（Ⅱ）-（ⅱ）x で微分して，$\left\{\int_a^x f(t)dt\right\}' = \left\{\left[F(t)\right]_a^x\right\}' = \left\{F(x) - F(a)\right\}'$

$$= \underline{\underline{F'(x)}} - \underline{F'(a)} = f(x) \text{ となる。}$$

$\underset{f(x)}{} \qquad \underset{\text{定数の微分は } 0}{}$

それでは，（Ⅰ）の方の例題をここでやっておこう。

$$f(x) = \sin x + \int_{\underset{\text{定数}}{0}}^{\overset{\text{定数}}{\frac{\pi}{6}}} f(t)\cos t\, dt \quad \cdots\cdots① \text{ のとき，関数 } f(x) \text{ を求めよう。}$$

これを見て難しそ〜！とか思ってはいけない。この定積分は定数だから，

$$A = \int_0^{\frac{\pi}{6}} f(t)\cos t\, dt \quad \cdots\cdots② \text{ と，バーンとおける。すると①は，}$$

$$f(x) = \sin x + \underline{\underline{A}} \quad \cdots\cdots①' \quad [f(t) = \underline{\sin t + A}] \text{ だね。}$$

> 後は，A の値を求めるだけだ。

①' を②に代入して，

$$\underline{A} = \int_0^{\frac{\pi}{6}} (\overset{\frown}{\sin t + A})\cos t\, dt = \int_0^{\frac{\pi}{6}} (\underset{f}{\boxed{\sin t}}\cdot \underset{f'}{\boxed{\cos t}} + A\cdot \cos t)\, dt$$

$$= \left[\underset{\frac{1}{2}f^2}{\boxed{\frac{1}{2}\sin^2 t}} + A\cdot \sin t\right]_0^{\frac{\pi}{6}} = \frac{1}{2}\underset{}{\left(\boxed{\frac{1}{2}}\right)^2} + A\cdot \boxed{\frac{1}{2}}$$

$\overset{\sin\frac{\pi}{6}}{} \qquad \overset{\sin\frac{\pi}{6}}{}$

$$\underline{A = \frac{1}{8} + \frac{1}{2}A} \text{ より，} \frac{1}{2}A = \frac{1}{8} \quad \therefore A = \frac{1}{4}$$

これを①' に代入して，$f(x) = \sin x + \underline{\underline{\frac{1}{4}}}$ となって，答えだ！

● 定積分でも偶関数・奇関数は役に立つ！

$\displaystyle\int_{-a}^{a} f(x)dx$ の形の定積分では，**偶関数・奇関数**の性質が役に立つ。

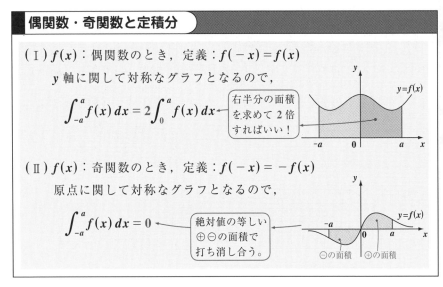

この例題を 1 つやっておこう。

定積分 $\displaystyle\int_{-\frac{\pi}{2}}^{\frac{\pi}{2}} (\sin x + \cos x - x\cos x + 2x^2\sin x)dx$ を求めよう。

たし算，引き算では項別に積分できることに注意すると

$$\underset{\underset{\text{は}\textcircled{\tiny 奇}}{\sin x}}{\underline{\sin(-x) = -\sin x}}, \quad \underset{\underset{\text{は}\textcircled{\tiny 偶}}{\cos x}}{\underline{\cos(-x) = \cos x}}$$

・$\sin(-x) = -\sin x$
・$\cos(-x) = \cos x$
・$\tan(-x) = -\tan x$
これ常識だ！

$$\underset{\underset{x\cdot\cos x\text{ は}\textcircled{\tiny 奇}}{}}{(-x)\cos(-x) = -x\cos x}, \quad \underset{\underset{2x^2\sin x\text{ は}\textcircled{\tiny 奇}}{}}{2(-x)^2\sin(-x) = -2x^2\sin x}$$

$$\therefore \int_{-\frac{\pi}{2}}^{\frac{\pi}{2}} (\underset{\textcircled{\tiny 奇}}{\sin x} + \underset{\textcircled{\tiny 偶}}{\cos x} - \underset{\textcircled{\tiny 奇}}{x\cos x} + \underset{\textcircled{\tiny 奇}}{2x^2\sin x})dx = 2\int_{0}^{\frac{\pi}{2}} \cos x\,dx$$

$$= 2\Big[\sin x\Big]_{0}^{\frac{\pi}{2}} = 2 \quad \text{と，計算がとても楽になるんだ。}$$

● 2 変数関数の積分にも慣れよう！

数学で **2** つの変数が入った式が出てきた場合，一方が変数として動くとき，他方は定数として扱うんだ。エッ，よくわからないって？

いいよ。次の例で詳しく話そう。たとえば，同じ $2xt - t^2$ を，積分区間 $[0, 1]$ で積分する場合，x で積分するか，t で積分するかで，結果がまったく異なるものになる。実際にこれらの違いを下に示そう。

(1) $\displaystyle\int_0^1 (2t \cdot x - t^2)\,dx = \left[2t \cdot \frac{1}{2}x^2 - t^2 x\right]_0^1 = t - t^2$

（定数）（定数）

変数 ／ まず，定数扱い ／ x で積分 ／ x に **1** と **0** を代入して，引く！ ／ 最終的に x はなくなって，t の式になる！

(2) $\displaystyle\int_0^1 (2x \cdot t - t^2)\,dt = \left[2x \cdot \frac{1}{2}t^2 - \frac{1}{3}t^3\right]_0^1 = x - \frac{1}{3}$

（定数）

まず，定数扱い ／ 変数 ／ t で積分 ／ t に **1** と **0** を代入して，引く！ ／ 最終的に t はなくなって，x の式になる！

どう？ この違い，わかった？

それでは，次の積分の変形の意味もわかるね。

$$\int_{-\pi}^{\pi} (\sin\theta - x \cdot \theta)^2\,d\theta = \int_{-\pi}^{\pi} (\sin^2\theta - 2x \cdot \theta\sin\theta + x^2\theta^2)\,d\theta$$

まず，定数扱い ／ θ で積分 ／（偶）（偶）（偶）／ θ で積分

$$= 2\int_0^{\pi} (\sin^2\theta - 2x \cdot \theta\sin\theta + x^2\theta^2)\,d\theta$$

まず，定数扱い ／ θ で積分

$$= 2\left(\underbrace{\int_0^{\pi}\sin^2\theta\,d\theta}_{C} - 2x\underbrace{\int_0^{\pi}\theta\sin\theta\,d\theta}_{B} + x^2\underbrace{\int_0^{\pi}\theta^2\,d\theta}_{A}\right)$$

最終的に θ はなくなって，x の式になる。

$= 2Ax^2 - 4Bx + 2C$ と，これは最終的には x の **2** 次式になるんだね。

この続きは，演習問題 **72** でやろう！

● 区分求積法って，そば打ち職人？

前に，無限等比級数や部分分数分解型の無限級数の話をしたけれど，今回の "区分求積法" も，無限級数の和の解法の 1 つと考えていいよ。

■ 区分求積法の公式

$$\lim_{n \to \infty} \frac{1}{n} \sum_{k=1}^{n} f\left(\frac{k}{n}\right) = \int_0^1 f(x)\,dx$$

> $\lim$, Σ, $\int$ と，知っている記号が全部出てきたね。

$$\left[\text{または，} \lim_{n \to \infty} \frac{1}{n} \sum_{k=0}^{n-1} f\left(\frac{k}{n}\right) = \int_0^1 f(x)\,dx\right]$$

これは，$y = f(x)$ と x 軸，$x = 0$，$x = 1$ で囲まれた部分を，そば打ち職人がそばを切るようにトントン…と n 等分に切ったとする。そして，その右肩の y 座標が $y = f(x)$ の y 座標と一致する n 個の長方形を作ったと考えよう。(図 1)

このうち，k 番目の長方形の面積 S_k は，

図 2 から，$S_k = \dfrac{1}{n} f\left(\dfrac{k}{n}\right)$ $(k = 1, 2, \cdots, n)$

となる。

> $k = 1, 2, \cdots, n$ と k が動く。n は定数扱い。

この S_1, S_2, $\cdots$, S_n の和をとると，

$$\sum_{k=1}^{n} S_k = \sum_{k=1}^{n} \frac{1}{n} f\left(\frac{k}{n}\right) = \frac{1}{n} \sum_{k=1}^{n} f\left(\frac{k}{n}\right) \text{ となる。}$$

ここで，$n \to \infty$ とすると，

> $n \to \infty$ とすると，このギザギザが小さくなって気にならなくなる！

$$\frac{1}{n} \sum_{k=1}^{n} f\left(\frac{k}{n}\right) \text{ が，} \lim_{n \to \infty} \frac{1}{n} \sum_{k=1}^{n} f\left(\frac{k}{n}\right) = \int_0^1 f(x)dx \text{ になると言っているんだ。}$$

図 1 n 区間に分けた長方形

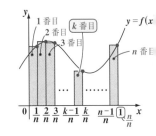

図 2 k 番目の長方形

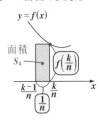

ギザギザがある

長方形の左肩の y 座標と $y = f(x)$ の y 座標を一致させて，同様に考えて得られる公式が，$\displaystyle\lim_{n \to \infty} \frac{1}{n} \sum_{k=0}^{n-1} f\left(\frac{k}{n}\right) = \int_0^1 f(x)dx$ だ。図形的に考えれば，これらの公式の意味もよくわかると思う。

そして，実際に問題を解くときは，これらの公式の形に当てはめて解いていけばいいだけだ。思ったよりも簡単なんだね。

◆例題 22 ◆

$\displaystyle\lim_{n \to \infty}\left(\frac{1}{n+2} + \frac{1}{n+4} + \frac{1}{n+6} + \cdots\cdots + \frac{1}{n+2n}\right)$ を求めよ。 (関西大)

解答

$\displaystyle\lim_{n \to \infty}\left(\frac{1}{n+2} + \frac{1}{n+4} + \frac{1}{n+6} + \cdots\cdots + \frac{1}{n+2n}\right)$

まず，$\frac{1}{n}$ をくくり出す。

$\displaystyle = \lim_{n \to \infty} \frac{1}{n}\left(\frac{1}{1+\frac{2\cdot1}{n}} + \frac{1}{1+\frac{2\cdot2}{n}} + \frac{1}{1+\frac{2\cdot3}{n}} + \cdots\cdots + \frac{1}{1+\frac{2\cdot n}{n}}\right)$

$\displaystyle = \lim_{n \to \infty} \frac{1}{n} \sum_{k=1}^{n} \frac{1}{1+2\cdot\frac{k}{n}}$

1, 2, 3, $\cdots$, n と動いていく部分を k とおいて，Σ 計算にもち込む。

これを $f\left(\frac{k}{n}\right)$ とみると，区分求積法の形になっているのがわかるね。

$\displaystyle = \int_0^1 \frac{1}{1+2x}dx = \frac{1}{2}\int_0^1 \frac{2}{1+2x}dx = \frac{1}{2}\Big[\log|2x+1|\Big]_0^1$

$\displaystyle = \frac{1}{2}\left(\log 3 - \log 1\right) = \frac{1}{2}\log 3$ となって，答えだ！ 納得いった？

209

定積分で表された関数

(1) 次の関数 $f(x)$ を求めよ。

$$f(x) = x + \int_0^1 e^t f(t)dt \cdots\cdots ①$$

（名城大 ＊）

(2) $\displaystyle\int_a^x g(t)dt = \dfrac{x-2}{x}$ のとき，a の値と $g(x)$ を求めよ。

ヒント！ **(1)** の定積分は A（定数）とおくパターンだ。**(2)** では，(i) $x = a$ を代入する，(ii) x で微分する，の 2 つをやるんだね。

解答＆解説

ココがポイント

(1) $A = \displaystyle\int_0^1 e^t \underline{f(t)}dt \cdots\cdots②$ とおくと，①は，

⇦ $\displaystyle\int_0^1 e^t f(t)dt = A$（定数）だ！

$f(x) = \underline{x + A} \cdots\cdots③$　　　③を②に代入して，

$A = \displaystyle\int_0^1 e^t \underline{(t+A)}dt = \int_0^1 (e^t)'(t+A)dt$　　部分積分

$= \left[e^t(t+A)\right]_0^1 - \boxed{\displaystyle\int_0^1 e^t \cdot 1 dt}$　　簡単！

⇦ $e^1(1+A) - A - [e^t]_0^1$
$= e + eA - A - (e-1)$
$= (e-1)A + 1$

$= (e-1)A + 1$

$\therefore A = (e-1)A + 1$ より，$A = \dfrac{1}{2-e}$

⇦ A の方程式を解いて③に代入すれば，$f(x)$ が求まるね。

これを③に代入して，$f(x) = x + \dfrac{1}{2-e}$ ……(答)

(2) $\displaystyle\int_a^x g(t)dt = \dfrac{x-2}{x} \cdots\cdots④$

⇦ $\displaystyle\int_a^x g(t)dt$ は x の関数。

(i) ④の両辺に $x = a$ を代入して，

$\underline{0} = \dfrac{a-2}{a}$　　$\therefore a = 2$ ……………(答)

⇦ $\displaystyle\int_a^a g(t)dt = \underline{0}$

(ii) ④の両辺を x で微分して，

$$\left(\dfrac{分子}{分母}\right)' = \dfrac{(分子)' \cdot 分母 - 分子 \cdot (分母)'}{(分母)^2}$$

$g(x) = \dfrac{1 \cdot x - (x-2) \cdot 1}{x^2} = \dfrac{2}{x^2}$ ……………(答)

⇦ 左辺は公式
$\left\{\displaystyle\int_a^x g(t)dt\right\}' = \underline{g(x)}$
を使った。

210

2 変数関数の積分, 偶関数の積分

演習問題 72	難易度 ★★	CHECK 1	CHECK2	CHECK3

関数 $f(x) = \int_{-\pi}^{\pi}(\sin\theta - x\theta)^2 d\theta$ を最小にする x の値を求めよ。　（関西大＊）

ヒント! これは講義で話した通り, 2 変数関数の積分や偶関数の積分など, 複数の要素が融合した問題だね。そして, 最終的に $f(x)$ は下に凸な放物線になるから, $f'(x) = 0$ のとき $f(x)$ は最小になる。

解答&解説

$f(x) = \int_{-\pi}^{\pi}(\underset{\text{偶}}{\underline{\sin^2\theta}} - \underset{\text{偶}}{\underline{2x\theta\sin\theta}} + \underset{\text{偶}}{\underline{x^2\theta^2}})d\theta$

$= 2\int_0^{\pi}(\sin^2\theta - \underline{2x\theta\sin\theta} + \underline{x^2\theta^2})\underline{d\theta}$ 〔θ で積分〕

まず, 定数扱い

$= 2\Big(\underset{\textcircled{ア}\ \frac{\pi}{2}}{\underline{\int_0^{\pi}\sin^2\theta d\theta}} - 2x\underset{\textcircled{イ}\ \pi}{\underline{\int_0^{\pi}\theta\sin\theta d\theta}} + x^2\underset{\textcircled{ウ}\ \frac{\pi^3}{3}}{\underline{\int_0^{\pi}\theta^2 d\theta}}\Big)$

ここで,

$\textcircled{ア}$ $\frac{1}{2}\int_0^{\pi}(1 - \cos2\theta)d\theta = \frac{1}{2}\Big[\theta - \frac{1}{2}\sin2\theta\Big]_0^{\pi} = \boxed{\frac{\pi}{2}}$

$\textcircled{イ}$ $\int_0^{\pi}\theta(-\cos\theta)'d\theta$

$= [-\theta\cos\theta]_0^{\pi} - \int_0^{\pi}1\cdot(-\cos\theta)d\theta$

$= -\pi\cdot(-1) + [\sin\theta]_0^{\pi} = \boxed{\pi}$

$\textcircled{ウ}$ $\int_0^{\pi}\theta^2 d\theta = \Big[\frac{1}{3}\theta^3\Big]_0^{\pi} = \boxed{\frac{\pi^3}{3}}$

以上 $\textcircled{ア}$, $\textcircled{イ}$, $\textcircled{ウ}$ より, $f(x)$ は,

$f(x) = \frac{2}{3}\pi^3 x^2 - 4\pi x + \pi$　となる。

これは下に凸な放物線である。よって,

$f'(x) = \frac{4}{3}\pi^3 x - 4\pi = 0$ のとき, $x = \frac{3}{\pi^2}$ より,

$f(x)$ を最小にする x の値は, $x = \frac{3}{\pi^2}$ …………(答)

ココがポイント

$\Leftarrow$ ・$\sin^2(-\theta) = \sin^2\theta$
　・$(-\theta)\cdot\sin(-\theta)$
　　$= \theta\sin\theta$
　・$(-\theta)^2 = \theta^2$

$\Leftarrow$ $2x$ や x^2 は定数扱いなので積分の外に出した。

$\Leftarrow$ $\sin^2\theta = \frac{1}{2}(1 - \cos2\theta)$ だ。

$\Leftarrow$ $\sin\theta = (-\cos\theta)'$ として部分積分だ。

$\Leftarrow$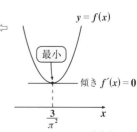

絶対値の付いた 2 変数関数の積分

演習問題 73 　　難易度 ★★★　　CHECK 1　　CHECK2　　CHECK3

関数 $f(t) = \displaystyle\int_0^{\frac{\pi}{2}} |\cos x - \cos t|\, dx$ $\left(0 < t < \dfrac{\pi}{2}\right)$ を最小にする t の値を求めよ。

(南山大＊)

ヒント！ これは x で積分するので，まず $\cos t$ は定数扱いだね。だから，絶対値記号内の 2 つの関数で，$y = \cos x$ は曲線だけれど，$y = \cos t$ は x 軸に平行な直線になる。$\cos t$ は定数だからだね。

解答＆解説

ココがポイント

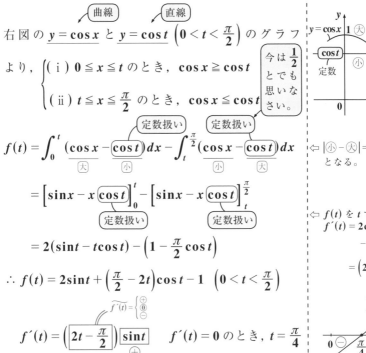

右図の $\underset{\text{曲線}}{y = \cos x}$ と $\underset{\text{直線}}{y = \cos t}$ $\left(0 < t < \dfrac{\pi}{2}\right)$ のグラフより，

$\begin{cases} (\text{i})\ 0 \leqq x \leqq t \text{ のとき，} \cos x \geqq \cos t \\ (\text{ii})\ t \leqq x \leqq \dfrac{\pi}{2} \text{ のとき，} \cos x \leqq \cos t \end{cases}$

今は $\dfrac{1}{2}$ とでも思いなさい。

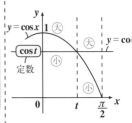

$f(t) = \displaystyle\int_0^t \underset{\text{大}}{(\cos x} - \underset{\text{小}}{\boxed{\cos t})}\, dx - \int_t^{\frac{\pi}{2}} \underset{\text{小}}{(\cos x} - \underset{\text{大}}{\boxed{\cos t})}\, dx$

$\Leftarrow |小 - 大| = -(小 - 大)$ となる。

$= \left[\sin x - x\underset{\text{定数扱い}}{\boxed{\cos t}}\right]_0^t - \left[\sin x - x\underset{\text{定数扱い}}{\boxed{\cos t}}\right]_t^{\frac{\pi}{2}}$

$= 2(\sin t - t\cos t) - \left(1 - \dfrac{\pi}{2}\cos t\right)$

$\Leftarrow f(t)$ を t で微分すると，
$f'(t) = 2\cos t - 2\cos t$
$\qquad - \left(\dfrac{\pi}{2} - 2t\right)\sin t$
$\qquad = \left(2t - \dfrac{\pi}{2}\right)\sin t$

$\therefore f(t) = 2\sin t + \left(\dfrac{\pi}{2} - 2t\right)\cos t - 1$ $\left(0 < t < \dfrac{\pi}{2}\right)$

$\overbrace{f'(t)} = \begin{cases} \oplus \\ ⓪ \\ \ominus \end{cases}$

$f'(t) = \left(\boxed{2t - \dfrac{\pi}{2}}\right)\underset{\oplus}{\boxed{\sin t}}$ 　　$f'(t) = 0$ のとき，$t = \dfrac{\pi}{4}$

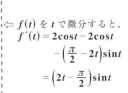

$\therefore f(t)$ を最小にする t の値は，右表より，

$t = \dfrac{\pi}{4}$ ………(答)

増減表 $\left(0 < t < \dfrac{\pi}{2}\right)$

t	(0)		$\dfrac{\pi}{4}$		$\left(\dfrac{\pi}{2}\right)$
$f'(t)$		$-$	0	$+$	
$f(t)$		↘	極小	↗	

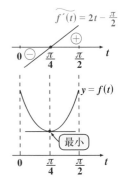

区分求積法

| 演習問題 74 | 難易度 ★★ | CHECK 1 | CHECK 2 | CHECK 3 |

次の極限を定積分で表し，その値を求めよ。

(1) $I = \lim\limits_{n \to \infty} \sum\limits_{k=1}^{n} \dfrac{n}{n^2 + k^2}$ （岐阜大）

(2) $J = \lim\limits_{n \to \infty} \dfrac{1}{n} \log\left\{\left(1 + \dfrac{1}{n}\right) \cdot \left(1 + \dfrac{2}{n}\right) \cdots\cdots \left(1 + \dfrac{n}{n}\right)\right\}$ （富山医科薬科大）

ヒント！ (1), (2) 共に区分求積法の問題だね。この問題では，

公式 $\lim\limits_{n \to \infty} \dfrac{1}{n} \sum\limits_{k=1}^{n} f\left(\dfrac{k}{n}\right) = \displaystyle\int_0^1 f(x)\,dx$ を使う。

解答＆解説

$\dfrac{1}{n}$ をくくり出す　　$f\left(\dfrac{k}{n}\right)$

ココがポイント

(1) $I = \lim\limits_{n \to \infty} \sum\limits_{k=1}^{n} \dfrac{n}{n^2\left(1 + \dfrac{k^2}{n^2}\right)} = \lim\limits_{n \to \infty} \dfrac{1}{n} \sum\limits_{k=1}^{n} \boxed{\dfrac{1}{1 + \left(\dfrac{k}{n}\right)^2}}$

⇐ 区分求積法の公式
$\lim\limits_{n \to \infty} \dfrac{1}{n} \sum\limits_{k=1}^{n} f\left(\dfrac{k}{n}\right)$
$= \displaystyle\int_0^1 f(x)\,dx$

$f(x)$

$= \displaystyle\int_0^1 \boxed{\dfrac{1}{1 + x^2}}\,dx$ 　ここで，$x = \tan\theta$ とおくと，

⇐ $\displaystyle\int \dfrac{1}{1+x^2}\,dx$ の場合，
$x = \tan\theta$ とおく。

$x : 0 \to 1$ のとき，$\theta : 0 \to \dfrac{\pi}{4}$，$dx = \dfrac{1}{\cos^2\theta}\,d\theta$ より，

$I = \displaystyle\int_0^{\frac{\pi}{4}} \dfrac{1}{1 + \tan^2\theta} \cdot \dfrac{1}{\cos^2\theta}\,d\theta = \left[\theta\right]_0^{\frac{\pi}{4}} = \dfrac{\pi}{4}$ ……（答）

⇐ $1 + \tan^2\theta = \dfrac{1}{\cos^2\theta}$

(2) $J = \lim\limits_{n \to \infty} \dfrac{1}{n} \log\left\{\left(1 + \dfrac{1}{n}\right) \cdot \left(1 + \dfrac{2}{n}\right) \cdots\cdots \left(1 + \dfrac{n}{n}\right)\right\}$

$= \lim\limits_{n \to \infty} \dfrac{1}{n} \left\{\log\left(1 + \dfrac{1}{n}\right) + \log\left(1 + \dfrac{2}{n}\right) + \cdots + \log\left(1 + \dfrac{n}{n}\right)\right\}$

$f\left(\dfrac{k}{n}\right)$

$= \lim\limits_{n \to \infty} \dfrac{1}{n} \sum\limits_{k=1}^{n} \boxed{\log\left(1 + \dfrac{k}{n}\right)}$

⇐ 区分求積法の公式を使う！

$f(x)$　　　　　　　部分積分法だ！

$= \displaystyle\int_0^1 \boxed{\log(1 + x)}\,dx = \displaystyle\int_0^1 (1 + x)' \log(1 + x)\,dx$

⇐ $1 = (1 + x)'$ として部分積分にもち込むとうまくいく。

$= \left[(1 + x)\log(1 + x)\right]_0^1 - \boxed{\displaystyle\int_0^1 (1 + x) \cdot \dfrac{1}{x + 1}\,dx}$

簡単！

$= 2\log 2 - \left[x\right]_0^1 = 2\log 2 - 1$ ………………（答）

演習問題 75 | 難易度 ★★★ | CHECK 1 | CHECK 2 | CHECK 3

$Q_n = \left\{ \dfrac{(2n)!}{n^n \cdot n!} \right\}^{\frac{1}{n}}$ $(n = 1, 2, 3, \cdots)$ について，次の各問いに答えよ。

(1) Q_n の自然対数 $\log Q_n$ を求めよ。

(2) 極限 $\displaystyle\lim_{n \to \infty} \log Q_n$ を求めることにより，極限 $\displaystyle\lim_{n \to \infty} Q_n$ を求めよ。

ヒント！ コチコチに乾燥した干ししいたけなどは水につけてほぐすだろう？
それと同様に今回の問題の $Q_n = \left\{ \dfrac{(2n)!}{n^n \cdot n!} \right\}^{\frac{1}{n}}$ のように，コチコチに固まった形の式は，自然対数をとって変形すれば，区分求積法の形が見えてくるんだね。チャレンジしてみよう！

解答 & 解説

(1) まず，Q_n の式を変形すると，

$Q_n = \left\{ \dfrac{1}{n^n} \cdot \underbrace{\dfrac{(2n)!}{n!}}_{(n+1)(n+2)(n+3)\cdots\cdots(n+n)} \right\}^{\frac{1}{n}}$

$= \left\{ \dfrac{(n+1)(n+2)(n+3)\cdots\cdots(n+n)}{n^n} \right\}^{\frac{1}{n}}$

$= \left\{ \dfrac{n+1}{n} \cdot \dfrac{n+2}{n} \cdot \dfrac{n+3}{n} \cdot \cdots\cdots \cdot \dfrac{(n+n)}{n} \right\}^{\frac{1}{n}}$

$\therefore Q_n = \left\{ \left(1 + \dfrac{1}{n}\right) \cdot \left(1 + \dfrac{2}{n}\right) \cdot \left(1 + \dfrac{3}{n}\right) \cdot \cdots \cdot \left(1 + \dfrac{n}{n}\right) \right\}^{\frac{1}{n}}$

$\cdots\cdots$①

$(n = 1, 2, 3, \cdots)$ となる。

よって，Q_n は正より，①の両辺の自然対数をとると，

$\log Q_n = \log \left\{ \left(1 + \dfrac{1}{n}\right) \cdot \left(1 + \dfrac{2}{n}\right) \cdot \left(1 + \dfrac{3}{n}\right) \cdot \cdots \cdot \left(1 + \dfrac{n}{n}\right) \right\}^{\frac{1}{n}}$

$= \dfrac{1}{n} \left\{ \log\left(1 + \dfrac{1}{n}\right) + \log\left(1 + \dfrac{2}{n}\right) + \log\left(1 + \dfrac{3}{n}\right) + \right.$

$\left. \cdots\cdots + \log\left(1 + \dfrac{n}{n}\right) \right\}$

$\therefore \log Q_n = \dfrac{1}{n} \displaystyle\sum_{k=1}^{n} \log\left(1 + \dfrac{k}{n}\right)$ $\cdots\cdots$② $\cdots\cdots$（答）

ココがポイント

$\Leftarrow \dfrac{(2n)!}{n!}$

$= \dfrac{1 \cdot 2 \cdots\cdots n \cdot (n+1)(n+2)\cdots}{1 \cdot 2 \cdots\cdots n}$

$= (n+1)(n+2)\cdots\cdots 2n$

$\Leftarrow$分子の $(n+1)(n+2)\cdots(n+n)$ の n 項の積を $n^n = n \cdot n \cdots$ の n 項の n で 1 つずつ割っていけばいい。

$\Leftarrow$①の自然対数をとると，$\dfrac{1}{n} \displaystyle\sum_{k=1}^{n} f\left(\dfrac{k}{n}\right)$ の形の式になるので，この $n \to \infty$ の極限をとると，区分求積法の問題になるんだね。

$\Leftarrow$対数計算の公式：
・$\log x^p = p \log x$
・$\log xy = \log x + \log y$
を用いた。

214

(2) $\log Q_n = \dfrac{1}{n} \displaystyle\sum_{k=1}^{n} \underbrace{\log\left(1 + \dfrac{k}{n}\right)}_{\boxed{f\left(\frac{k}{n}\right)}}$ ……② の $n \to \infty$ の極

限をとると，区分求積法により，

$$\lim_{n \to \infty} \log Q_n = \lim_{n \to \infty} \dfrac{1}{n} \sum_{k=1}^{n} \log\left(1 + \dfrac{k}{n}\right)$$

$$= \int_0^1 \log(1+x)\,dx$$

$$= \int_0^1 (1+x)' \cdot \log(1+x)\,dx$$

$$= \underbrace{\left[(1+x) \cdot \log(1+x)\right]_0^1}_{\boxed{2\log2 - \underbrace{1 \cdot \log1}_{0}}} - \underbrace{\int_0^1 (1+x) \cdot \dfrac{1}{1+x}\,dx}_{\boxed{\int_0^1 1 \cdot dx = \left[x\right]_0^1 = 1}}$$

$$= 2\log2 - 1 \quad \cdots\cdots ③ \quad \text{となる。} \cdots\cdots(\text{答})$$

③をさらに変形して，

$$\lim_{n \to \infty} \log \underline{\underline{Q_n}} = \boxed{2}\log2 - \underbrace{\log e}_{\boxed{1}}$$

$$= \log 4 - \log e = \log \dfrac{4}{e} \quad \text{となる。}$$

$\therefore$ 求める極限 $\displaystyle\lim_{n \to \infty} Q_n$ は，

$$\lim_{n \to \infty} Q_n = \dfrac{4}{e} \quad \text{である。} \cdots\cdots\cdots\cdots\cdots\cdots(\text{答})$$

◁ 区分求積法
$$\lim_{n \to \infty} \dfrac{1}{n} \sum_{k=1}^{n} f\left(\dfrac{k}{n}\right) = \int_0^1 f(x)\,dx$$

◁ 被積分関数に，
$(1+x)'(=1)$ をかける
ことにより，部分積分
法にもち込む。
部分積分法：
$$\int_0^1 f' \cdot g\,dx$$
$$= \left[f \cdot g\right]_0^1 - \int_0^1 f \cdot g'\,dx$$

◁ $\displaystyle\lim_{n \to \infty} \log \underline{\underline{Q_n}} = \log \dfrac{4}{e}$
より，Q_n の極限が，
$\displaystyle\lim_{n \to \infty} Q_n = \dfrac{4}{e}$ と求まるん
だね。

定積分と不等式

(1) $x \geq 0$ のとき，$e^x \geq 1 + x$ ……(*1) が成り立つことを示せ。

(2) $0 \leq x \leq 1$ のとき，$0 \leq e^{-x^2}\sin\dfrac{\pi}{2}x \leq \dfrac{1}{1 + x^2}$ ……(*2)，および

$0 \leq \displaystyle\int_0^1 e^{-x^2}\sin\dfrac{\pi}{2}x\,dx \leq \dfrac{\pi}{4}$ ……(*3) が成り立つことを示せ。

レクチャー $a \leq x \leq b$ で定義された 2 つの関数 $f(x)$ と $g(x)$ について，右図のように，$f(x) \geq g(x)$ であるならば，次式が成り立つ。

$\displaystyle\int_a^b f(x)\,dx > \int_a^b g(x)\,dx$ ……①

$\left[\begin{array}{c} \vcenter{} \end{array} > \begin{array}{c} \vcenter{} \end{array} \right]$
$\quad a \quad\quad b \quad\quad a \quad\quad b$

図のように，$f(x_1) = g(x_1)$ となる点があっても，$f(x)$ と $g(x)$ がまったく同じ関数でない限り，$\displaystyle\int_a^b f(x)\,dx$ は $\displaystyle\int_a^b g(x)\,dx$ より大きい。

でも，一般論として，命題「$A > B$ ならば，$A \geq B$」は成り立つので，①に等号をつけて $\displaystyle\int_a^b f(x)\,dx \geq \int_a^b g(x)\,dx$ としても構わない。納得いった？

解答＆解説

(1) $x \geq 0$ のとき，$e^x \geq 1 + x$ ……(*1) が成り立つことを示す。ここで，$f(x) = e^x - 1 - x$ $(x \geq 0)$ とおくと，$f'(x) = e^x - 1 \geq 0$ となる。

よって，$x \geq 0$ のとき関数 $y = f(x)$ は単調に増加する。

そして，$f(0) = \underset{\underset{\textcircled{1}}{\underbrace{}}}{e^0} - 1 - 0 = 0$ より

$x \geq 0$ で，$f(x) = e^x - 1 - x \geq 0$

$\therefore x \geq 0$ のとき，$e^x \geq 1 + x \cdots$(*1) は成り立つ。

……… (終)

ココがポイント

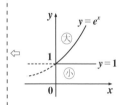

⇦ $y = f(x)$ は，$f(0) = 0$ で $x \geq 0$ のとき単調に増加するので，イメージは下のようになる。

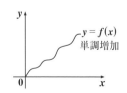

$y = f(x)$
単調増加

(2) ($*1$) より，$0 \leqq x \leqq 1$ のとき，($*1$) は成り立つ

ので，($*1$) の x に x^2 を代入した次の不等式：

$e^{x^2} \geqq 1 + x^2$ ……($*1$)$'$ も成り立つ。

$e^{x^2} > 0$，$1 + x^2 > 0$ より，($*1$)$'$ の両辺を

$e^{x^2}(1 + x^2) \, (> 0)$ で割ると，$\dfrac{1}{1 + x^2} \geqq \dfrac{1}{e^{x^2}}$

$\therefore \; 0 \leqq e^{-x^2} \leqq \dfrac{1}{1 + x^2}$ ……①

また，$0 \leqq x \leqq 1$ のとき

$\quad 0 \leqq \sin \dfrac{\pi}{2} x \leqq 1$ ……② となる。

①，② より，$0 \leqq x \leqq 1$ のとき，

$0 \leqq e^{-x^2} \sin \dfrac{\pi}{2} x \leqq \dfrac{1}{1 + x^2}$ …($*2$)

$\begin{cases} 0 \leqq A \leqq B \\ 0 \leqq C \leqq D \text{ ならば，} \\ 0 \leqq A \times C \leqq B \times D \end{cases}$
となるからね。

が成り立つ。 ………………(終)

($*2$) の各辺を積分区間 $[0, \, 1]$ で積分すると，

$0 < \displaystyle\int_0^1 e^{-x^2} \sin \dfrac{\pi}{2} x \, dx < \int_0^1 \dfrac{1}{1 + x^2} \, dx$ ……③

③の右辺の定積分 $\displaystyle\int_0^1 \dfrac{1}{1 + x^2} \, dx$ について，

$x = \tan\theta$ とおくと，

$x : 0 \to 1$ のとき，$\theta : 0 \to \dfrac{\pi}{4}$，

また，$dx = \dfrac{1}{\cos^2\theta} d\theta$ より

$\displaystyle\int_0^1 \dfrac{1}{1 + x^2} \, dx = \int_0^{\frac{\pi}{4}} \dfrac{1}{1 + \tan^2\theta} \cdot \dfrac{1}{\cos^2\theta} \, d\theta$

$\qquad\qquad\qquad = \dfrac{\pi}{4}$ ……④ となる。

④を③に代入し，かつ等号を付け加えることに

より，

$0 \leqq \displaystyle\int_0^1 e^{-x^2} \sin \dfrac{\pi}{2} x \, dx \leqq \dfrac{\pi}{4}$ ……($*3$) となる。

$\qquad\qquad\qquad\qquad\qquad$ ………(終)

⇦ $0 \leqq x \leqq 1$ のとき，
$0 \leqq x^2 \leqq 1$ だからね。

⇦ $e^{-x^2} > 0$ より，$e^{-x^2} \geqq 0$ だ。
「$A > B \Rightarrow A \geqq B$」は成り立つからね。

⇦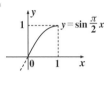

⇦ これに，等号を付けても
いいんだね。
「$0 < A < B \Rightarrow 0 \leqq A \leqq B$」
としてもいいからだ。

⇦ $\displaystyle\int \dfrac{1}{a^2 + x^2} dx$ は，
$x = a\tan\theta$ とおく。

⇦ $\displaystyle\int_0^1 \dfrac{1}{1 + x^2} dx$
$= \displaystyle\int_0^{\frac{\pi}{4}} \dfrac{1}{1 + \tan^2\theta} \cdot \dfrac{1}{\cos^2\theta} d\theta$
$\boxed{\dfrac{1}{\cos^2\theta}}$
$= \displaystyle\int_0^{\frac{\pi}{4}} 1 \, d\theta = [\theta]_0^{\frac{\pi}{4}} = \dfrac{\pi}{4}$

§4. 面積計算は，積分のメインテーマの1つだ！

前回から，"積分法の応用"に入っているけれど，今回は"面積計算"に入ろう。これは，受験でも最も出題される分野だから，特に力を入れて解説する。数学Ⅱのときのような便利な"面積公式"はないんだけれど，数学Ⅲの面積計算でもさまざまなテクニックを覚えると，数学がさらに面白くなると思う。

実は，面積計算の考え方は，偶関数・奇関数の積分などで既に使っているんだね。でも，これから本格的な面積計算の解説講義に入るから，シッカリ勉強していこう。

● 面積計算では，上下関係が大切だ！

面積計算の基本は，図1に示すように，区間 $[a, b]$ の範囲で，2曲線 $y = f(x)$ と $y = g(x)$ ではさまれる部分の面積を求めることなんだね。

そして，面積計算を行う上での一番重要な基本公式は次の通りだ。

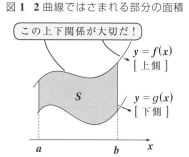

図1　2曲線ではさまれる部分の面積

この上下関係が大切だ！

$y = f(x)$ [上側]

S

$y = g(x)$ [下側]

面積計算の基本公式

面積 $\underline{S = \int dS}$ ……① （dS：微小面積）

積分定数 C は無視している！

$\int dS = \int 1 dS$ と考えると，1 を S で積分したら，積分定数 C を無視すれば，なるほど S になるから当然の式だね。それでは，この dS（微小面積）をどのように表すか，図2を見てくれ。

高さ $f(x) - g(x)$ に微小な厚さ dx を
かけたものが，近似的に微小面積 dS だ
ね。よって，

$$dS = \{f(x) - g(x)\}dx \quad \cdots\cdots ②$$

②を①に代入して，積分区分 $[a, b]$ での
定積分にすると，次のような面積の積分
公式が導けるんだね。

図2 微小面積 dS

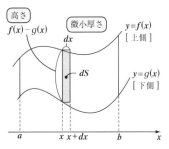

$$面積\ S = \int_a^b \{\underline{f(x)} - \underline{g(x)}\}dx$$

上側　　　　下側

特に，$y = f(x)$ と x 軸とではさまれる部分の面積の計算では，$f(x)$ が
0 以上か，0 以下かに注意するんだよ。

(i) $f(x) \geqq 0$ のとき，

曲線 $y = f(x)$ は，直線 $y = 0\ [x$ 軸$]$ の
上側にあるから，その面積 S_1 は，

$$S_1 = \int_a^b f(x)\,dx \quad \boxed{\begin{array}{cc} f(x) & -\ 0 \\ \hline \text{上側} & \text{下側} \end{array}} \quad だね。$$

(ii) $f(x) \leqq 0$ のとき，

曲線 $y = f(x)$ は，直線 $y = 0\ [x$ 軸$]$ の
下側にあるから，その面積 S_2 は，

$$S_2 = -\int_a^b f(x)\,dx \quad \boxed{\begin{array}{cc} 0 & -\ f(x) \\ \hline \text{上側} & \text{下側} \end{array}}$$

となる。

図3 (i) $f(x) \geqq 0$ のとき

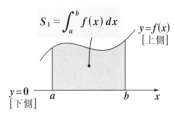

(ii) $f(x) \leqq 0$ のとき

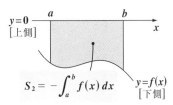

● 具体的に面積を求めてみよう！

それでは，次の例題を使って，ウォーミングアップしてみるよ。

曲線 $y = f(x) = \sqrt{x}(x-1)$ と x 軸で囲まれる部分の面積と，曲線 $y = f(x)$，x 軸および直線 $x = 2$ で囲まれる部分の面積の和を求めてみよう。$f(x)$ の中に $\sqrt{x}$ があるから，当然 $x \geqq 0$ だね。

$y = f(x) = \sqrt{x}(x-1)$ は，$y = \sqrt{x}$ と $y = x-1$ に分解して考えると，

（ⅰ）$x = 0,\ 1$ のとき，$f(x) = 0$

（ⅱ）$0 < x < 1$ のとき，$f(x) < 0$

（ⅲ）$1 < x$ のとき，$f(x) > 0$

（ⅳ）$\displaystyle\lim_{x \to \infty} f(x) = \infty$

（ⅴ）空いてる部分は谷の形でつなぐ。

以上で，曲線 $y = f(x)$ の概形がわかったので，いよいよ面積 S を求めよう。

$$
\text{面積 } S = -\int_0^1 f(x)dx + \int_1^2 f(x)dx
$$

$$
\left[\quad (\text{ア}) \ \smallsmile \quad + \quad (\text{イ}) \quad \right]
$$

$$
= -\int_0^1 x^{\frac{1}{2}}(x-1)dx + \int_1^2 x^{\frac{1}{2}}(x-1)dx
$$

$$
= -\int_0^1 \left(x^{\frac{3}{2}} - x^{\frac{1}{2}}\right)dx + \int_1^2 \left(x^{\frac{3}{2}} - x^{\frac{1}{2}}\right)dx
$$

$$
= -\left[\frac{2}{5}x^{\frac{5}{2}} - \frac{2}{3}x^{\frac{3}{2}}\right]_0^1 + \left[\frac{2}{5}x^{\frac{5}{2}} - \frac{2}{3}x^{\frac{3}{2}}\right]_1^2
$$

$$
= -2\left(\frac{2}{5} - \frac{2}{3}\right) + \left(\frac{2}{5} \cdot 4\sqrt{2} - \frac{2}{3} \cdot 2\sqrt{2}\right) = \frac{8 + 4\sqrt{2}}{15} \quad \cdots\cdots\cdots\cdots\cdots(\text{答})
$$

$f(x) \geqq 0$，$f(x) \leqq 0$ に気を付けて，面積を計算することが重要だ！

● 媒介変数表示された曲線の面積問題も解こう！

それでは，$0 \leq \theta \leq 2\pi$ の範囲でのサイクロイド曲線 (**P44**) と x 軸とで囲まれる部分の面積を求めることにしよう。これから話す考え方は，媒介変数表示されたすべての曲線に当てはまるので，とても大事だ。

サイクロイド曲線は，媒介変数 θ で表された曲線だから，実は本当ではないんだけれど，便宜上まずこの曲線が $y = f(x)$ の形で表されたものとして，面積 S を求める公式を立てるんだ。

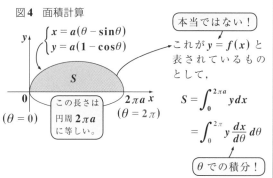

図4　面積計算

$$\begin{cases} x = a(\theta - \sin\theta) \\ y = a(1 - \cos\theta) \end{cases}$$

この長さは円周 $2\pi a$ に等しい。

本当ではない！

これが $y = f(x)$ と表されているものとして，

$$S = \int_0^{2\pi a} y dx$$

$$= \int_0^{2\pi} y \frac{dx}{d\theta} d\theta$$

θ での積分！

$$S = \int_0^{2\pi a} y dx$$

そして，この後，これを θ での積分に書き換えればいいんだね。見かけ上，dx を $d\theta$ で割り，その分 $d\theta$ をかければいい。

$d\theta$ で割った分 $d\theta$ をかけた！

$$S = \int_0^{2\pi a} y dx = \int_0^{2\pi} \underset{\sim}{y} \underset{=}{\frac{dx}{d\theta}} d\theta$$

すると，$\underset{\sim}{y}$ も，$\underset{=}{\frac{dx}{d\theta}}$ も θ の式だね。よって，$y \cdot \frac{dx}{d\theta}$，すなわち θ の関数を θ で積分するわけだから，何の問題もないんだね。

ここで，$\begin{cases} x \text{での積分区間}：0 \to 2\pi a \quad \text{を，} \\ \theta \text{での積分区間}：0 \to 2\pi \quad \end{cases}$ に書き換えることも忘れないでくれ。実際の計算は演習問題 **80(P225)** でやろう！

ン？極方程式で表された曲線の面積計算はどうなるのかって？向学心旺盛だねェ！極方程式 $r = f(\theta)$ の形で表された曲線の面積計算の問題については，演習問題 **82** で扱うつもりだ。モリモリ勉強してくれ!!

演習問題 77　　　難易度 ★★　　　CHECK *1*　　CHECK*2*　　CHECK *3*

2 つのだ円 $\dfrac{x^2}{3}+y^2=1$ ……① と $x^2+\dfrac{y^2}{3}=1$ ……② で囲まれる共通部分の面積 S を求めよ。　　　　　　　　　　　　　　　　　　　　（山口大＊）

ヒント！ だ円について自信のない人は，P36 を参照してくれ。①と②の 2 つのだ円は，x と y を入れ替えただけなので，直線 $y=x$ に関して対称な図形なんだね。

解答＆解説

ココがポイント

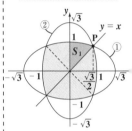

2 つのだ円①と②は右図に示すように，直線 $y=x$ に関して対称な図形となる。よって，この直線上の①と②の交点 P の x 座標をまず求める。

$y=x$ ……③ を①に代入して，

$$\dfrac{x^2}{3}+x^2=1 \qquad \dfrac{4}{3}x^2=1 \qquad x=\pm\dfrac{\sqrt{3}}{2}$$

よって，①と②の第 1 象限にある交点 P の x 座標は

$$x=\dfrac{\sqrt{3}}{2} \quad \text{である。}$$

さらに，図に示すように，$y=\sqrt{1-\dfrac{x^2}{3}}$ と $y=x$ と y 軸とで囲まれる図形の面積を S_1 とおくと，①と②の共通部分の面積 S は，その対称性から $S=8S_1$ となる。

⇦ ①を変形して，
$$y^2=1-\dfrac{x^2}{3}$$
$$y=\pm\sqrt{1-\dfrac{x^2}{3}}$$

⊕，⊖により，上半だ円，下半だ円を表す。

$$\therefore S=8S_1=8\int_0^{\frac{\sqrt{3}}{2}}\left(\sqrt{1-\dfrac{x^2}{3}}-x\right)dx$$

$$\boxed{\dfrac{1}{2}\big[x^2\big]_0^{\frac{\sqrt{3}}{2}}=\dfrac{1}{2}\cdot\dfrac{3}{4}}$$

$$=8\left(\underline{\int_0^{\frac{\sqrt{3}}{2}}\sqrt{1-\dfrac{x^2}{3}}\,dx}-\boxed{\int_0^{\frac{\sqrt{3}}{2}}x\,dx}\right)$$

⇦ $\displaystyle\int_0^{\frac{\sqrt{3}}{2}}\sqrt{1-\dfrac{x^2}{3}}\,dx$ は，

$$\boxed{\int_0^{\frac{\pi}{6}}\sqrt{1-\sin^2\theta}\cdot\sqrt{3}\cos\theta\,d\theta=\int_0^{\frac{\pi}{6}}\sqrt{3}\cos^2\theta\,d\theta}$$

$$\boxed{=\dfrac{\sqrt{3}}{2}\int_0^{\frac{\pi}{6}}(1+\cos2\theta)d\theta=\dfrac{\sqrt{3}}{2}\Big[\theta+\dfrac{1}{2}\sin2\theta\Big]_0^{\frac{\pi}{6}}}$$

$x=\sqrt{3}\sin\theta$ とおくと，
$$\begin{cases} x:0\to\dfrac{\sqrt{3}}{2}\\[2mm] \theta:0\to\dfrac{\pi}{6}\end{cases}$$
$$dx=\sqrt{3}\cos\theta\,d\theta$$
だね。

$$=8\left\{\dfrac{\sqrt{3}}{2}\left(\dfrac{\pi}{6}+\dfrac{\sqrt{3}}{4}\right)-\dfrac{3}{8}\right\}=\dfrac{2\sqrt{3}}{3}\pi \quad\cdots\cdots\text{（答）}$$

2曲線の共接条件と面積

演習問題 78　　難易度 ★★　　CHECK 1　　CHECK 2　　CHECK 3

2つの曲線 $y = ax^2$ と $y = \log x$ が点 P で接しているとき, 定数 a の値, 点 P の座標, および 2 曲線と x 軸とで囲まれる部分の面積 S を求めよ。

(島根大 *)

ヒント！　2曲線の共接条件から a の値と P の座標を求めるんだね。後は, グラフから面積をうまく計算していくといいよ。頑張れ！

解答 & 解説

$y = f(x) = ax^2,\ y = g(x) = \log x$　とおく。

微分して, $f'(x) = 2ax,\ \ g'(x) = \dfrac{1}{x}$

点 P の x 座標

$y = f(x)$ と $y = g(x)$ が $x = t$ で接するものとすると,

$\overbrace{f(t) = g(t)}$　　　　　$\overbrace{f'(t) = g'(t)}$

$\underline{at^2 = \log t}$ ……①,　$\underline{2at = \dfrac{1}{t}}$ ……②

①, ②より, $a = \dfrac{1}{2e}$,　$P\!\left(\underbrace{\sqrt{e}}_{t},\ \underbrace{\dfrac{1}{2}}_{f(\sqrt{e})=g(\sqrt{e})}\right)$ ……………(答)

図 1 より, 求める図形の面積 S は,

$S = \displaystyle\int_{0}^{\sqrt{e}} \dfrac{1}{2e} x^2 dx - \int_{1}^{\sqrt{e}} \log x\, dx$ $\left[= \rule{0pt}{10pt} - \rule{0pt}{10pt}\right]$

$= \dfrac{1}{2e}\left[\dfrac{1}{3} x^3\right]_{0}^{\sqrt{e}} - \Big[x\log x - x\Big]_{1}^{\sqrt{e}}$ ← $\displaystyle\int \log x\, dx = x\log x - x$ だ！

$= \dfrac{\sqrt{e}}{6} - \left(\underbrace{\sqrt{e}\cdot \dfrac{1}{2}}_{\log\sqrt{e}} - \sqrt{e} + 1\right) = \dfrac{2}{3}\sqrt{e} - 1$ ………(答)

別解　これを y で積分すると, 図 2 の上下関係より,

y 軸方向から見ている。

$S = \displaystyle\int_{0}^{\frac{1}{2}} \underbrace{(e^y}_{\text{上側}} - \underbrace{\sqrt{2ey})}_{\text{下側}} dy = \int_{0}^{\frac{1}{2}}\left(e^y - \sqrt{2e}\cdot y^{\frac{1}{2}}\right) dy$

$= \left[e^y - \sqrt{2e}\cdot \dfrac{2}{3} y^{\frac{3}{2}}\right]_{0}^{\frac{1}{2}} = \underbrace{e^{\frac{1}{2}}}_{\sqrt{e}} - \dfrac{2\sqrt{2}}{3}\cdot \dfrac{1}{2\sqrt{2}}\sqrt{e} - 1$

$= \dfrac{2}{3}\sqrt{e} - 1$ と, 同じ結果が導ける。

ココがポイント

⇦ 2曲線 $y = f(x),\ y = g(x)$ が $x = t$ で接するとき,
$\begin{cases} f(t) = g(t) \\ f'(t) = g'(t) \end{cases}$

⇦ ②より, $at^2 = \dfrac{1}{2}$ …②′

②′ を①に代入して,

$\log t = \dfrac{1}{2}$　∴ $t = \sqrt{e}$

②′ より, $ae = \dfrac{1}{2}$

∴ $a = \dfrac{1}{2e}$

⇦ 図 1

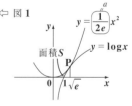

⇦ 図 2

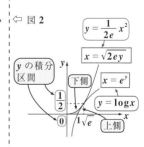

演習問題 79	難易度 ★★	CHECK 1	CHECK 2	CHECK 3

曲線 $y = \cos x$ $\left(0 \le x \le \dfrac{\pi}{2} \right)$ と x 軸, y 軸とで囲まれる部分の面積を $y = a\sin x$ が 2 等分するとき, 正の数 a の値を求めよ。(青山学院大＊)

ヒント！ $y = \cos x$ と $y = a\sin x$ との交点の x 座標 α がわからないことが, この問題の特徴だ。こういう場合, $\sin\alpha$, $\cos\alpha$, $\tan\alpha$ を a の式でまず表してから, 面積の計算に入るとうまくいく。

解答＆解説

$y = \cos x$ ……①, $y = a\sin x$ ……②

①, ②より y を消去して, 〔 $\cos x \ne 0$ より 〕

$$\cos x = a\sin x, \quad \frac{\sin x}{\cos x} = \frac{1}{a}, \quad \tan x = \frac{1}{a}$$

これをみたす x で, $0 < x < \dfrac{\pi}{2}$ をみたすものを α とおくと,

$$\tan\alpha = \frac{1}{a} \quad \therefore \sin\alpha = \frac{1}{\sqrt{a^2+1}}, \quad \cos\alpha = \frac{a}{\sqrt{a^2+1}} \text{(右図)}$$

全体の面積を S_T とおくと,

$$S_T = \int_0^{\frac{\pi}{2}} \cos x \, dx = \left[\sin x \right]_0^{\frac{\pi}{2}} = 1 \quad \left[= \begin{array}{c} y = \cos x \\ \\ 0 \quad \frac{\pi}{2} \quad x \end{array} \right]$$

曲線 $y = a\sin x$ が 2 等分する上側の部分の面積を S_1

とおくと, $S_1 = \dfrac{1}{2} \cdot S_T = \dfrac{1}{2}$ ……③

$$S_1 = \int_0^{\alpha} (\underset{\text{上側}}{\cos x} - \underset{\text{下側}}{a\sin x}) dx = \left[\sin x + a\cos x \right]_0^{\alpha}$$

$$= \sqrt{a^2+1} - a \text{ ……④} \quad \text{③, ④より,} \quad \fbox{a を右辺に 移項して 2 乗した！}$$

$$\sqrt{a^2+1} - a = \frac{1}{2}, \quad a^2 + 1 = \left(a + \frac{1}{2} \right)^2$$

$$\cancel{a^2} + 1 = \cancel{a^2} + a + \frac{1}{4} \quad \therefore a = \frac{3}{4} \text{ ……(答)}$$

ココがポイント

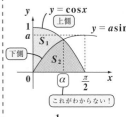

⇐ $\tan\alpha = \dfrac{1}{a}$ より,

これから $\sin\alpha$, $\cos\alpha$ も a の式で表される。準備 OK だ！

⇐ $\sin\alpha + a\cos\alpha - a$

$$= \frac{1}{\sqrt{a^2+1}} + a \cdot \frac{a}{\sqrt{a^2+1}} - a$$

$$= \frac{a^2+1}{\sqrt{a^2+1}} - a$$

$$= \sqrt{a^2+1} - a$$

サイクロイドと x 軸の囲む部分の面積

曲線 $x = a(\theta - \sin\theta),\ y = a(1 - \cos\theta)\ (0 \leqq \theta \leqq 2\pi)\ (a：正の定数)$ と x 軸とで囲まれる部分の面積を求めよ。　　　　　　　　（山口大＊）

ヒント！　一般に，媒介変数表示された曲線の囲む面積を求める場合，まず，$y = f(x)$ の形で表されたものとして，面積計算の式を立てる。その後，媒介変数 θ での積分に置換するのがポイントだ！

解答＆解説

これは，講義で解説したサイクロイド曲線だ。

$$\begin{cases} x = a(\theta - \sin\theta) \\ y = a(1 - \cos\theta) \end{cases} \quad (0 \leqq \theta \leqq 2\pi)$$

x を θ で微分して，$\dfrac{dx}{d\theta} = a(1 - \cos\theta)$ ……①

この図 1 の曲線が，まず $y = f(x)$ の形で表されたものとすると，求める面積 S は，$S = \displaystyle\int_0^{2\pi a} y dx$ だ。

図より，$x：0 \to 2\pi a$ のとき，$\theta：0 \to 2\pi$ であることに注意して，この積分を θ での積分に変えると，

$$S = \int_0^{2\pi a} y dx = \int_0^{2\pi} y \frac{dx}{d\theta} d\theta$$

$$= \int_0^{2\pi} a(1 - \cos\theta) \cdot a(1 - \cos\theta) d\theta$$

$$= a^2 \int_0^{2\pi} \left(1 - 2\cos\theta + \boxed{\cos^2\theta}\right) d\theta \quad \overset{\frac{1+\cos2\theta}{2}}{}$$

$$= a^2 \int_0^{2\pi} \left(\frac{3}{2} - 2\cos\theta + \frac{1}{2}\cos2\theta\right) d\theta$$

$\boxed{\sin2\pi = 0, \sin0 = 0}$　$\boxed{\sin4\pi = 0, \sin0 = 0}$

$$= a^2 \left[\frac{3}{2}\theta - 2\sin\theta + \frac{1}{4}\sin2\theta\right]_0^{2\pi}$$

$$= a^2 \cdot \frac{3}{2} \cdot 2\pi = 3\pi a^2 \quad \cdots\cdots（答）$$

ココがポイント

⇦ 図1　サイクロイド曲線

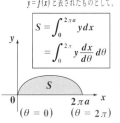

$y = f(x)$ と表されたものとして，

$$S = \int_0^{2\pi a} y dx = \int_0^{2\pi} y \frac{dx}{d\theta} d\theta$$

⇦ $y,\ \dfrac{dx}{d\theta}$ 共に θ の式より，θ の関数 $y \cdot \dfrac{dx}{d\theta}$ を θ で積分する。積分区間 $0 \leqq \theta \leqq 2\pi$ にも注意しよう！

225

アステロイド曲線と面積計算

アステロイド曲線 $x = a\cos^3\theta$, $y = a\sin^3\theta$ $\left(a : \text{正の定数}, \ 0 \le \theta \le \dfrac{\pi}{2} \right)$ と x 軸, y 軸で囲まれる図形の面積を求めよ。ただし, $I_n = \displaystyle\int_0^{\frac{\pi}{2}} \sin^n x \, dx$

$(n = 0, \ 1, \ 2, \ \cdots)$ について, $I_n = \dfrac{n-1}{n} I_{n-2}$ $(n = 2, 3, 4, \cdots)$ は公式として用いてよい。

演習問題 68(P201) 参照

ヒント! まず, $y = f(x)(\ge 0)$ と表されたものとして, 面積を求める積分の式を立て, それを θ での積分に切り替えるんだね。また, I_n の公式もうまく使おう!

解答 & 解説

ココがポイント

アステロイド曲線 $\begin{cases} x = a\cos^3\theta \\ y = a\sin^3\theta \end{cases}$ $\left(0 \le \theta \le \dfrac{\pi}{2} \right)$ と

x 軸, y 軸とで囲まれる図形の面積を S とおくと,

$$S = \underline{\int_0^a y \, dx} = \int_{\frac{\pi}{2}}^0 \underbrace{\boxed{y}}_{(a\sin^3\theta)} \cdot \underbrace{\dfrac{dx}{d\theta}}_{(3a\cos^2\theta \cdot (-\sin\theta))} d\theta = -3a^2 \int_{\frac{\pi}{2}}^0 \sin^4\theta \cos^2\theta \, d\theta$$

まず, $y = f(x)$ と表されたものとして, 面積 S を求める積分の式を立て, それを θ で置換積分する。$\left(x : 0 \to a \text{ のとき}, \theta : \dfrac{\pi}{2} \to 0 \right)$

$$= 3a^2 \int_0^{\frac{\pi}{2}} \sin^4\theta \cos^2\theta \, d\theta = 3a^2 \int_0^{\frac{\pi}{2}} \sin^4\theta \underbrace{\overbrace{(1 - \sin^2\theta)}}_{(1 - \sin^2\theta)} \, d\theta$$

$$= 3a^2 \left(\boxed{\int_0^{\frac{\pi}{2}} \sin^4\theta \, d\theta}_{I_4} - \boxed{\int_0^{\frac{\pi}{2}} \sin^6\theta \, d\theta}_{I_6} \right)$$

ここで, $I_n = \displaystyle\int_0^{\frac{\pi}{2}} \sin^n\theta \, d\theta$ とおくと, $I_n = \dfrac{n-1}{n} I_{n-2}$ より

$$S = 3a^2(\underline{I_4} - \underline{I_6}) = 3a^2 \left(\underbrace{\dfrac{3}{4} \cdot \dfrac{1}{2} \cdot \dfrac{\pi}{2}} - \underline{\dfrac{5}{6} \cdot \dfrac{3}{4} \cdot \dfrac{1}{2} \cdot \dfrac{\pi}{2}} \right)$$

$$= 3a^2 \dfrac{3\pi}{16} \left(1 - \dfrac{5}{6} \right)$$

$$= \dfrac{3}{32} \pi a^2 \quad \cdots\cdots\cdots\cdots\cdots\cdots \text{(答)}$$

まず $y = f(x)$ と表されたものとする。

面積 S

$\theta = \dfrac{\pi}{2}$ $\theta = 0$

この公式の証明は, 演習問題 68(P201) でやった!

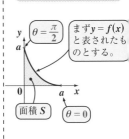

$I_n = \dfrac{n-1}{n} I_{n-2}$ より,

$I_4 = \dfrac{3}{4} \cdot I_2 = \dfrac{3}{4} \cdot \dfrac{1}{2} \cdot \boxed{I_0}$

$\boxed{\int_0^{\frac{\pi}{2}} 1 \, d\theta = \dfrac{\pi}{2}}$

$= \dfrac{3}{4} \cdot \dfrac{1}{2} \cdot \dfrac{\pi}{2}$

同様に,

$\underline{I_6} = \dfrac{5}{6} I_4$

$= \dfrac{5}{6} \cdot \dfrac{3}{4} \cdot \dfrac{1}{2} \cdot \dfrac{\pi}{2}$

$r = f(\theta)$ の極方程式と面積公式

演習問題 82	難易度 ★★★	CHECK1	CHECK2	CHECK3

らせん $x = e^{-\theta}\cos\theta$, $y = e^{-\theta}\sin\theta$ $(0 \leqq \theta \leqq \pi)$ と x 軸とで囲まれた部分の面積 S を求めよ。

レクチャー 極方程式 $r = f(\theta)$ で表された曲線と，2直線 $\theta = \alpha$，$\theta = \beta$ で囲まれる部分の面積 S を求める公式も覚えておくと便利だ。右図より，微小面積 dS は，近似的に次のように表されるね。

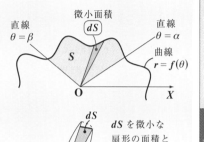

扇形の面積の公式通りだ！

$dS = \dfrac{1}{2}r^2 d\theta$ これを $S = \displaystyle\int_\alpha^\beta dS$ に代入して

公式 $S = \dfrac{1}{2}\displaystyle\int_\alpha^\beta r^2 d\theta$

が導かれる！ これも役に立つ公式だ。

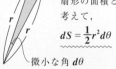

dS を微小な扇形の面積と考えて，
$dS = \dfrac{1}{2}r^2 d\theta$

微小な角 $d\theta$

解答＆解説

$x = e^{-\theta}\cos\theta$ ……① $\qquad y = e^{-\theta}\sin\theta$ ……②

①^2＋②^2 より，

$\underbrace{(x^2 + y^2)}_{r^2} = e^{-2\theta}(\underbrace{(\cos^2\theta + \sin^2\theta)}_{1})$ $\qquad r^2 = e^{-2\theta}$

よって，このらせんは，次の極方程式で表せる。

$\quad r = e^{-\theta}$

今回の求める面積の微小面積 dS は次式で表される。

$\quad dS = \dfrac{1}{2}r^2 d\theta = \dfrac{1}{2}e^{-2\theta}d\theta$

以上より，求める面積 S は，

$S = \dfrac{1}{2}\displaystyle\int_0^\pi r^2 d\theta = \dfrac{1}{2}\displaystyle\int_0^\pi e^{-2\theta}d\theta$

$\quad = \dfrac{1}{2}\left[-\dfrac{1}{2}e^{-2\theta}\right]_0^\pi = -\dfrac{1}{4}(e^{-2\pi} - e^0)$

$\quad = \dfrac{1}{4}(1 - e^{-2\pi})$ ……………………………（答）

ココがポイント

$\Leftarrow r = f(\theta)$ の形の極方程式

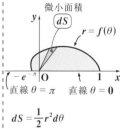

$dS = \dfrac{1}{2}r^2 d\theta$
$\quad = \dfrac{1}{2}e^{-2\theta}d\theta$

§5. 体積と曲線の長さを求めよう！

積分計算も，いよいよ大詰めだね。最後に学習するテーマは，"**体積計算**" だ。ここまでマスターすると，微分・積分もほぼパーフェクトと言える。それでは，これから勉強する主要テーマを列挙するから，まず頭に入れておこう。

- 体積計算（x 軸および y 軸のまわりの回転体の体積）
- バウムクーヘン型積分
- 曲線の長さの計算

まだ，マスターすべきことが沢山あるけれど，ステップ・バイ・ステップに勉強していこう！

● 体積計算では，まず断面積を求めよう！

面積のときと同様に，体積計算でも一番基本となる公式は次の通りだ。

体積計算の基本公式

体積 $\underline{V = \int dV}$ ……① （dV：微小体積）

積分定数 C は無視している！

これは，$V = \int 1 dV$ と書くと，積分定数 C を無視すれば，"1 を V で積分したら V になる" という当たり前の式なんだね。ここで，この微小体積 dV のとり方によって，さまざまな体積の積分公式が産み出されるんだ。

まず，一番よく出てくる例から示そう。図 **1** のように，ある立体が与えられたとき，x 軸を定めて，それと垂直な平面で切った断面積を $S(x)$ とおく。

228

断面積 $S(x)$ に微小な厚さ dx をかけると、微小体積 dV は、$dV = S(x)dx$ …②となる。

（これは立体を薄くスライスしているので"薄切りハム・モデル"と呼ぼう。）

②を①に代入して、次の頻出の体積公式の出来上がりだ。

体積 $V = \displaystyle\int_a^b S(x)dx$

図1　体積計算
（薄切りハム・モデル）

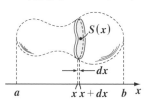

● 回転体の体積公式も断面積が鍵だ！

それでは、x 軸のまわりの回転体、および y 軸のまわりの回転体の体積を求める公式を下に示す。

回転体の体積計算の公式

（ⅰ）x 軸のまわりの回転体の体積 V_x

$$V_x = \pi\underbrace{\int_a^b y^2 dx}_{S(x)} = \pi\underbrace{\int_a^b \{f(x)\}^2 dx}_{S(x)}$$

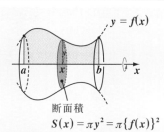

断面積
$S(x) = \pi y^2 = \pi\{f(x)\}^2$

（ⅱ）y 軸のまわりの回転体の体積 V_y

$$V_y = \pi\underbrace{\int_c^d x^2 dy}_{S(y)} = \pi\underbrace{\int_c^d \{g(y)\}^2 dy}_{S(y)}$$

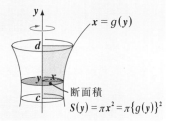

断面積
$S(y) = \pi x^2 = \pi\{g(y)\}^2$

（ⅰ）は断面積 $S(x)$ を x で、また（ⅱ）は断面積 $S(y)$ を y で積分する"薄切りハム・モデル"の体積計算の公式なんだね。納得いった？

229

◆例題 23 ◆

曲線 $y = \sin x$ $\left(0 \leqq x \leqq \dfrac{\pi}{2}\right)$ と直線 $y = \dfrac{2}{\pi}x$ で囲まれる部分を x 軸のまわりに回転してできる回転体の体積 V を求めよ。

解答

右図より,中身がかなり空っぽな回転体になるね。この体積計算は,外側の曲線 $y = \sin x$ によってできる回転体の体積から,中の円すいの体積を文字通りくり抜いて(引いて)求めればいいんだよ。

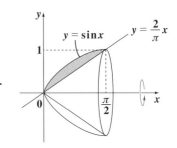

求める回転体の体積 V は,

$$\overset{\dfrac{1}{2}(1-\cos 2x)}{\underbrace{}}$$

円すいの体積 $\dfrac{1}{3} \cdot \pi r^2 \cdot h$ $(r:底円の半径,h:高さ)$

$$V = \pi \int_0^{\frac{\pi}{2}} \boxed{(\sin x)^2}\, dx - \frac{1}{3} \cdot \pi \cdot 1^2 \cdot \frac{\pi}{2}$$

$$= \frac{\pi}{2} \int_0^{\frac{\pi}{2}} (1 - \cos 2x)\, dx - \frac{\pi^2}{6}$$

$\boxed{\sin \pi = 0,\ \sin 0 = 0}$

$$= \frac{\pi}{2}\left[x - \frac{1}{2}\sin 2x \right]_0^{\frac{\pi}{2}} - \frac{\pi^2}{6} = \frac{\pi^2}{4} - \frac{\pi^2}{6} = \frac{\pi^2}{12} \quad \cdots\cdots\cdots\cdots\cdots\cdots\text{(答)}$$

次,媒介変数表示された曲線 $x = f(\theta)$, $y = g(\theta)$ $(\theta:媒介変数)$ と x 軸とではさまれた部分を x 軸のまわりに回転してできる回転体の体積の求め方についても話しておこう。

まず,この曲線が $y = f(x)$ の形で表されたものとして,x 軸のまわりの回転体の体積を求める式を作り,それを積分変数 x から変数 θ に切り替えればいいんだね。

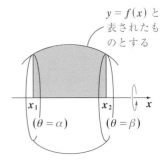

$y = f(x)$ と表されたものとする

230

体積 $V = \pi \int_{x_1}^{x_2} y^2 dx = \pi \int_{\alpha}^{\beta} \underline{y^2} \underline{\dfrac{dx}{d\theta}} d\theta$ $\left[\underset{\sim}{y^2}\, \text{も}\, \underline{\dfrac{dx}{d\theta}}\, \text{も}, \text{共に}\, \theta\, \text{の式} \right]$

$(x : x_1 \to x_2$ のとき, $\theta : \alpha \to \beta$ とする。)

これって, 演習問題 **79(P224)** でやった面積計算のときと方法が同じだね。

● バウムクーヘン型積分は確かにオイシイ！

前に話した通り, 一般に y 軸のまわりの回転体の体積 V_y は,

$V_y = \pi \int_c^d x^2 dy = \pi \int_c^d \{g(y)\}^2 dy$ でも計算できるんだけれど, この場合

$x = g(y)$ の形で表さないといけないね。でも, これから話す**バウムクーヘ ン型積分**では, y 軸のまわりの回転体の体積を $y = f(x)$ の形のままで求め ることができるんだ。文字通り, オイシイ公式だ。

バウムクーヘン型積分

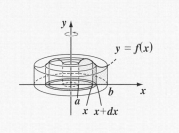

（y 軸のまわりの回転体の体積）

$y = f(x)$ $(a \leqq x \leqq b)$ と x 軸とで はさまれる部分を, y 軸のまわりに 回転してできる回転体の体積 V は,

$V = 2\pi \int_a^b x f(x) dx$ $[f(x) \geqq 0]$

エッ, 難しいって？ 大丈夫。これから, ゆっくり話すから。

体積計算の一番元となる基本公式は, $V = \displaystyle\int dV$ （dV：微小体積）と言っ たね。今回, バウムクーヘン型積分では, この微小体積 dV を次のように 見るんだ。

x と $x+dx$ の間で，曲線 $y = f(x)$ と x 軸がはさむ微小部分を，y 軸のまわりに 1 回転させたものを，微小体積 dV とおいているんだ。図 2 の (i)(ii) に示した微小体積の形が，お菓子のバウムクーヘンの 1 枚の薄皮に見えるから，こう呼ぶんだ。

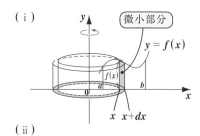

図 2　バウムクーヘン型積分
(i)

この微小体積に，図 (ii) のように切り目を入れて広げたものが，図 (iii) なんだね。このとき，外側にシワが入るんじゃないかと心配する必要はないよ。厚さ dx は本当は紙よりもずっとずっと薄いからだ。以上より，この微小体積 dV は，図 (iii) より，次のように近似的に表される。

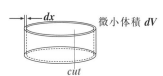

(ii)

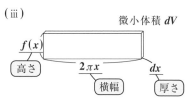

(iii)

微小体積 $dV = \underset{\text{横幅}}{2\pi x} \cdot \underset{\text{高さ}}{f(x)} \cdot \underset{\text{厚さ}}{dx}$　これを $V = \int dV$ に代入して，x での積分区間が，$a \leqq x \leqq b$ であることも考慮して，次のバウムクーヘン型積分の公式が出来上がるんだ。

$$V = \int dV = \int_a^b 2\pi x f(x) dx = 2\pi \int_a^b x f(x) dx$$

例題を 1 つ。$y = f(x) = -x^2 + x$ と x 軸とで囲まれる部分の y 軸のまわりの回転体の体積 V は，バウムクーヘンで一発で計算できる。

$$V = 2\pi \int_0^1 x f(x) dx = 2\pi \int_0^1 (-x^3 + x^2) dx$$

$$= 2\pi \left[-\frac{1}{4} x^4 + \frac{1}{3} x^3 \right]_0^1 = 2\pi \left(-\frac{1}{4} + \frac{1}{3} \right)$$

$$= 2\pi \times \frac{1}{12} = \frac{\pi}{6}$$ と，本当に簡単だね。

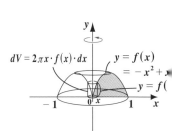

● 曲線の長さの公式には，2 つのタイプがある！

次，曲線の長さ l を求める公式を下に示すよ。これは，（ⅰ）$y = f(x)$ 型と，（ⅱ）媒介変数表示型の 2 つのタイプがあるので，区別して覚えてくれ。

曲線の長さの積分公式

（ⅰ）$y = f(x)$ の場合，曲線の長さ l は，

$$l = \int_a^b \sqrt{1 + (y')^2}\, dx = \int_a^b \sqrt{1 + \{f'(x)\}^2}\, dx$$

（ⅱ）$\begin{cases} x = f(\theta) \\ y = g(\theta) \end{cases}$ （θ：媒介変数）の場合，

曲線の長さ l は，

$$l = \int_\alpha^\beta \sqrt{\left(\frac{dx}{d\theta}\right)^2 + \left(\frac{dy}{d\theta}\right)^2}\, d\theta$$

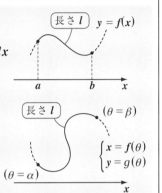

これらの公式も基本公式 $l = \int \underline{dl}$ …⑤（dl：微小長さ）から導けるんだよ。

図 3 の曲線の微小長さ dl を拡大すると微小な直角三角形ができるので，これに三平方の定理を用いると，

$$dl = \sqrt{(dx)^2 + (dy)^2} \quad \cdots\cdots ⑥$$

⑥を⑤に代入して，

$$l = \int \sqrt{(dx)^2 + (dy)^2} \quad \cdots\cdots ⑦$$

$$= \int \sqrt{\left\{1 + \left(\left(\frac{dy}{dx}\right)\right)^2\right\}(dx)^2}$$

$(dx)^2$ をムリヤリくくり出す！

$y' = f'(x)$ のこと

図 3

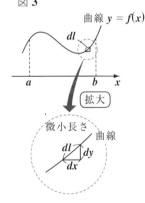

曲線 $y = f(x)$

dl

微小長さ　曲線

拡大

dl　dy
dx

よって，（ⅰ）の公式 $l = \int_a^b \sqrt{1 + \{f'(x)\}^2}\, dx$ が導けるんだよ。

⑦より，$l = \int_\alpha^\beta \sqrt{\left\{\left(\frac{dx}{d\theta}\right)^2 + \left(\frac{dy}{d\theta}\right)^2\right\}(d\theta)^2}$ とすると，（ⅱ）の公式が導けるのも

$(d\theta)^2$ をムリヤリくくり出す！

大丈夫だね。

233

◆例題 24 ◆

曲線 $y = \dfrac{2}{3}(x-1)^{\frac{3}{2}}$ の $1 \leqq x \leqq 2$ における曲線の長さ l を求めよ。

解答

$y = f(x) = \dfrac{2}{3}(x-1)^{\frac{3}{2}}$ とおくと，

$f'(x) = \dfrac{2}{3} \cdot \dfrac{3}{2}(x-1)^{\frac{1}{2}} \cdot 1 = \underline{\sqrt{x-1}}$

よって，求める曲線の長さ l は，

$l = \displaystyle\int_1^2 \sqrt{1 + \{f'(x)\}^2}\, dx$

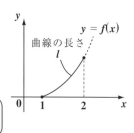

$y = f(x)$ の場合の曲線の長さの公式だ！

$= \displaystyle\int_1^2 \sqrt{\overset{1+x-1=x}{\underbrace{(1+(\sqrt{x-1})^2)}}}\, dx = \int_1^2 x^{\frac{1}{2}}\, dx$

$= \left[\dfrac{2}{3} x^{\frac{3}{2}} \right]_1^2 = \dfrac{2}{3}(2^{\frac{3}{2}} - 1^{\frac{3}{2}}) = \dfrac{2}{3}(2\sqrt{2} - 1)$ ....(答)

● **曲線の長さは，道のり l の計算でもある！**

　媒介変数 θ の代わりに，時刻 t を用いて，動点 $P(x,\ y)$ が xy 座標平面上を運動するとき，時刻 $t = \alpha$ から $t = \beta$ まで P が描く曲線の長さ l は，

$l = \displaystyle\int_\alpha^\beta \sqrt{\left(\dfrac{dx}{dt}\right)^2 + \left(\dfrac{dy}{dt}\right)^2}\, dt$ ......($*1$) となる。

P233 の曲線の長さの公式
$l = \displaystyle\int_\alpha^\beta \sqrt{\left(\dfrac{dx}{d\theta}\right)^2 + \left(\dfrac{dy}{d\theta}\right)^2}\, d\theta$
の θ が t に変わっただけで本質的にまったく同じ公式なんだね。

動点 P の速度ベクトル $\vec{v} = \left(\dfrac{dx}{dt},\ \dfrac{dy}{dt}\right)$ の大きさ，

つまり速さ $|\vec{v}|$ は $|\vec{v}| = \sqrt{\left(\dfrac{dx}{dt}\right)^2 + \left(\dfrac{dy}{dt}\right)^2}$ なので，

($*1$) は，

$l = \displaystyle\int_\alpha^\beta |\vec{v}|\, dt$ ......($*1$)′ と表すこともできる。大丈夫？

また，もっとシンプルに，動点 $P(x)$ が x 軸上を運動する場合，

234

その速度 v は $v = \dfrac{dx}{dt}$ であり，速さ $|v|$ は $|v| = \left|\dfrac{dx}{dt}\right|$ より，時刻 $t = \alpha$ から $t = \beta$ までに P が x 軸上を移動する道のり l は

$$l = \int_{\alpha}^{\beta} |v|\,dt = \int_{\alpha}^{\beta} \left|\dfrac{dx}{dt}\right|\,dt \quad \cdots\cdots(*2)$$

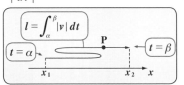

で計算できるんだね。

● 微分方程式は，変数分離形で解こう！

微分方程式とは，x や y や y' などの関係式で表される方程式のことで，たとえば，$y' = y$，$y' = \dfrac{y}{x}$ など…，が微分方程式の例なんだね。そして，このような微分方程式をみたす関数を "**微分方程式の解**" と呼び，この解である関数 y を求めることを "**微分方程式を解く**" というんだね。

この微分方程式の種類と解法には，実に様々なものがあるんだけれど，大学受験レベルでは，次に示す "**変数分離形**" の解法のみをシッカリ覚えておいてくれたらいい。

変数分離形による解法

与えられた微分方程式 $y' = \dfrac{g(x)}{f(y)}$ を変形して，

$\dfrac{dy}{dx} = \dfrac{g(x)}{f(y)}$ より，$\underbrace{f(y)dy}_{y のみの式} = \underbrace{g(x)dx}_{x のみの式}$ と変数を分離し，

両辺の不定積分をとって，$\displaystyle\int f(y)dy = \int g(x)dx$ として，解を求める。

たとえば，$y' = y$ のとき $\dfrac{dy}{dx} = y$ より，$\dfrac{1}{y}dy = 1 \cdot dx$ ← 変数分離形

よって，$\displaystyle\int \dfrac{1}{y}dy = \int 1\,dx$ より，$\log|y| = x + C_1$ （C_1：積分定数）

これから，$y = (x\text{ の式})$ の形にまとめれば，これが解になる。続きは，演習問題 **91(P246)**，**92(P248)** でやろう。

立体の体積

演習問題 83	難易度 ★★	CHECK 1	CHECK 2	CHECK 3

右図に示すような底面の半径が **2**，高さが **2** の直円柱 **C** がある。この底面の直径を含み底面と **45°** の角をなす平面で，この円柱 **C** を切ったときにできる小さい方の立体を **T** とおく。立体 **T** の体積を求めよ。

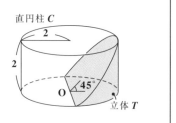

直円柱 C
立体 T

ヒント！ 立体 **T** の底面の直径に沿って **x** 軸を定め，平面 **x = t** で切ったときの立体 **T** の断面積 **S(t)** を求めて，これを積分すればいいんだね。

解答&解説

図（ⅰ）のように，円柱の中心 **O** を原点として，立体 **T** の底面の直径に沿って **x** 軸を，またこれと直交するように **y** 軸を定める。このとき，立体 **T** を平面 $x = t$ $(-2 < t < 2)$ で切ったときにできる切り口の断面は，図（ⅰ），（ⅲ）に示すように，直角二等辺三角形になる。

図（ⅱ）は，円柱を真上から見たものであり，これから，$x = t$ のとき，円：$x^2 + y^2 = 4$ より
$y^2 = 4 - t^2$，$\underline{y = \sqrt{4 - t^2}}$ $(y \geqq 0)$ となる。

これが，直角二等辺三角形の斜辺でない **1** 辺の長さ

よって，この切り口の断面積を $S(t)$ とおくと，
$$S(t) = \frac{1}{2}\sqrt{4 - t^2} \cdot \sqrt{4 - t^2} = \frac{1}{2}(4 - t^2) \quad (-2 \leqq t \leqq 2)$$

より，求める立体 **T** の体積を **V** とおくと，**V** は，$S(t)$ を積分区間 $[-2, 2]$ で積分して求まる。

$$\therefore V = \int_{-2}^{2} S(t)\,dt = \frac{1}{2} \cdot 2 \int_{0}^{2} \underbrace{(4 - t^2)}_{\text{偶関数}}\,dt$$

$$= \left[4t - \frac{1}{3}t^3\right]_0^2 = 8 - \frac{8}{3} = \frac{16}{3} \quad \cdots\cdots\cdots\cdots（答）$$

ココがポイント

図（ⅰ）

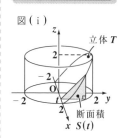

立体 T

図（ⅱ）

T を平面 x = t で切った切り口

図（ⅲ）

断面積 S(t)

236

空洞部分をもつ回転体の体積

演習問題 84	難易度 ★★	CHECK 1	CHECK 2	CHECK 3

曲線 $C : y = \log x$ と，C 上の点 $(e, 1)$ における接線 l および x 軸で囲まれた図形を D とおく。

(1) D を x 軸のまわりに回転してできる立体の体積 V_1 を求めよ。

(2) D を y 軸のまわりに回転してできる立体の体積 V_2 を求めよ。

(宇都宮大*)

ヒント! (1), (2) 共に空洞部分をもつ回転体の体積を計算するんだね。全体の体積からこの空洞部の体積を引いて計算するといい。

解答&解説

ココがポイント

$y = f(x) = \log x$ とおく。$f'(x) = \dfrac{1}{x}$

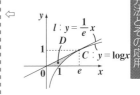

$y = f(x)$ 上の点 $(e, 1)$ における接線 l の方程式は，

$y = \dfrac{1}{e}(x - e) + 1$　∴ $l : y = \dfrac{1}{e}x$

(1) x 軸のまわりの回転体の体積 V_1 は，

⇦ x 軸のまわりの回転体

$$V_1 = \underbrace{\frac{1}{3} \cdot \underbrace{\boxed{\pi \cdot 1^2}}_{\text{底面積}} \cdot \underbrace{\boxed{e}}_{\text{高さ}}}_{} - \underbrace{\pi \int_1^e \overbrace{\boxed{(\log x)^2}}^{y^2} dx}_{⑦} \left[= \text{（空洞部）} \right]$$

部分積分だ！

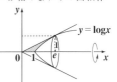

ここで，⑦ $\displaystyle\int_1^e (\log x)^2 dx = \int_1^e x' \cdot (\log x)^2 dx$

⇦ 積分計算の必要な部分を⑦とおいて，別に計算したんだ！

$= \left[x \cdot (\log x)^2 \right]_1^e - \int_1^e x \cdot \boxed{2(\log x) \cdot \dfrac{1}{x}} dx$

$\{(\log x)^2\}'$

$= e - 2 \left[x \log x - x \right]_1^e$

$= e - 2(e - e + 1) = e - 2$

∴ $V_1 = \dfrac{1}{3}\pi e - \pi(e - 2) = \dfrac{2\pi}{3}(3 - e)$ …………(答)

(2) y 軸のまわりの回転体の体積 V_2 は，

⇦ y 軸のまわりの回転体

$$V_2 = \pi \int_0^1 \overbrace{\boxed{e^{2y}}}^{x^2} dy - \underbrace{\frac{1}{3}\boxed{\pi e^2} \cdot \boxed{1}}_{\text{底面積　高さ}} \left[= \text{（空洞部）} \right]$$

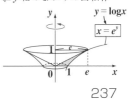

$= \pi \left[\dfrac{1}{2} e^{2y} \right]_0^1 - \dfrac{\pi}{3} e^2 = \dfrac{\pi}{6}(e^2 - 3)$ …………(答)

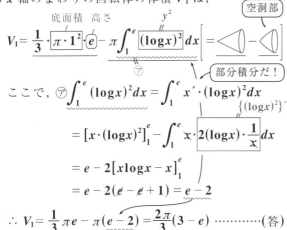

サイクロイド曲線の x 軸のまわりの回転体の体積

サイクロイド曲線 $x = a(\theta - \sin\theta)$, $y = a(1 - \cos\theta)$ $(0 \leq \theta \leq 2\pi)$
(a：正の定数) と x 軸とで囲まれる部分を x 軸のまわりに回転して得ら
れる立体の体積を求めよ。 　　　　　　　　　　　　　　　(日本女子大 *)

ヒント！　媒介変数表示された曲線の場合，まずこれが $y = f(x)$ の形で表された
ものとして，回転体の体積計算の式を立てるんだね。その後で，θ での積分に置
き換えるとうまく計算できる。

解答＆解説

サイクロイド曲線 $\begin{cases} x = a(\theta - \sin\theta) \\ y = \underline{a(1 - \cos\theta)} \ (0 \leq \theta \leq 2\pi) \end{cases}$

ここで，$\dfrac{dx}{d\theta} = \underline{a(1 - \cos\theta)}$

この曲線と x 軸とで囲まれた部分の回転体の体積 V は，

$$V = \pi \int_0^{2\pi a} y^2 dx = \pi \int_0^{2\pi} y^2 \underline{\dfrac{dx}{d\theta}} d\theta$$

3倍角の公式
$\cos 3\theta$
$= 4\cos^3\theta - 3\cos\theta$

$$= \pi \int_0^{2\pi} a^2(1 - \cos\theta)^2 \cdot a(1 - \cos\theta) d\theta$$

$$= \pi a^3 \int_0^{2\pi} (1 - 3\cos\theta + 3\boxed{\cos^2\theta} - \boxed{\cos^3\theta}) d\theta$$

$$\underset{\dfrac{1+\cos2\theta}{2}}{} \quad \underset{\dfrac{1}{4}(\cos3\theta + 3\cos\theta)}{}$$

$$= \pi a^3 \int_0^{2\pi} \left(\dfrac{5}{2} - \dfrac{15}{4}\cos\theta + \dfrac{3}{2}\cos2\theta - \dfrac{1}{4}\cos3\theta \right) d\theta$$

$\boxed{\sin2\pi = 0, \sin0 = 0}$ 　　$\boxed{\sin6\pi = 0, \sin0 = 0}$

$\boxed{\sin4\pi = 0, \sin0 = 0}$

$$= \pi a^3 \left[\dfrac{5}{2}\theta - \dfrac{15}{4}\sin\theta + \dfrac{3}{4}\sin2\theta - \dfrac{1}{12}\sin3\theta \right]_0^{2\pi}$$

$$= \pi a^3 \times \dfrac{5}{2} \times 2\pi = 5\pi^2 a^3$$

∴求める x 軸のまわりの回転体の体積 V は，

$$V = 5\pi^2 a^3 \quad \cdots\cdots\cdots\cdots\cdots\cdots\cdots\cdots (\text{答})$$

ココがポイント

⇦ サイクロイド曲線

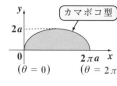
カマボコ型

⇦ まず，この曲線が $y = f(x)$ の形で表されているものとして，回転体の体積の式を立て，θ での積分に切り替えるんだ！

$$V = \pi \int_0^{2\pi a} y^2 dx$$

$$= \pi \int_0^{2\pi} y^2 \dfrac{dx}{d\theta} d\theta$$

$\boxed{\theta \text{ の式}}$ 　$\boxed{\theta \text{ の式}}$

$\begin{cases} x : 0 \to 2\pi a \\ \theta : 0 \to 2\pi \end{cases}$

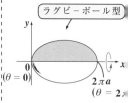
ラグビーボール型

バウムクーヘン型積分（I）

演習問題 86	難易度 ★★★	CHECK *1*	CHECK*2*	CHECK*3*

曲線 $y = f(x) = x\sqrt{1 - x^2}$ $(0 \leqq x \leqq 1)$ と x 軸とで囲まれた図形を y 軸の

周りに 1 回転してできる回転体の体積 V を求めよ。 （弘前大 ＊）

レクチャー $y = f(x) = x\sqrt{1 - x^2}$ $(0 \leqq x \leqq 1)$ は，直線 $y = x$ と，4 分の 1 円 $y = \sqrt{1 - x^2}$ との積より，$f(0) = f(1) = 0$ で，かつ $0 < x < 1$ で $f(x) > 0$ であり，そのグラフは，右図のようになる。$y = f(x)$ と x 軸とで囲まれる図形の y 軸の周りの回転体の体積 V はバウムクーヘン型積分を利用して，

$V = 2\pi \displaystyle\int_0^1 x \cdot f(x)dx$ で求められるんだね。

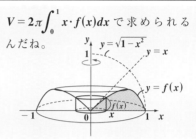

解答＆解説

$y = f(x) = x\sqrt{1 - x^2}$ $(0 \leqq x \leqq 1)$ と x 軸とで囲まれる図形を y 軸の周りに 1 回転してできる回転体の体積を V とおくと，その微小体積 dV は次式で表される。

$dV = 2\pi x \cdot f(x)dx$

よって，求める体積 V は，

$V = 2\pi \displaystyle\int_0^1 x \cdot f(x)dx = 2\pi \int_0^1 x^2\sqrt{1 - x^2}\,dx$

ここで，$x = \sin\theta$ とおくと，$x : 0 \to 1$ のとき，

$\theta : 0 \to \dfrac{\pi}{2}$，$dx = \cos\theta d\theta$ より，

$V = 2\pi \displaystyle\int_0^{\frac{\pi}{2}} \sin^2\theta \underbrace{\sqrt{1 - \sin^2\theta}}_{} \cdot \cos\theta d\theta$

　　　$\boxed{\sqrt{\cos^2\theta} = |\cos\theta| = \cos\theta}$

$\boxed{\sin^2\theta\cos^2\theta = (\sin\theta\cos\theta)^2 = \left(\dfrac{1}{2}\sin 2\theta\right)^2 = \dfrac{1}{4} \cdot \dfrac{1 - \cos 4\theta}{2}}$

$= \dfrac{\pi}{4} \displaystyle\int_0^{\frac{\pi}{2}} (1 - \cos 4\theta)d\theta = \dfrac{\pi}{4}\left[\theta - \dfrac{1}{4}\sin 4\theta\right]_0^{\frac{\pi}{2}}$

$= \dfrac{\pi}{4} \cdot \dfrac{\pi}{2} = \dfrac{\pi^2}{8}$ ．．．．．．．．．．．．．．．．．．．．．．．．．．．．．．．（答）

ココがポイント

⇦ 微小体積 dV

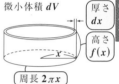

厚さ dx
高さ $f(x)$
周長 $2\pi x$

バウムクーヘン型積分を使う場合，このように簡単に説明を入れておくといいと思う。

⇦ $\displaystyle\int x^2\sqrt{a^2 - x^2}\,dx$ は，$x = a\sin\theta$（または $a\cos\theta$）とおく。

⇦ $0 \leqq \theta \leqq \dfrac{\pi}{2}$ より，$\cos\theta \geqq 0$

⇦ $\sin 2\theta = 2\sin\theta\cos\theta$
$\sin^2\theta = \dfrac{1 - \cos 2\theta}{2}$

239

バウムクーヘン型積分 (Ⅱ)

演習問題 87　難易度 ★★★　CHECK 1　CHECK2　CHECK3

右図に示すように，曲線 $y = f(x) = x \cdot \cos x$

$\left(0 \le x \le \dfrac{\pi}{2}\right)$ と x 軸とで囲まれる図形を D

とおく。

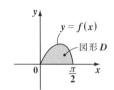

(1) 図形 D を x 軸のまわりに回転して

　　できる回転体の体積 V_x を求めよ。

(2) 図形 D を y 軸のまわりに回転してできる回転体の体積 V_y を求めよ。

ヒント！ (1) D の x 軸のまわりの回転体の体積 V_x は $V_x = \pi \displaystyle\int_0^{\frac{\pi}{2}} \{f(x)\}^2 dx$ で求め，

(2) D の y 軸のまわりの回転体の体積 V_y は，バウムクーヘン型積分を利用して，

$V_y = 2\pi \displaystyle\int_0^{\frac{\pi}{2}} x \cdot f(x) dx$ から求めればいいんだね。シッカリ計算しよう。

解答&解説

ココがポイント

曲線 $y = f(x) = x \cdot \cos x \left(0 \le x \le \dfrac{\pi}{2}\right)$ と x 軸とで囲まれる図形 D について，

(1) 図形 D を x 軸のまわりに回転してできる回転体の

体積 V_x は，

$$V_x = \pi \int_0^{\frac{\pi}{2}} \{f(x)\}^2 dx = \pi \int_0^{\frac{\pi}{2}} \underbrace{x^2 \cdot \cos^2 x}_{\frac{1}{2}(1+\cos 2x)} dx \quad \boxed{\substack{\text{半角の} \\ \text{公式}}}$$

⇐

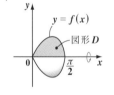

$$= \frac{\pi}{2} \int_0^{\frac{\pi}{2}} x^2 \cdot (1 + \cos 2x) \, dx$$

$$= \frac{\pi}{2} \left(\underbrace{\int_0^{\frac{\pi}{2}} x^2 dx}_{(\mathcal{P})} + \underbrace{\int_0^{\frac{\pi}{2}} x^2 \cos 2x \, dx}_{(\mathcal{A})} \right) \cdots\cdots① \text{ となる。}$$

ここで，

(ア) $\displaystyle\int_0^{\frac{\pi}{2}} x^2 dx = \frac{1}{3} \left[x^3 \right]_0^{\frac{\pi}{2}} = \frac{1}{3} \cdot \left(\frac{\pi}{2} \right)^3 = \frac{\pi^3}{24} \cdots\cdots②$

240

$$ ⑦ \int_0^{\frac{\pi}{2}} x^2 \cos 2x\, dx = \int_0^{\frac{\pi}{2}} x^2 \left(\frac{1}{2}\sin 2x\right)' dx $$

⇦ 部分積分を 2 回行う。

$$ = \frac{1}{2}\underbrace{\left[x^2\sin 2x\right]_0^{\frac{\pi}{2}}}_{0} - \frac{1}{2}\int_0^{\frac{\pi}{2}} 2x \cdot \sin 2x\, dx $$

⇦ $\left[x^2\sin 2x\right]_0^{\frac{\pi}{2}}$
$$ = \left(\frac{\pi}{2}\right)^2 \underbrace{\sin\pi}_{0} - 0^2 \sin 0 = 0 $$

$$ = -\int_0^{\frac{\pi}{2}} x \cdot \left(-\frac{1}{2}\cos 2x\right)' dx $$

$$ = -\left\{-\frac{1}{2}\left[x\cos 2x\right]_0^{\frac{\pi}{2}} + \frac{1}{2}\underbrace{\int_0^{\frac{\pi}{2}} \cos 2x\, dx}_{0}\right\} $$

⇦ $\int_0^{\frac{\pi}{2}} \cos 2x\, dx = \frac{1}{2}\left[\sin 2x\right]_0^{\frac{\pi}{2}}$
$$ = \frac{1}{2}(\underbrace{\sin\pi}_{0} - \underbrace{\sin 0}_{0}) = 0 $$

$$ = \frac{1}{2} \cdot \frac{\pi}{2}\underbrace{\cos\pi}_{-1} = -\frac{\pi}{4} \quad\cdots\cdots ③ $$

以上②, ③を①に代入して,

$$ V_x = \frac{\pi}{2}\left(\frac{\pi^3}{24} - \frac{\pi}{4}\right) = \frac{\pi^2}{48}(\pi^2 - 6) \quad\cdots\cdots\cdots\cdots (答) $$

(2) 図形 D を y 軸のまわりに回転してできる回転体の
体積 V_y は, バウムクーヘン型積分で求めると,

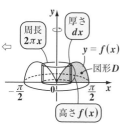

$$ V_y = 2\pi\int_0^{\frac{\pi}{2}} x \cdot f(x)\, dx = 2\pi\int_0^{\frac{\pi}{2}} \underbrace{x^2 \cdot \cos x}_{x \cdot \cos x}\, dx $$

微小体積
$$ dV_y = 2\pi x \cdot f(x)\, dx $$

$$ = 2\pi\int_0^{\frac{\pi}{2}} x^2 \cdot (\sin x)'\, dx \quad\longleftarrow \boxed{\text{部分積分を 2 回行う!}} $$

$$ = 2\pi\left\{\left[x^2\sin x\right]_0^{\frac{\pi}{2}} - \int_0^{\frac{\pi}{2}} 2x \cdot \sin x\, dx\right\} $$

$$ = 2\pi\left\{\frac{\pi^2}{4} \cdot \underbrace{\sin\frac{\pi}{2}}_{1} - 2\int_0^{\frac{\pi}{2}} x \cdot (-\cos x)'\, dx\right\} $$

$$ = \frac{\pi^3}{2} - 4\pi\left\{-\underbrace{\left[x\cos x\right]_0^{\frac{\pi}{2}}}_{0} + \int_0^{\frac{\pi}{2}} 1 \cdot \cos x\, dx\right\} $$

⇦ $\left[x\cos x\right]_0^{\frac{\pi}{2}}$
$$ = \frac{\pi}{2}\underbrace{\cos\frac{\pi}{2}}_{0} - 0 \cdot \cos 0 = 0 $$

$$ = \frac{\pi^3}{2} - 4\pi\left[\sin x\right]_0^{\frac{\pi}{2}} = \frac{\pi^3}{2} - 4\pi \cdot \underbrace{\sin\frac{\pi}{2}}_{1} $$

$$ = \frac{\pi^3}{2} - 4\pi = \frac{\pi}{2}(\pi^2 - 8) \quad\cdots\cdots\cdots\cdots\cdots (答) $$

回転体の体積と曲線の長さ

xy 平面上の曲線 $C : y = e^x (\log\sqrt{3} \leqq x \leqq \log\sqrt{15})$ を考える。

ここで，対数は自然対数とする。

(1) 曲線 C，x 軸，直線 $x = \log\sqrt{3}$ および直線 $x = \log\sqrt{15}$ で囲まれた図形を x 軸のまわりに 1 回転してできる立体の体積 V を求めよ。

(2) 曲線 C の長さ L を求めよ。　　　　　　　　　　　　（東京医大）

ヒント!　$\alpha = \log\sqrt{3}$，$\beta = \log\sqrt{15}$，$y = f(x) = e^x$ とおくと，(1) x 軸のまわりの回転体の体積 V は，$V = \pi \int_{\alpha}^{\beta} \{f(x)\}^2 dx$ で，(2) 曲線 C の長さ L は，$L = \int_{\alpha}^{\beta} \sqrt{1 + \{f'(x)\}^2} dx$ で求めればいいんだね。ただし，(2) の積分計算は，少しメンドウだけれど，頑張ろう！

解答＆解説

$\alpha = \log\sqrt{3}$，$\beta = \log\sqrt{15}$，また，$y = f(x) = e^x$ とおくと，曲線 $C : y = f(x) = e^x$ $(\alpha \leqq x \leqq \beta)$ となる。

(1) 曲線 C と x 軸，および 2 直線 $x = \alpha$，$x = \beta$ とで囲まれる図形を x 軸のまわりに 1 回転してできる回転体の体積 V を求めると

$$V = \pi \int_{\alpha}^{\beta} \underbrace{\{f(x)\}^2}_{(e^x)} dx = \pi \int_{\alpha}^{\beta} e^{2x} dx$$

$$= \pi \left[\frac{1}{2} e^{2x} \right]_{\alpha}^{\beta} = \frac{\pi}{2} (e^{2\beta} - e^{2\alpha})$$

ここで，$\begin{cases} e^{2\alpha} = e^{2\log\sqrt{3}} = e^{\log(\sqrt{3})^2} = e^{\log 3} = 3 \\ e^{2\beta} = e^{2\log\sqrt{15}} = e^{\log(\sqrt{15})^2} = e^{\log 15} = 15 \end{cases}$

よって，

$$V = \frac{\pi}{2} (\underbrace{e^{2\beta}}_{15} - \underbrace{e^{2\alpha}}_{3}) = \frac{\pi}{2} \times 12 = 6\pi \quad\cdots\cdots\cdots（答）$$

ココがポイント

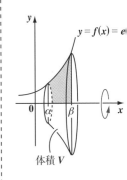

体積 V

⇐ 一般に，$e^{\log p} = p$ $(p > 0)$ となる。

$e^{\log p} = x$ とおいて，両辺の自然対数をとると

$\log e^{\log p} = \log x$

$\log p \cdot \underbrace{\log e}_{1} = \log x$

∴ $x = p$ となるからね。

$(2)\, f^{\prime}(x) = (e^x)^{\prime} = e^x$ より，

曲線 $C : y = f(x)$ $\quad(\alpha \le x \le \beta)$ の長さ L を求めると

$$L = \int_{\alpha}^{\beta} \sqrt{1 + \underbrace{\{f^{\prime}(x)\}^2}_{(e^x)}}\, dx = \int_{\alpha}^{\beta} \sqrt{1 + e^{2x}}\, dx \quad\cdots\cdots①$$

となる。

ここで，$\quad \sqrt{1 + e^{2x}} = t \quad\cdots\cdots②$ とおくと，

$x : \alpha \longrightarrow \beta$ のとき，$\quad t : 2 \longrightarrow 4$

また，②の両辺を 2 乗して，$1 + e^{2x} = t^2 \quad\cdots\cdots②^{\prime}$ より

$$\underbrace{2e^{2x}}_{(1+e^{2x})^{\prime}} dx = \underbrace{2\,t}_{(t^2)^{\prime}}\, dt \qquad dx = \dfrac{t}{\underset{t^2-1\,(②^{\prime}\text{より})}{e^{2x}}}\, dt$$

以上より，

$$L = \int_{2}^{4} \dfrac{t^2}{t^2-1}\, dt$$

$$\boxed{\begin{aligned}\dfrac{t^2-1+1}{t^2-1} &= 1 + \dfrac{1}{t^2-1} = 1 + \dfrac{1}{(t-1)(t+1)}\\ &= 1 + \dfrac{1}{2}\left(\dfrac{1}{t-1} - \dfrac{1}{t+1}\right)\end{aligned}}$$

$$= \int_{2}^{4} \left\{ 1 + \dfrac{1}{2}\left(\dfrac{1}{t-1} - \dfrac{1}{t+1}\right) \right\} dt$$

$$= \left[\, t + \dfrac{1}{2}\left(\log|t-1| - \log|t+1|\right)\, \right]_{2}^{4}$$

$$= 4 + \dfrac{1}{2}(\log 3 - \log 5) - 2 - \dfrac{1}{2}(\log\!\!\!\diagup 1 - \log 3)$$

$$= 2 + \dfrac{1}{2}(\log 3 - \log 5 + \log 3)$$

$$= 2 + \dfrac{1}{2}\log\dfrac{9}{5} \quad \text{である。} \quad\cdots\cdots\cdots(答)$$

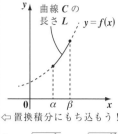

⇦ 置換積分にもち込もう！

⇦ $t : \underbrace{\sqrt{1 + e^{2\alpha}}}_{3} \longrightarrow \underbrace{\sqrt{1 + e^{2\beta}}}_{15}$

　より，$t : 2 \longrightarrow 4$

⇦ $L = \displaystyle\int_{2}^{4} \underbrace{t}_{\sqrt{1+e^{2x}}} \cdot \underbrace{\dfrac{t}{t^2-1}\, dt}_{dx}$

⇦ $\log 3 - \log 5 + \log 3$

　$= \log\dfrac{3\times 3}{5} = \log\dfrac{9}{5}$

けんすい曲線の曲線の長さ

正の数 t に対して，曲線 $y = \dfrac{1}{2}(e^x + e^{-x})$ の $0 \leqq x \leqq t$ の部分の長さを

$S(t)$ とする。$S(t)$ を求め，極限 $\displaystyle\lim_{t \to \infty}\{t - \log S(t)\}$ を求めよ。(広島大 ∗)

ヒント! この曲線を，**けんすい曲線**という。$y = f(x)$ の形の曲線の長さ $S(t)$ は，

公式：$S(t) = \displaystyle\int_0^t \sqrt{1 + \{f'(x)\}^2}\, dx$ で求めればいいんだね。

解答 & 解説

$y = f(x) = \dfrac{1}{2}(e^x + e^{-x})$ ……① とおいて，

これを x で微分すると，

$f'(x) = \dfrac{1}{2}(e^x - 1 \cdot e^{-x}) = \dfrac{1}{2}(e^x - e^{-x})$ より，

$1 + \{f'(x)\}^2 = 1 + \left\{ \dfrac{1}{2}(e^x - e^{-x}) \right\}^2$

$\qquad\qquad\qquad = \dfrac{1}{4}(e^x + e^{-x})^2$ ……② となる。

よって，$y = f(x)$ の $0 \leqq x \leqq t$ の部分の長さ $S(t)$ は，
②を用いて，

$S(t) = \displaystyle\int_0^t \sqrt{1 + \{f'(x)\}^2}\, dx = \dfrac{1}{2}\int_0^t (e^x + e^{-x})\, dx$

$\qquad = \dfrac{1}{2}\left[e^x - e^{-x}\right]_0^t = \dfrac{e^t - e^{-t}}{2}$ ……………(答)

よって，求める極限は，

$\displaystyle\lim_{t \to \infty}\{t - \log S(t)\} = \lim_{t \to \infty}\left(\log e^t - \log \dfrac{e^t - e^{-t}}{2} \right)$

$\qquad\qquad = \displaystyle\lim_{t \to \infty} \log \dfrac{2e^t}{e^t - e^{-t}}$

$\qquad\qquad = \displaystyle\lim_{t \to \infty} \log \dfrac{2}{1 - \boxed{e^{-2t}}}$ — 分子・分母を e^t で割った。

$\qquad\qquad\qquad\qquad\qquad\quad \downarrow 0$

$\qquad\qquad = \log 2$ ……………………(答)

ココがポイント

⇦ けんすい曲線

$y = \dfrac{1}{2}(e^x + e^{-x})$

曲線の長さ $S(t$

⇦ $1 + \{f'(x)\}^2$

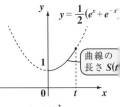

$= 1 + \dfrac{1}{4}(e^{2x} - 2 \cdot e^x \cdot e^{-x} + e$

$= \dfrac{1}{4}(4 + e^{2x} - 2 + e^{-2x})$

$= \dfrac{1}{4}(e^{2x} + 2 e^x e^{-x} + e^{-2x})$

$= \dfrac{1}{4}(e^x + e^{-x})^2$ より，

$S(t) = \displaystyle\int_0^t \sqrt{1 + \{f'(x)\}^2}\, $

$\qquad = \displaystyle\int_0^t \sqrt{\dfrac{1}{4}(e^x + e^{-x})^2}$

$\qquad = \dfrac{1}{2}\displaystyle\int_0^t (e^x + e^{-x})\, dx$

$\qquad = \dfrac{1}{2}\left[e^x - e^{-x}\right]_0^t$

$\qquad = \dfrac{1}{2}(e^t - e^{-t} - 1 + 1)$

アステロイド曲線の長さ

a を正の定数とする。次の曲線の長さ l を求めよ。

$x = a\cos^3 t,\ y = a\sin^3 t\ \ (0 \leq t \leq 2\pi)$　　　　　　　　（小樽商科大＊）

ヒント！　この曲線は，お星様キラリの形のアステロイド曲線だね。媒介変数表示された曲線の長さの公式：$l = \displaystyle\int_0^{2\pi} \sqrt{\left(\dfrac{dx}{dt}\right)^2 + \left(\dfrac{dy}{dt}\right)^2}\ dt$ を使って求めよう。

解答＆解説

ココがポイント

アステロイド曲線

$\begin{cases} x = a\cos^3 t \\ y = a\sin^3 t \end{cases} \quad (0 \leq t \leq 2\pi)$ の長さ l を求める。

$\begin{cases} \dfrac{dx}{dt} = a \cdot 3\cos^2 t \cdot (-\sin t) = -3a\sin t\cos^2 t \\ \dfrac{dy}{dt} = a \cdot 3\sin^2 t \cdot \cos t = 3a\sin^2 t\cos t \end{cases}$ より，

$\left(\dfrac{dx}{dt}\right)^2 + \left(\dfrac{dy}{dt}\right)^2 = (-3a\sin t\cos^2 t)^2 + (3a\sin^2 t\cos t)^2$
$\qquad\qquad\qquad = 9a^2\sin^2 t\cos^2 t$

よって，求める曲線の長さ l は，曲線の対称性も考慮に入れて，　$\boxed{x\ \text{軸，}\ y\ \text{軸に関して対称な曲線}}$

$l = 4\displaystyle\int_0^{\frac{\pi}{2}} \sqrt{\left(\dfrac{dx}{dt}\right)^2 + \left(\dfrac{dy}{dt}\right)^2}\ dt$

$\ = 4\displaystyle\int_0^{\frac{\pi}{2}} \sqrt{9a^2\sin^2 t\cos^2 t}\ dt$

$\boxed{\begin{array}{l} 0 \leq t \leq \dfrac{\pi}{2}\ \text{より,} \\ \begin{cases} \sin t \geq 0 \\ \cos t \geq 0 \end{cases} \end{array}}$

$\ = 4 \cdot 3a\displaystyle\int_0^{\frac{\pi}{2}} \underset{f}{\underline{\sin t}} \cdot \underset{f'}{\underline{\cos t}}\ dt$

$\ = 12a\left[\dfrac{1}{2}\sin^2 t\right]_0^{\frac{\pi}{2}} = 6a\left(\underset{1^2}{\underline{\sin^2 \dfrac{\pi}{2}}} - \underset{0^2}{\underline{\sin^2 0}}\right)$

$\ = 6a$ ……………………………………………（答）

⇦ アステロイド曲線

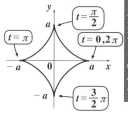

⇦ $9a^2\sin^2 t\cos^4 t + 9a^2\sin^4 t\cos^2 t$
$\ = 9a^2\sin^2 t\cos^2 t\underset{1}{(\underline{\cos^2 t + \sin^2 t})}$

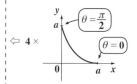

⇦ $4 \times$

⇦ $\displaystyle\int_0^{\frac{\pi}{2}} f \cdot f'\ dt = \left[\dfrac{1}{2}f^2\right]_0^{\frac{\pi}{2}}$
の形だね。

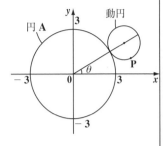

媒介変数表示された曲線の長さ

演習問題 91 | 難易度 ★★★ | CHECK 1 | CHECK2 | CHECK3

原点 **O** を中心とする半径 3 の円を **A** とする。半径 1 の円 (以下，「動円」と呼ぶ) は，円 **A** に外接しながら，すべることなく転がる。ただし，動円の中心は円 **A** の中心に関し反時計回りに動く。動円上の点 **P** の始めの位置を $(3, 0)$ とする。動円の中心と原点を結ぶ線分が x 軸の正の向きとなす角を θ として，θ を $0 \leqq \theta \leqq \dfrac{2\pi}{3}$ の範囲で動かしたときの **P** の軌跡を C とする。

(1) C を媒介変数 θ を用いて表せ。

(2) 曲線 C の長さを求めよ。

ヒント! (1) 動円の中心を **Q** とおいて，$\overrightarrow{\mathrm{OP}} = \overrightarrow{\mathrm{OQ}} + \overrightarrow{\mathrm{QP}}$ として，曲線 C を媒介変数 θ で表せばいい。この考え方は，**P45** で既に解説しているので，問題ないはずだ。

(2) の曲線 C の長さを L とおいて，$L = \displaystyle\int_0^{\frac{2}{3}\pi} \sqrt{\left(\dfrac{dx}{d\theta}\right)^2 + \left(\dfrac{dy}{d\theta}\right)^2}\, d\theta$ で計算すればいい。

解答&解説

(1) 右図のように，固定された円 **A** のまわりを動円がすべることなく回転するものとする。ここで，動円の中心を **Q** とおき，$\angle \mathrm{QO}x = \theta$ だけ回転しているとき，円 **A** と動円との接点を **R** とおく。

このとき，初め点 **B**$(3, 0)$ にあった動円の周上の点 **P** を **P**(x, y) とおくと

$\overrightarrow{\mathrm{OP}} = \overrightarrow{\mathrm{OQ}} + \overrightarrow{\mathrm{QP}}$ ……① となる。

(ⅰ) $\overrightarrow{\mathrm{OQ}}$ は，長さ 4 の動径が原点 **O** のまわりに θ だけ回転したものと考えて

$\overrightarrow{\mathrm{OQ}} = (4\cos\theta,\ 4\sin\theta)$ ……② となる。

ココがポイント

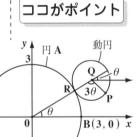

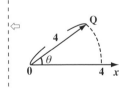

246

(ⅱ) 次に, $\overrightarrow{\mathrm{QP}}$ は, 点 Q を中心に考えると, 長

さ 1 の動径が Q のまわりに $\pi + 4\theta (= \theta + \pi$

$+ 3\theta)$ だけ回転したものと考えて,

$$\overrightarrow{\mathrm{QP}} = (1 \cdot \underbrace{\cos(\pi + 4\theta)}_{-\cos 4\theta}, \ 1 \cdot \underbrace{\sin(\pi + 4\theta)}_{-\sin 4\theta})$$

$$= (-\cos 4\theta, \ -\sin 4\theta) \ \cdots\cdots ③$$

以上 (ⅰ)(ⅱ) より ②, ③ を ① に代入して,

$$\overrightarrow{\mathrm{OP}} = (x, y) = (4\cos\theta - \cos 4\theta, \ 4\sin\theta - \sin 4\theta)$$

$\therefore$ 曲線 C を, 媒介変数 θ で表すと, 次のように

なる。

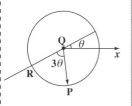

$$\begin{cases} x = 4\cos\theta - \cos 4\theta \\ y = 4\sin\theta - \sin 4\theta \end{cases} \left(0 \leqq \theta \leqq \frac{2}{3}\pi\right)\cdots\cdots(答)$$

$$\boxed{\begin{array}{l} \text{円 A の弧 } \overset{\frown}{\mathrm{RB}} \text{ と動円} \\ \text{の弧 } \overset{\frown}{\mathrm{RP}} \text{ の長さは等} \\ \text{しいので} \\ \underbrace{3 \cdot \theta}_{\overset{\frown}{\mathrm{RB}}} = \underbrace{1 \cdot 3\theta}_{\overset{\frown}{\mathrm{RP}}} \\ \angle \mathrm{RQP} = 3\theta \text{ となる。} \end{array}}$$

(2) $$\begin{cases} \dfrac{dx}{d\theta} = -4 \cdot \sin\theta + 4 \cdot \sin 4\theta \\ \dfrac{dy}{d\theta} = 4 \cdot \cos\theta - 4 \cdot \cos 4\theta \end{cases} \quad より$$

$$\cdot \left(\frac{dx}{d\theta}\right)^2 + \left(\frac{dy}{d\theta}\right)^2$$

$$= 32 - 32\underbrace{(\cos 4\theta \cdot \cos\theta + \sin 4\theta \cdot \sin\theta)}_{\boxed{\cos(4\theta - \theta) = \cos 3\theta}}$$

$\boxed{\cos(\alpha - \beta) = \cos\alpha\cos\beta + \sin\alpha\sin\beta \text{ を使った!}}$

$$= 32\underbrace{(1 - \cos 3\theta)}_{\boxed{2\sin^2\frac{3\theta}{2}}} = 64 \cdot \sin^2\frac{3}{2}\theta$$

$\boxed{\sin^2\alpha = \dfrac{1 - \cos 2\alpha}{2} \text{ を使った}}$

よって, 求める曲線 C の長さを L とおくと,

$$L = \int_0^{\frac{2}{3}\pi} \sqrt{\left(\frac{dx}{d\theta}\right)^2 + \left(\frac{dy}{d\theta}\right)^2}\, d\theta$$

$$= 8\int_0^{\frac{2}{3}\pi} \sin\frac{3}{2}\theta\, d\theta = 8 \cdot \frac{2}{3}\left[-\cos\frac{3}{2}\theta\right]_0^{\frac{2}{3}\pi}$$

$$= \frac{16}{3} \cdot (-\underbrace{\cos\pi}_{(-1)} + \underbrace{\cos\theta}_{1}) = \frac{32}{3} \text{ となる。} \cdots\cdots(答)$$

$\Leftarrow \left(\dfrac{dx}{d\theta}\right)^2 + \left(\dfrac{dy}{d\theta}\right)^2$

$= (-4\sin\theta + 4\sin 4\theta)^2$

$\quad + (4\cos\theta - 4\cos 4\theta)^2$

$= 16 \cdot (\underbrace{\sin^2\theta + \cos^2\theta}_{1})$

$\quad + 16(\underbrace{\sin^2 4\theta + \cos^2 4\theta}_{1})$

$\quad - 32(\cos 4\theta\cos\theta$

$\quad + \sin 4\theta\sin\theta) \text{ となる。}$

$\Leftarrow \sqrt{\left(\dfrac{dx}{d\theta}\right)^2 + \left(\dfrac{dy}{d\theta}\right)^2}$

$= \sqrt{64 \cdot \sin^2\frac{3}{2}\theta}$

$= 8\underbrace{\left|\sin\frac{3}{2}\theta\right|}_{\boxed{0\text{ 以上}}}$

$= 8\sin\frac{3}{2}\theta$

$\left(\because 0 \leqq \theta \leqq \frac{2}{3}\pi\right)$

微分方程式（Ⅰ）

(1) 微分方程式 $y' = y$ …① を解け。

(2) 微分方程式 $\dfrac{dy}{dx} = x(2y-1)$ …② $\left(y \neq \dfrac{1}{2}\right)$ を条件「$x = 0$ のとき $y = 1$」

のもとで解け。

(神奈川大)

ヒント！ (1), (2) いずれも，変数分離形 $\displaystyle\int f(y)\,dy = \int g(x)\,dx$ の形で解ける 微分方程式の問題だ。(2) では，$x = 0$ のとき $y = 1$ の条件があるので，積分定数 C がある値に決定されるんだね。

解答＆解説

ココがポイント

(1) ①より，$\dfrac{dy}{dx} = y$　　よって，$\dfrac{1}{y}\,dy = 1 \cdot dx$ より

⇦ 変数分離形
$f(y)\,dy = g(x)\,dx$

$$\int \frac{1}{y}\,dy = \int 1\,dx \qquad \log|y| = x + C_1 \ \text{となる。}$$

⇦ $\log|y| + C_1' = x + C_2'$ より，まとめて，
$\log|y| = x + \underbrace{C_1}$ とした。
$\boxed{C_2' - C_1' \text{のこと}}$

よって，$|y| = e^{x + C_1}$ より，$y = \underbrace{\pm e^{C_1}} \cdot e^x$

$\boxed{\text{これを，定数 } C \text{ とおく}}$

∴ ①の解は，$y = C \cdot e^x$ である。 ………………(答)

⇦ 微分方程式の解法では，この積分定数の扱い方に気を付けよう。

(2) ②より，$\dfrac{1}{2y-1}\,dy = x\,dx$ ← 変数分離形

よって，$\dfrac{1}{2}\displaystyle\int \dfrac{2}{2y-1}\,dy = \int x\,dx$

$\dfrac{1}{2}\log|2y-1| = \dfrac{1}{2}x^2 + C_1$　　これをまとめて，

$\boxed{2C_1}$

⇦ $\log|2y-1| = x^2 + \boxed{C_2}$
$|2y-1| = e^{x^2 + C_1} = e^{C_2} \cdot e^{x^2}$
$2y - 1 = \underbrace{\pm e^{C_2}} \cdot e^{x^2}$
$\quad\quad\quad C$

$y = \dfrac{1}{2}(Ce^{x^2} + 1)$ ……③ $(C = \pm e^{2C_1})$

ここで，条件：$x = 0$ のとき $y = 1$ を③に代入して，

$2y - 1 = Ce^{x^2}$
$y = \dfrac{1}{2}(Ce^{x^2} + 1)$

$1 = \dfrac{1}{2}(C \cdot \underbrace{e^0} + 1)$ より，$C + 1 = 2$　∴ $C = 1$
$\qquad\qquad\quad \underbrace{1}$

$\boxed{C \text{ の値が決まった！}}$

∴ 求める解は，$y = \dfrac{1}{2}(e^{x^2} + 1)$ ………………(答)

微分方程式（Ⅱ）

次の微分方程式を各条件の下で解き，そのグラフの概形を描け。

(1) $y' = -\dfrac{4x}{y}$ ……① $(y \neq 0$，条件：$x = 0$ のとき，$y = 2)$

(2) $y' = \dfrac{x-1}{2y}$ ……② $(y \neq 0$，条件：$x = 1$ のとき，$y = 1)$

ヒント！　(1), (2) いずれも，変数分離形 $\int f(y)dy = \int g(x)dx$ の形で解いていこう。
これらは，いずれも条件が付いているので，積分定数 C の値を決定することができる。
(1) は，たて長だ円を表し，(2) は上下の双曲線を表すことが，導けるはずだ。頑張ろう！

解答＆解説

(1) ① より，$\dfrac{dy}{dx} = -\dfrac{4x}{y}$ $(y \neq 0)$

よって，$y\,dy = -4x\,dx$ より，$\int y\,dy = -\int 4x\,dx$

$\dfrac{1}{2}y^2 = -2x^2 + C_1$ $(C_1:$ 定数$)$ となる。

この両辺を 2 で割って，まとめると，

$x^2 + \dfrac{y^2}{4} = C$ ……③ $\left(C = \dfrac{C_1}{2}, \; y \neq 0\right)$ となる。

ここで，条件：$x = 0$ のとき，$y = 2$ より，

これらを③に代入して，

$0^2 + \dfrac{2^2}{4} = C$ $\therefore C = 1$

これを③に代入すると，①の微分方程式の解は，

$\dfrac{x^2}{1^2} + \dfrac{y^2}{2^2} = 1$ ……④ $(y \neq 0)$ である。 ……(答)

④は，たて長だ円の方程式（ただし，2 点 $(1, 0)$
$(-1, 0)$ を除く）であり，このグラフの概形を
示すと右図のようになる。…………………………(答)

ココがポイント

⇦ 変数分離形
$\int f(y)dy = \int g(x)dx$
にもち込んだ。

⇦ だ円の式の形が出て
きた。
$\dfrac{x^2}{a^2} + \dfrac{y^2}{b^2} = 1$ で
$b > a > 0$ のとき，たて長
だ円になる。

⇦ ④のグラフの概形

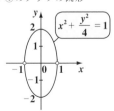

(2) ②より, $\dfrac{dy}{dx} = \dfrac{x-1}{2y}$　$(y \neq 0)$　よって,

$2y\,dy = (x-1)dx$　より, $\displaystyle\int 2y\,dy = \int (x-1)dx$

変数分離形
$\displaystyle\int f(y)dy = \int g(x)dx$

$y^2 = \dfrac{1}{2}(x-1)^2 + C_1$　$(C_1 : 定数)$　となる。

これをまとめると,

$\dfrac{(x-1)^2}{2} - y^2 = C$ ……⑤ $(C = -C_1)$　となる。

⇦ 双曲線の式の形が
出てきた

ここで, 条件：$x = 1$ のとき, $y = 1$ より,

これらを⑤に代入して,

$\dfrac{0^2}{2} - 1^2 = C$　∴ $C = -1$

これを⑤に代入すると, ②の微分方程式の解は,

$\dfrac{(x-1)^2}{(\sqrt{2})^2} - \dfrac{y^2}{1^2} = -1$ ……⑥　である。……(答)

⇦ ⑥式では, $y = 0$ にな
り得ないので, $y \neq 0$
の条件は不要

⑥は, 上下の双曲線 $\dfrac{x^2}{(\sqrt{2})^2} - \dfrac{y^2}{1^2} = -1$ $\Big($漸近線

$y = \pm\dfrac{1}{\sqrt{2}}x\Big)$ を x 軸方向に 1

だけ平行移動したものである。

よって, ⑥のグラフの概形は

右図のようになる。

…………(答)

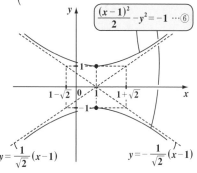

微分方程式(Ⅲ)

| 演習問題 94 | 難易度 ★★★ | CHECK 1 | CHECK 2 | CHECK 3 |

微分方程式：$y' = \dfrac{3y - 2x}{x}$ ……① $(x \neq 0)$ について，

次の各問いに答えよ。

(1) $\dfrac{y}{x} = u$ とおいて，y' を x と u と u' の式で表せ。

(2) u を x の関数 $u(x)$ として，$u(x)$ を求めよ。

(3) ①の解で，$x = 1$ のとき $y = 3$ をみたすものを求めよ。

レクチャー ①は，変数分離形ではないけれど，$y' = 3 \cdot \dfrac{y}{x} - 2$ となって，$y' = f\left(\dfrac{y}{x}\right)$

の形になっている。これを "**同次形**" の微分方程式といい，この場合 $\dfrac{y}{x} = u$ とおくと，

$y = xu$ より，この両辺を x で微分して，

$y' = (xu)' = \underset{①}{x'}u + xu' = u + xu'$ となる。これを，$y' = f(u)$ に代入すると，

$u + xu' = f(u)$ より，$x \cdot \dfrac{du}{dx} = f(u) - u$　$\dfrac{du}{dx} = \dfrac{f(u) - u}{x}$ となって，変数分離形に

なるんだね。これから $u(x)$ を求めて，y を求めよう。

解答＆解説

(1) ①より，$y' = 3 \cdot \dfrac{y}{x} - 2$ ……①′ $(x \neq 0)$ となる。

ここで，$\dfrac{y}{x} = u$ ……② とおくと，

$y = x \cdot u$ …②′ より，この両辺を x で微分すると，

$y' = (xu)' = 1 \cdot u + xu' = u + xu'$……③ となる。

……(答)

(2) ②と③を①′ に代入して，

$u + x \cdot u' = 3u - 2$ となる。よって，

$x \cdot u' = 2(u - 1)$ より，

$\dfrac{du}{dx} = \dfrac{2(u - 1)}{x}$ となる。よって，$u \neq 1$ のとき，

$\displaystyle\int \dfrac{1}{u - 1} du = 2\int \dfrac{1}{x} dx$ より，

ココがポイント

⇦ $y' = f\left(\dfrac{y}{x}\right)$ の形の同次形の微分方程式では，$\dfrac{y}{x} = u$ とおいて u と x の変数分離形の微分方程式にもち込むんだね。

⇦ x と u の変数分離形の微分方程式になった。

$\log|u-1| = 2 \cdot \log|x| + C_1$

$\log|u-1| = \log C_2 x^2 \ (\log C_2 = C_1)$ となる。

よって，真数同士を比較して，

$|u-1| = C_2 x^2$ より，

$u-1 = \pm C_2 \cdot x^2$ となるので，

<u>C とおく</u>

$u(x) = Cx^2 + 1 \ \cdots\cdots$ ④ $\ (C = \pm C_2 (\neq 0))$

$u = 1 \left(= \dfrac{y}{x}\right)$, すなわち $y = x$ のとき，

$y' = x' = 1$ より，$y = x$ は①の解の 1 つである。

以上より，求める関数 $u(x)$ は，

$u(x) = Cx^2 + 1 \ \cdots\cdots$ ④′ となる。$\cdots\cdots\cdots\cdots$（答）

（ただし，C は任意の実数定数）

(3) ここで，$y = x \cdot \underline{u} \ \cdots\cdots$ ②′ より，

<u>$u(x)$</u>

④′ を②′ に代入すると，

$y = x\overparen{(Cx^2 + 1)} = Cx^3 + x \ \cdots\cdots$ ⑤ となる。

ここで，$x = 1$ のとき $y = 3$ の条件をみたすもの
は，これらを⑤に代入して，

$3 = C \cdot 1^3 + 1 \quad \therefore C = 3 - 1 = 2$

よって，求める①の解（特殊解）は，⑤より，

$y = 2x^3 + x$ である。$\cdots\cdots\cdots\cdots\cdots\cdots\cdots$（答）

⇦ 右辺 $= \log|x|^2 + \log C_2$

$\qquad \boxed{x^2} \qquad \boxed{C_1}$

$= \log C_2 x^2$

（真数条件 $C_2 > 0$）

⇦ $y' = 1$ と $y = x$ を①の両
辺に代入して成り立つ
から，$y = x$ は①の解の
1 つだね。

⇦ $C = 0$ のとき，④′ は，$u =$
$\therefore \dfrac{y}{x} = 1$ より，$y = x$ が導
れる。

$\boxed{①の解の 1 つ}$

⇦ これは，微分方程式：

$y' = \dfrac{3y - 2x}{x} \ \cdots$ ①

の一般解なんだね。

これで，同次形の微分方程式：$y' = f\left(\dfrac{y}{x}\right)$ の解法パターン，すなわち $\dfrac{y}{x} = u$
とおいて u と x の変数分離形の微分方程式にもち込んで，まず $u(x)$ を求め，
そして一般解 $y = x \cdot u(x)$ を求める手法も理解できたでしょう？
これも，受験問題で出題されるかも知れないので，よく練習しておこう！

1. 部分積分法

$$\int_a^b f' \cdot g \, dx = [f \cdot g]_a^b - \int_a^b f \cdot g' \, dx$$

複雑な積分

簡単化！

ただし，$\left(\begin{matrix} f = f(x), \\ g = g(x) \end{matrix} \right)$

2. 置換積分のパターン公式　（a：正の定数）

(1) $\int \sqrt{a^2 - x^2} \, dx$ などの場合，$x = a \sin\theta$ とおく。

$x = a\cos\theta$ とおいても OK

(2) $\int \dfrac{1}{a^2 + x^2} \, dx$ の場合，$x = a\tan\theta$ とおく。

3. 区分求積法

$$\lim_{n \to \infty} \frac{1}{n} \sum_{k=1}^{n} f\left(\frac{k}{n}\right) = \int_0^1 f(x) \, dx \quad \left[\text{または，} \lim_{n \to \infty} \frac{1}{n} \sum_{k=0}^{n-1} f\left(\frac{k}{n}\right) = \int_0^1 f(x) \, dx \right]$$

4. 面積計算

面積 $S = \displaystyle\int_a^b \{f(x) - g(x)\} dx$　（ただし，$a \leqq x \leqq b$ で，$f(x) \geqq g(x)$）

5. 体積の積分公式

体積 $V = \displaystyle\int_a^b S(x) dx$　（$S(x)$：断面積）

6. バウムクーヘン型積分　（y 軸のまわりの回転体の体積）

曲線 $y = f(x)$　（$a \leqq x \leqq b$）と x 軸とではさまれる部分を y 軸のまわりに回転してできる回転体の体積 V は，

$$V = 2\pi \int_a^b x f(x) dx \quad [f(x) \geqq 0]$$

7. 曲線の長さ l

（ⅰ）$l = \displaystyle\int_a^b \sqrt{1 + \{f'(x)\}^2} \, dx$　　　（$y = f(x)$ の場合）

（ⅱ）$l = \displaystyle\int_\alpha^\beta \sqrt{\left(\dfrac{dx}{d\theta}\right)^2 + \left(\dfrac{dy}{d\theta}\right)^2} \, d\theta$　　（$x = f(\theta), y = g(\theta)$ 場合）

◆ *Term · Index* ◆

スバラシクよくわかると評判の
合格！数学 III 改訂 6

マセマ

著　者　馬場 敬之
発行者　馬場 敬之
発行所　マセマ出版社
〒 332-0023 埼玉県川口市飯塚 3-7-21-502
TEL 048-253-1734　　FAX 048-253-1729
Email：info@mathema.jp
https://www.mathema.jp

編　集	清代 芳生	平成 25 年 10 月 25 日	初版発行
校閲・校正	高杉 豊　秋野 麻里子　馬場 貴史	平成 26 年 10 月 20 日	改訂 1　4 刷
制作協力	久池井 茂　久池井 努　印藤 治	平成 28 年　7 月 27 日	改訂 2　4 刷
	滝本 隆　栄 瑠璃子　真下 久志	平成 30 年　5 月 22 日	改訂 3　4 刷
	間宮 栄二　町田 朱美	令和　2 年　5 月 18 日	改訂 4　4 刷
カバーデザイン	児玉 篤　児玉 則子	令和　4 年　2 月 17 日	改訂 5　4 刷
ロゴデザイン	馬場 利貞	令和　5 年　4 月 12 日	改訂 6 初版発行
印刷所	株式会社 シナノ